エネルギー	E	ジュール	J	
		電子ボルト	eV	
仕事率，電力	P	ワット	W	$= \mathrm{J/s} = \mathrm{m^2{\cdot}kg{\cdot}s^{-3}}$
絶対温度	T	ケルビン	K	（SI 基本単位）
熱容量	C	ジュール毎ケルビン	J/K	$= \mathrm{m^2{\cdot}kg{\cdot}s^{-2}{\cdot}K^{-1}}$
物質量	n	モル	mol	（SI 基本単位）
電流	I	アンペア	A	（SI 基本単位）
電気量	Q，q	クーロン	C	$= \mathrm{s{\cdot}A}$
電位，電圧	V	ボルト	V	$= \mathrm{W/A} = \mathrm{m^2{\cdot}kg{\cdot}s^{-3}{\cdot}A^{-1}}$
電場の強さ	E	ボルト毎メートル	V/m	$= \mathrm{N/C} = \mathrm{m{\cdot}kg{\cdot}s^{-3}{\cdot}A^{-1}}$
電気容量	C	ファラド	F	$= \mathrm{C/V} = \mathrm{m^{-2}{\cdot}kg^{-1}{\cdot}s^4{\cdot}A^2}$
電気抵抗	R	オーム	Ω	$= \mathrm{V/A} = \mathrm{m^2{\cdot}kg{\cdot}s^{-3}{\cdot}A^{-2}}$
磁束	Φ	ウェーバー	Wb	$= \mathrm{V{\cdot}s} = \mathrm{m^2{\cdot}kg{\cdot}s^{-2}{\cdot}A^{-1}}$
磁束密度	B	テスラ	T	$= \mathrm{Wb/m^2} = \mathrm{kg{\cdot}s^{-2}{\cdot}A^{-1}}$
磁場の強さ	H	アンペア毎メートル	A/m	
インダクタンス	L	ヘンリー	H	$= \mathrm{Wb/A} = \mathrm{m^2{\cdot}kg{\cdot}s^{-2}{\cdot}A^{-2}}$

主な物理定数

名称	記号と数値	単位
真空中の光速	$c = 2.99792458\times10^8$	m/s
真空中の透磁率	$\mu_0 = 4\pi\times10^{-7} = 1.256637\cdots\times10^{-6}$	$\mathrm{N/A^2}$
真空中の誘電率	$\varepsilon_0 = 1/c^2\mu_0 = 8.8541878\cdots\times10^{-12}$	F/m
万有引力定数	$G = 6.67428(67)\times10^{-11}$	$\mathrm{N{\cdot}m^2/kg^2}$
標準重力加速度	$g = 9.80665$	$\mathrm{m/s^2}$
熱の仕事当量（≒ 1g の水の熱容量）	4.18605	J
乾燥空気中の音速（0℃，1atm）	331.45	m/s
1mol の理想気体の体積（0℃，1atm）	$2.2413996(39)\times10^{-2}$	$\mathrm{m^3}$
絶対零度	−273.15	℃
アボガドロ定数	$N_{\mathrm{A}} = 6.02214179(30)\times10^{23}$	1/mol
ボルツマン定数	$k_{\mathrm{B}} = 1.3806504(24)\times10^{-23}$	J/K
気体定数	$R = 8.314472(15)$	J/(mol·K)
プランク定数	$h = 6.62606896(33)\times10^{-34}$	J·s
電子の電荷（電気素量）	$e = 1.602176487(40)\times10^{-19}$	C
電子の質量	$m_{\mathrm{e}} = 9.10938215(45)\times10^{-31}$	kg
陽子の質量	$m_{\mathrm{p}} = 1.672621637(83)\times10^{-27}$	kg
中性子の質量	$m_{\mathrm{n}} = 1.674927211(84)\times10^{-27}$	kg
リュードベリ定数	$R = 1.0973731568527(73)\times10^7$	$\mathrm{m^{-1}}$
電子の比電荷	$e/m_{\mathrm{e}} = 1.758820150(44)\times10^{11}$	C/kg
原子質量単位	$1\mathrm{u} = 1.660538782(83)\times10^{-27}$	kg
ボーア半径	$a_0 = 5.2917720859(36)\times10^{-11}$	m
電子の磁気モーメント	$\mu_{\mathrm{e}} = 9.28476377(23)\times10^{-24}$	J/T
陽子の磁気モーメント	$\mu_{\mathrm{p}} = 1.410606662(37)\times10^{-26}$	J/T

*（　）内の 2 桁の数字は，最後の 2 桁に誤差（標準偏差）があることを表す。

講談社
基礎物理学
シリーズ 10

二宮正夫・北原和夫・並木雅俊・杉山忠男 編

二宮正夫
並木雅俊 著
杉山忠男

物理のための数学入門

講談社

推薦のことば

講談社から創業 100 周年を記念して基礎物理学シリーズが企画されている。著者等企画内容を見ると面白いものが期待される。

20 世紀は物理の世紀と言われたが，現在では，必ずしも人気の高い科目ではないようだ。しかし，今日の物質文化・社会活動を支えているものの中で物理学は大きな部分を占めている。そこへの入口として本書の役割に期待している。

益川敏英
2008 年度ノーベル物理学賞受賞
京都産業大学教授

本シリーズの読者のみなさまへ

「講談社基礎物理学シリーズ」は，物理学のテキストに，新風を吹き込むことを目的として世に送り出すものである。

本シリーズは，新たに大学で物理学を学ぶにあたり，高校の教科書の知識からスムーズに入っていけるように十分な配慮をした。内容が難しいと思えることは平易に，つまずきやすいと思われるところは丁寧に，そして重要なことがらは的を絞ってきっちりと解説する，という編集方針を徹底した。

特長は，次のとおりである。

- 例題・問題には，物理的本質をつき，しかも良問を厳選して，できる限り多く取り入れた。章末問題の解答も略解ではなく，詳しく書き，導出方法もしっかりと身に付くようにした。
- 半期の講義におよそ対応させ，各巻を基本的に12の章で構成し，読者が使いやすいようにした。1章はおよそ90分授業1回分に対応する。また，本文ではないが，是非伝えたいことを「10分補講」としてコラム欄に記すことにした。
- 執筆陣には，教育・研究において活躍している物理学者を起用した。

理科離れ，とくに物理アレルギーが流布している昨今ではあるが，私は，元来，日本人は物理学に適性を持っていると考えている。それは、我が国の誇るべき先達である長岡半太郎，仁科芳雄，湯川秀樹，朝永振一郎，江崎玲於奈，小柴昌俊，直近では，南部陽一郎，益川敏英，小林誠の各博士の世界的偉業が示している。読者も「基礎物理学シリーズ」でしっかりと物理学を学び，この学問を基礎・基盤として，大いに飛躍してほしい。

二宮正夫
前日本物理学会会長
京都大学名誉教授

まえがき

「物理学にとって最も重要なことは，その概念の把握であり，数学は単なる道具に過ぎない」と，よく言われる。これは事実である。物理的概念の把握なくして物理学を理解することはできない。しかし，用いられる数学がわからなければ何も前に進まず，概念把握どころではなくなる。というわけで，まず数学の勉強をしようと数学書を手にとって見ると，数学独特な抽象的な概念がいっぱいで，数学を専門的に学ぼうとする者以外，とても読み通せそうにないと感じてしまう。そこで，物理数学あるいは理工系の数学といった本に手を伸ばしてみる。これらの書物では，厳密な証明には立ち入らず，具体例を用いて説明している場合が多いため，数学を専攻しようと考えていない学生にとっては確かにわかりやすい。ところがよく読んでみると，その例題は数学であり物理ではない。したがって，例題は理解できても，物理学の学習の中で出てくる数学が理解できない。こんな体験をした学生は多いのではないだろうか。

本書は，大学１，２年で習う物理学，すなわち，力学，熱力学，振動・波動，電磁気学といった科目に出てくる数学を，物理学の例を多用しながら説明し，物理学で直接役立つ数学を解説することを目的としている。目次を見ればわかるように，ベクトルと行列，微分・積分，常微分方程式，ベクトル解析，フーリエ解析と偏微分方程式という具合に，上に挙げた物理学の科目で扱われる数学を取り上げ，できるだけ物理学の科目で出てくる例題で説明することにした。多くの物理数学の本と同様に，本書でも，厳密な証明はできるだけ避けて，具体例を通して数学を理解できるように工夫した。とはいっても，重要な概念を含む場合まで，証明を安易に省略することはしなかった。証明を理解することがその数学を使う上で役立つ場合も多いのである。そのような場合は，労を厭わず証明を与えた。ただし，やや面倒な証明は，章末問題にまわし，本文中には入れなかった。はじめは，章末問題を抜かし，本文だけを勉強するのもよいであろう。

本シリーズの特徴である「例題を通して内容を理解する」という方針を，本書では徹底した。したがって，通常は単なる解説となる内容でも，多くを例題の形で説明した。読者は，これらの例題に自ら解答を与えながら，ひとつひとつの考察と計算を進めて欲しい。本に書かれていることを目で追うだけでは理解は深まらない。鉛筆を手にもち，論理の道筋や計算を紙に書きながら読んでいただきたい。これは、物理学を学ぶ基本である。必ずそうしてほしい。そのために例題を活用して欲しい。

本書には，通常，「物理数学」と呼ばれる科目に含まれる内容，すなわち，複素関数や特殊関数などは含まれていない。そのような物理数学を学ぶ前にしっかりと学んでおかなければならない基礎的な数学である微分方程式やベクトル解析などに限定して丁寧に解説した。

学習法としては，本書全体を通読してもよいが，力学，熱力学，振動・波動，電磁気学という物理学の各科目を学習する際の参考書として使うこともできる。そして，本書の学習を通してさらに深く物理学を学びたいと考える読者が一人でも多く現れることが筆者の願いである。

最後に，笠原良一氏，および，学生である田中良樹くん，西口大貴くん，村下湧音くんに感謝します。読者の立場から有益な指摘を数多くいただき，本書をわかりやすくする上で大いに役立ちました。また，講談社サイエンティフィク編集部の林重見氏，大塚記央氏，慶山篤氏，新舎布美乃氏には，終始励ましていただき，内容に関する有益なコメントもいただきました。感謝します。

2009 年 8 月

著者一同

講談社基礎物理学シリーズ

物理のための数学入門 目次

第 1 章

大学で学ぶ物理学のあらゆる分野ですぐに現れるベクトルと行列についてまとめておいた。十分に使い慣れておこう。とくに，ベクトルの外積は，高校数学で習わないものである。

ベクトルと行列
——基礎数学と物理

1.1　ベクトルとその内積

ベクトル

図 1.1 のように，空間に 2 点 A, B をとったとき，A から B に向かう有向線分を**ベクトル**といい，記号 $\overrightarrow{\mathrm{AB}}$ で表す。ここで，点 A を**始点**，点 B を**終点**という。ベクトルは大きさと向きをもつ量であり，太字を用いて，$\boldsymbol{a}, \boldsymbol{b}, \boldsymbol{x}, \boldsymbol{y}$ などと表す。

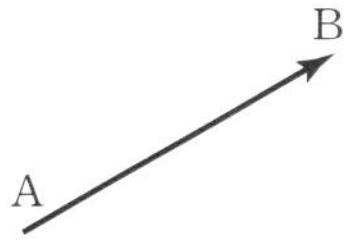

図1.1　ベクトル

$\overrightarrow{\mathrm{AB}} = \boldsymbol{a}$ とおくとき，始点 A と終点 B の距離をベクトルの**大きさ**，あるいは**絶対値**といい，記号 $|\boldsymbol{a}|$ で表す。

位置，速度，加速度，力，電場，磁場などは，すべてベクトルで表される。一方，長さ，面積，質量，温度，エネルギーなど，単位を決めれば 1 つの数値で表される量を**スカラー**という。

ベクトルの和，差，スカラー倍

・2 つのベクトル $\boldsymbol{a}$ と $\boldsymbol{b}$ の大きさが等しく，向きが同じであるとき，$\boldsymbol{a}$ と $\boldsymbol{b}$ は等しく $\boldsymbol{a} = \boldsymbol{b}$ と書く。このとき，ベクトル $\boldsymbol{a}$ を適当に平行移動すると

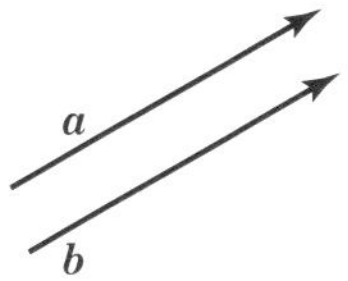

図1.2　ベクトルの同等

ベクトル $\boldsymbol{b}$ に重ねることができる（図1.2）。

・図1.3に示すように，2つのベクトル $\boldsymbol{a}$ と $\boldsymbol{b}$ を平行四辺形の隣り合う2辺のベクトルとするとき，$\boldsymbol{a}+\boldsymbol{b}$ は，その対角線のベクトルで表される。

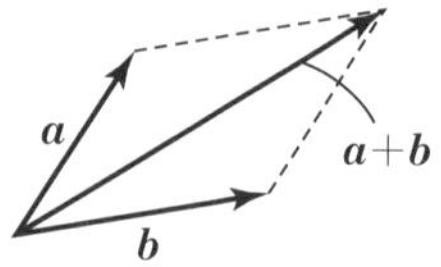

図1.3　ベクトルの和

・2つのベクトル $\boldsymbol{a}$ と $\boldsymbol{b}$ の差 $\boldsymbol{a}-\boldsymbol{b}$ は，図1.4に示すように，$\boldsymbol{b}$ の終点から $\boldsymbol{a}$ の終点に至るベクトルで与えられる。

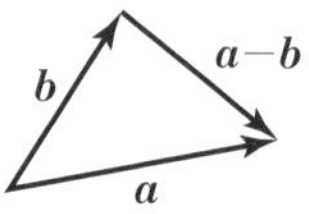

図1.4　ベクトルの差

・ベクトル $\boldsymbol{a}$ の実数 k 倍のベクトル $k\boldsymbol{a}$ は，

$k>0$ のとき，$\boldsymbol{a}$ と同じ向きで $\boldsymbol{a}$ の長さの k 倍のベクトルで与えられる。
$k<0$ のとき，$\boldsymbol{a}$ と逆向きで $\boldsymbol{a}$ の長さの k 倍のベクトルで与えられる。
$k=0$ のとき，長さ0の零ベクトルで与えられる。零ベクトルは単に0と書くことにする。

ベクトルの演算規則

ベクトルには，次の演算規則が成り立つ。

・$\boldsymbol{a}+\boldsymbol{b}=\boldsymbol{b}+\boldsymbol{a}$　（交換則）
・$\boldsymbol{a}+(\boldsymbol{b}+\boldsymbol{c})=(\boldsymbol{a}+\boldsymbol{b})+\boldsymbol{c}$　（結合則）
・$k(l\boldsymbol{a})=kl\boldsymbol{a}=l(k\boldsymbol{a})$　（結合則）
・$k(\boldsymbol{a}+\boldsymbol{b})=k\boldsymbol{a}+k\boldsymbol{b}$　（分配則）
・$(k+l)\boldsymbol{a}=k\boldsymbol{a}+l\boldsymbol{a}$　（分配則）

ベクトルの成分

空間に x-y-z 直交座標系をとり，ベクトル $\boldsymbol{a}$ と x, y, z 各座標軸のなす角を，それぞれ α，β，γ とするとき，

$$a_x=|\boldsymbol{a}|\cos\alpha,\quad a_y=|\boldsymbol{a}|\cos\beta,\quad a_z=|\boldsymbol{a}|\cos\gamma \tag{1.1}$$

を，それぞれベクトル $\boldsymbol{a}$ の x 成分，y 成分，z 成分といい，

$$\boldsymbol{a}=(a_x,\ a_y,\ a_z) \tag{1.2a}$$

あるいは，

$$\boldsymbol{a} = \begin{pmatrix} a_x \\ a_y \\ a_z \end{pmatrix} \tag{1.2b}$$

と表す。(1.2a) の形に表したベクトルを**行ベクトル**，(1.2b) の形に表したベクトルを**列ベクトル**という。以下，とくに断らない限り，ベクトルは行ベクトルで表すものとする。

2 つのベクトル $\boldsymbol{a} = (a_x, a_y, a_z)$ と $\boldsymbol{b} = (b_x, b_y, b_z)$ の和，差，スカラー倍について，

- $\boldsymbol{a} + \boldsymbol{b} = (a_x + b_x,\ a_y + b_y,\ a_z + b_z)$
- $\boldsymbol{a} - \boldsymbol{b} = (a_x - b_x,\ a_y - b_y,\ a_z - b_z)$
- $k\boldsymbol{a} = (ka_x,\ ka_y,\ ka_z)$

が成り立つ。

例題1.1　**ベクトルの大きさ**

ベクトル $\boldsymbol{a}$ の絶対値 $|\boldsymbol{a}|$ は，成分を用いるとどのように表されるか。

解　図 1.5 のように，ベクトル $\boldsymbol{a}$ の始点を原点 O とした x-y-z 座標軸をとる。$\boldsymbol{a}$ の終点を P，点 P から x-y 平面へ引いた垂線を PQ とする。

三平方の定理を用いて，

$$\mathrm{OQ} = \sqrt{{a_x}^2 + {a_y}^2}$$

となるから，

$$|\boldsymbol{a}| = \sqrt{\mathrm{OQ}^2 + \mathrm{PQ}^2} = \underline{\sqrt{{a_x}^2 + {a_y}^2 + {a_z}^2}}$$

を得る。■

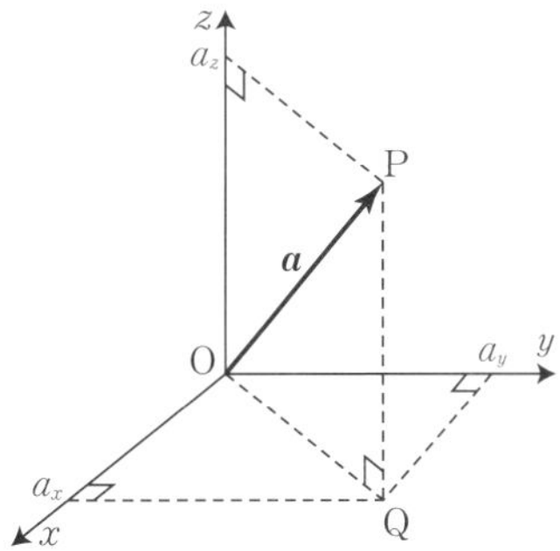

図1.5　3次元ベクトル

ベクトルの 1 次独立と 1 次従属

n 個のベクトル $\boldsymbol{a}_1, \boldsymbol{a}_2, \cdots, \boldsymbol{a}_n$ と n 個のスカラー $k_1, k_2, \cdots, k_n$ に対して，

$$k_1\boldsymbol{a}_1 + k_2\boldsymbol{a}_2 + \cdots + k_n\boldsymbol{a}_n$$

を，$\boldsymbol{a}_1$，$\boldsymbol{a}_2$，$\cdots$，$\boldsymbol{a}_n$ の **1 次結合**あるいは**線形結合**という。この 1 次結合に対して，

$$k_1\boldsymbol{a}_1 + k_2\boldsymbol{a}_2 + \cdots + k_n\boldsymbol{a}_n = 0$$

が成り立つのが，$k_1 = k_2 = \cdots = k_n = 0$ の場合に限られるとき，n 個の

ベクトル $\boldsymbol{a}_1, \boldsymbol{a}_2, \cdots, \boldsymbol{a}_n$ は**1 次独立**であるという。1 次独立でないとき，これらのベクトルは**1 次従属**であるという。

2 つのベクトル $\boldsymbol{a}, \boldsymbol{b}$ が同じ向きあるいは逆向きでないとき，これらのベクトルは 1 次独立であり，$\boldsymbol{a}, \boldsymbol{b}$ が同じ向きあるいは逆向きのとき，これらは 1 次従属である。

3 つのベクトル $\boldsymbol{a}, \boldsymbol{b}, \boldsymbol{c}$ が同一平面上にないとき，これらは 1 次独立であり，同一平面上にあるとき，1 次従属である。

ベクトルの内積

2 つのベクトル $\boldsymbol{a}$ と $\boldsymbol{b}$ のなす角を θ とするとき，**内積**あるいは**スカラー積**を次のように定義する (図 1.6)。

$$\boldsymbol{a}\cdot\boldsymbol{b} = |\boldsymbol{a}||\boldsymbol{b}|\cos\theta \tag{1.3}$$

ここで，$|\boldsymbol{a}|$ と $|\boldsymbol{b}|$ はベクトル $\boldsymbol{a}$ と $\boldsymbol{b}$ の絶対値 (大きさ) である。今，$\boldsymbol{a}\cdot\boldsymbol{a} = |\boldsymbol{a}|^2$ であるから，

$$|\boldsymbol{a}| = \sqrt{\boldsymbol{a}\cdot\boldsymbol{a}} \tag{1.4}$$

と表される。内積において，次の演算規則が成り立つことは，定義 (1.3) より明らかであろう。

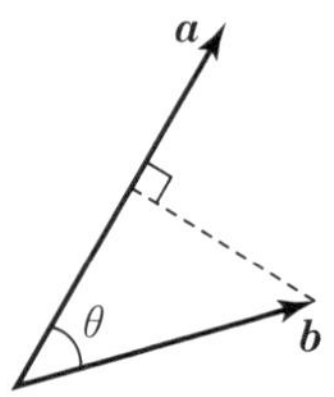

図1.6　ベクトルの内積

- $\boldsymbol{a}\perp\boldsymbol{b} \iff \boldsymbol{a}\cdot\boldsymbol{b} = 0$ (垂直条件)　(1.5)
- $\boldsymbol{a}\cdot\boldsymbol{b} = \boldsymbol{b}\cdot\boldsymbol{a}$ (交換則)　(1.6)
- $\boldsymbol{a}\cdot(\boldsymbol{b}+\boldsymbol{c}) = \boldsymbol{a}\cdot\boldsymbol{b} + \boldsymbol{a}\cdot\boldsymbol{c}$ (分配則)　(1.7)
- $(k\boldsymbol{a})\cdot\boldsymbol{b} = \boldsymbol{a}\cdot(k\boldsymbol{b}) = k(\boldsymbol{a}\cdot\boldsymbol{b})$ (k はスカラー)　(1.8)

基本ベクトルとその性質

図 1.7 のような x 軸，y 軸，z 軸 (このような座標軸のとり方を**右手系**という) それぞれの方向の大きさ 1 の単位ベクトルを**基本ベクトル**と呼び，それぞれ $\boldsymbol{i}, \boldsymbol{j}, \boldsymbol{k}$ と書く。このとき，

$$\boldsymbol{i}\cdot\boldsymbol{i} = \boldsymbol{j}\cdot\boldsymbol{j} = \boldsymbol{k}\cdot\boldsymbol{k} = 1 \tag{1.9}$$

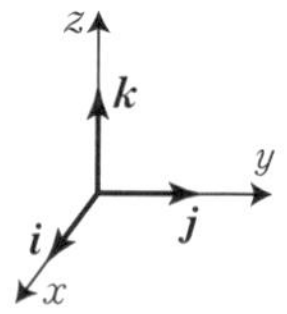

図1.7　基本ベクトル

となる。また，$\boldsymbol{i}, \boldsymbol{j}, \boldsymbol{k}$ は互いに垂直であるから，

$$\boldsymbol{i}\cdot\boldsymbol{j} = \boldsymbol{j}\cdot\boldsymbol{k} = \boldsymbol{k}\cdot\boldsymbol{i} = 0 \tag{1.10}$$

が成り立つ。

ベクトル $\boldsymbol{a} = (a_x, a_y, a_z)$ は基本ベクトルを用いて，

$$\boldsymbol{a} = a_x\boldsymbol{i} + a_y\boldsymbol{j} + a_z\boldsymbol{k} \tag{1.11}$$

と表される。

各基本ベクトルは，成分で表せば，$\boldsymbol{i} = (1, 0, 0)$，$\boldsymbol{j} = (0, 1, 0)$，$\boldsymbol{k} = (0, 0, 1)$ となる。

例題1.2　内積の成分表示

2つのベクトル $\boldsymbol{a} = (a_x, a_y, a_z)$ と $\boldsymbol{b} = (b_x, b_y, b_z)$ の内積 $\boldsymbol{a}\cdot\boldsymbol{b}$ の成分表示を求めよ。

解　内積の分配則 (1.7) と (1.8) ～ (1.11) 式を用いて，

$$\begin{aligned}\boldsymbol{a}\cdot\boldsymbol{b} &= (a_x\boldsymbol{i} + a_y\boldsymbol{j} + a_z\boldsymbol{k})\cdot(b_x\boldsymbol{i} + b_y\boldsymbol{j} + b_z\boldsymbol{k}) \\ &= a_xb_x\boldsymbol{i}\cdot\boldsymbol{i} + a_xb_y\boldsymbol{i}\cdot\boldsymbol{j} + a_xb_z\boldsymbol{i}\cdot\boldsymbol{k} \\ &\qquad + a_yb_x\boldsymbol{j}\cdot\boldsymbol{i} + a_yb_y\boldsymbol{j}\cdot\boldsymbol{j} + a_yb_z\boldsymbol{j}\cdot\boldsymbol{k} \\ &\qquad\qquad + a_zb_x\boldsymbol{k}\cdot\boldsymbol{i} + a_zb_y\boldsymbol{k}\cdot\boldsymbol{j} + a_zb_z\boldsymbol{k}\cdot\boldsymbol{k} \\ &= \underline{a_xb_x + a_yb_y + a_zb_z}\end{aligned} \tag{1.12}$$

となる。■

1.2　ベクトルの外積

図1.8のように，2つのベクトル $\boldsymbol{a}$ と $\boldsymbol{b}$ のなす角を θ とする。ベクトル $\boldsymbol{a}$ を180°以内で回転させてベクトル $\boldsymbol{b}$ に重ねるとき，回転の向きに回る右ねじの進む向きの単位ベクトルを $\boldsymbol{e}$ として，

$$\boldsymbol{c} = \boldsymbol{a} \times \boldsymbol{b} = (|\boldsymbol{a}||\boldsymbol{b}|\sin\theta)\boldsymbol{e} \tag{1.13}$$

を，ベクトル $\boldsymbol{a}$ と $\boldsymbol{b}$ の**外積**あるいは**ベクトル積**という。$\boldsymbol{a} \times \boldsymbol{b}$ の大きさは，$\boldsymbol{a}$ と $\boldsymbol{b}$ を隣り合う2辺とする平行四辺形の面積 S に等しく，$\boldsymbol{a} \times \boldsymbol{b}$ の向きは $\boldsymbol{a}$ と $\boldsymbol{b}$ の両方に垂直である。

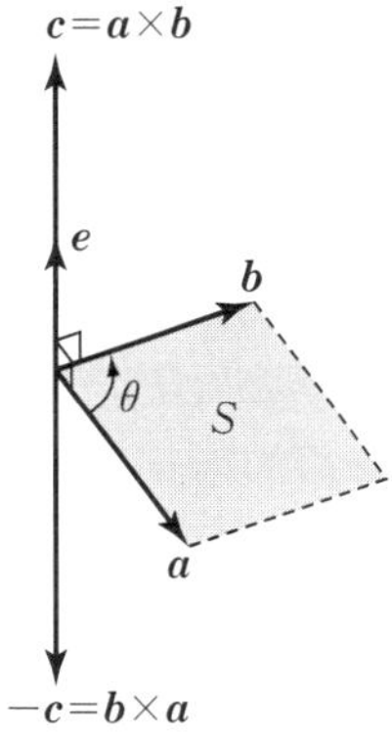

図1.8　ベクトルの外積

上の定義より，

・$\boldsymbol{a} /\!/ \boldsymbol{b} \iff \boldsymbol{a} \times \boldsymbol{b} = 0$　(平行条件)　(1.14)

・$\boldsymbol{b} \times \boldsymbol{a} = -\boldsymbol{a} \times \boldsymbol{b}$ (1.15)

・$(k\boldsymbol{a}) \times \boldsymbol{b} = \boldsymbol{a} \times (k\boldsymbol{b}) = k(\boldsymbol{a} \times \boldsymbol{b})$ （k はスカラー） (1.16)

が成り立つことは明らかであろう。ここで，(1.15) 式のように，外積では，かける順序を交換すると負号がつくことに注意しよう。

ここで，外積の分配則

$$\boldsymbol{a} \times (\boldsymbol{b} + \boldsymbol{c}) = \boldsymbol{a} \times \boldsymbol{b} + \boldsymbol{a} \times \boldsymbol{c} \tag{1.17}$$

が成り立つことを示そう。

図 1.9 のように，ベクトル $\boldsymbol{a}$ に垂直な平面 P へのベクトル $\boldsymbol{b}$ の正射影を $\boldsymbol{b}'$ とすると，$|\boldsymbol{b}'| = |\boldsymbol{b}|\sin\theta$ なので，外積の定義より，

$$\boldsymbol{a} \times \boldsymbol{b}' = \boldsymbol{a} \times \boldsymbol{b} \tag{1.18}$$

となる。このベクトル $\boldsymbol{a} \times \boldsymbol{b}' = \boldsymbol{a} \times \boldsymbol{b}$ は，ベクトル $\boldsymbol{b}'$ を平面 P 上で角 90° だけ回転して $|\boldsymbol{a}|$ 倍したものである。

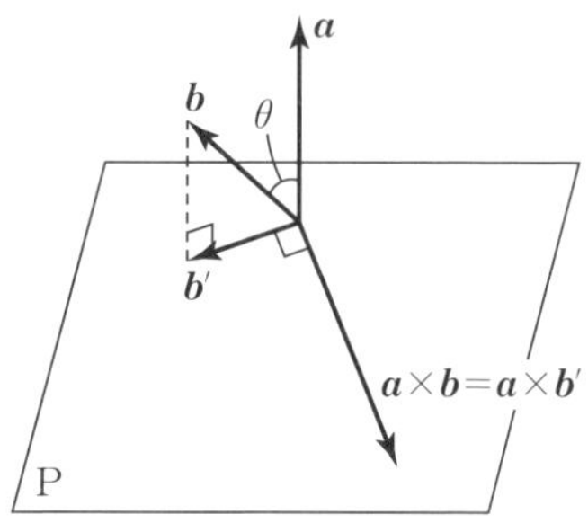

図1.9　外積の図形表現

次に，ベクトル $\boldsymbol{c}$ の平面 P への正射影を $\boldsymbol{c}'$ とすると，$\boldsymbol{b}$ の場合と同様に，$\boldsymbol{a} \times \boldsymbol{c}' = \boldsymbol{a} \times \boldsymbol{c}$ は，$\boldsymbol{c}'$ を平面 P 上で角 90° だけ回転して $|\boldsymbol{a}|$ 倍したものである。また，2 つのベクトル $\boldsymbol{b}$ と $\boldsymbol{c}$ を隣り合う 2 辺とする平行四辺形の平面 P への正射影は，$\boldsymbol{b}'$ と $\boldsymbol{c}'$ を隣り合う 2 辺とする平行四辺形となるから，$\boldsymbol{b} + \boldsymbol{c}$ の平面 P への正射影は $\boldsymbol{b}' + \boldsymbol{c}'$ となる。したがって，$\boldsymbol{a} \times (\boldsymbol{b}' + \boldsymbol{c}') = \boldsymbol{a} \times (\boldsymbol{b} + \boldsymbol{c})$ が成り立つ。ベクトル $\boldsymbol{a} \times (\boldsymbol{b}' + \boldsymbol{c}')$ は，$\boldsymbol{b}' + \boldsymbol{c}'$ を平面 P 上で角 90° だけ回転して $|\boldsymbol{a}|$ 倍したものである。

さて，図 1.10 のように，$\boldsymbol{b}'$ と $\boldsymbol{c}'$ を隣り合う 2 辺とする平行四辺形①と，$\boldsymbol{a} \times \boldsymbol{b}'$ と $\boldsymbol{a} \times \boldsymbol{c}'$ を隣り合う 2 辺とする平行四辺形②は相似形であり，$\boldsymbol{b}' + \boldsymbol{c}'$ と $\boldsymbol{a} \times (\boldsymbol{b}' + \boldsymbol{c}')$ は，それぞれの平行四辺形の対角線となる。よって，

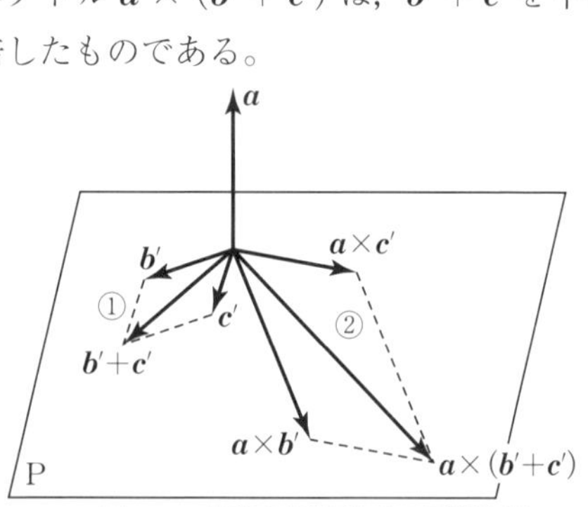

図1.10　外積の分配則，その図形表現

$$\boldsymbol{a}\times(\boldsymbol{b}'+\boldsymbol{c}')=\boldsymbol{a}\times\boldsymbol{b}'+\boldsymbol{a}\times\boldsymbol{c}' \tag{1.19}$$

が成り立ち，(1.17) 式を得る。

例題1.3　外積の成分表示

x 軸，y 軸，z 軸方向の基本ベクトル $\boldsymbol{i}$，$\boldsymbol{j}$，$\boldsymbol{k}$ には，外積の定義より，次の関係式が成り立つ。

$$\boldsymbol{i}\times\boldsymbol{i}=0,\quad \boldsymbol{j}\times\boldsymbol{j}=0,\quad \boldsymbol{k}\times\boldsymbol{k}=0 \tag{1.20}$$

$$\boldsymbol{i}\times\boldsymbol{j}=\boldsymbol{k},\quad \boldsymbol{j}\times\boldsymbol{k}=\boldsymbol{i},\quad \boldsymbol{k}\times\boldsymbol{i}=\boldsymbol{j} \tag{1.21}$$

$$\boldsymbol{j}\times\boldsymbol{i}=-\boldsymbol{k},\ \boldsymbol{k}\times\boldsymbol{j}=-\boldsymbol{i},\ \boldsymbol{i}\times\boldsymbol{k}=-\boldsymbol{j} \tag{1.22}$$

これらを用いて，2 つのベクトル $\boldsymbol{a}=(a_x, a_y, a_z)$ と $\boldsymbol{b}=(b_x, b_y, b_z)$ の外積 $\boldsymbol{a}\times\boldsymbol{b}$ の成分表示を求めよ。

解

$$\begin{aligned}\boldsymbol{a}\times\boldsymbol{b}&=(a_x\boldsymbol{i}+a_y\boldsymbol{j}+a_z\boldsymbol{k})\times(b_x\boldsymbol{i}+b_y\boldsymbol{j}+b_z\boldsymbol{k})\\&=(a_yb_z-a_zb_y)\boldsymbol{i}+(a_zb_x-a_xb_z)\boldsymbol{j}+(a_xb_y-a_yb_x)\boldsymbol{k}\end{aligned}$$

$$\therefore\quad \boldsymbol{a}\times\boldsymbol{b}=\underline{(a_yb_z-a_zb_y,\ a_zb_x-a_xb_z,\ a_xb_y-a_yb_x)} \tag{1.23}$$

となる。■

さらに，1.4 節で説明する行列式を用いれば，

$$\boldsymbol{a}\times\boldsymbol{b}=\begin{vmatrix}a_y & a_z\\ b_y & b_z\end{vmatrix}\boldsymbol{i}+\begin{vmatrix}a_z & a_x\\ b_z & b_x\end{vmatrix}\boldsymbol{j}+\begin{vmatrix}a_x & a_y\\ b_x & b_y\end{vmatrix}\boldsymbol{k} \tag{1.24}$$

$$=\begin{vmatrix}\boldsymbol{i} & \boldsymbol{j} & \boldsymbol{k}\\ a_x & a_y & a_z\\ b_x & b_y & b_z\end{vmatrix} \tag{1.25}$$

とも書ける (例題 1.6 参照)。

1.3　行列

$\begin{pmatrix}1 & -2\\ 3 & 0\end{pmatrix}$，$\begin{pmatrix}3 & 1 & -1\\ -2 & 0 & 2\end{pmatrix}$ などのように，数を正方形あるいは長方形の形に並べたものを**行列**という。一般に，$m\times n$ 個の数 $a_{ij}(i=1, 2, \cdots, m;\ j=1, 2, \cdots, n)$ を用いて，

$$\begin{pmatrix} a_{11} & a_{12} & \cdots & a_{1n} \\ a_{21} & a_{22} & \cdots & a_{2n} \\ \vdots & \vdots & & \vdots \\ a_{m1} & a_{m2} & \cdots & a_{mn} \end{pmatrix} \begin{matrix} \leftarrow 第1行 \\ \leftarrow 第2行 \\ \\ \leftarrow 第\,m\,行 \end{matrix} \tag{1.26}$$

$$\begin{matrix} \uparrow & \uparrow & \uparrow \\ 第1列 & 第2列 & 第\,n\,列 \end{matrix}$$

と表されるものを m **行** n **列の行列**といい，簡単に (m, n) 行列と呼ぶ。ここで, i 行 j 列の成分は (i, j) **成分**と呼ばれ, a_{ij} と表される。また, (1.26) の行列 A を $A = (a_{ij})$ と表すことにする。

$(1, n)$ 行列は行ベクトルであり，$(m, 1)$ 行列は列ベクトルである。

行列の演算とその性質

・2つの行列 $A = (a_{ij})$，$B = (b_{ij})$ はともに (m, n) 行列であるとする。
和 $A + B$ の行列 $C = (c_{ij})$ の (i, j) 成分は，$c_{ij} = a_{ij} + b_{ij}$ で与えられ，
差 $A - B$ の行列 $D = (d_{ij})$ の (i, j) 成分は, $d_{ij} = a_{ij} - b_{ij}$ で与えられる。

例1

$$\begin{pmatrix} 1 & 3 \\ 5 & -2 \end{pmatrix} + \begin{pmatrix} 2 & -2 \\ 1 & 0 \end{pmatrix} = \begin{pmatrix} 3 & 1 \\ 6 & -2 \end{pmatrix},$$

$$\begin{pmatrix} 1 & 2 & -2 \\ 3 & -1 & 1 \end{pmatrix} - \begin{pmatrix} 3 & 1 & 2 \\ -2 & 3 & 0 \end{pmatrix} = \begin{pmatrix} -2 & 1 & -4 \\ 5 & -4 & 1 \end{pmatrix}$$

・行列 $A = (a_{ij})$ のスカラー k 倍は，$kA = (ka_{ij})$ となる。

例2

$$3\begin{pmatrix} 2 & -1 & 1 \\ 1 & 3 & 0 \\ 3 & 0 & 2 \end{pmatrix} = \begin{pmatrix} 6 & -3 & 3 \\ 3 & 9 & 0 \\ 9 & 0 & 6 \end{pmatrix}$$

・(m, n) 行列 $A = (a_{ik})$ と (n, p) 行列 $B = (b_{kj})$ に対し，(m, p) 行列 $C = (c_{ij})$ を，

$$c_{ij} = a_{i1}b_{1j} + a_{i2}b_{2j} + \cdots + a_{in}b_{nj} \tag{1.27}$$

とおくとき，行列 C を $C = AB$ と書いて，行列 A, B の**積**の行列という。

例3

$$\begin{pmatrix} 1 & -3 \\ -1 & 2 \end{pmatrix}\begin{pmatrix} -2 & 4 \\ 0 & 3 \end{pmatrix} = \begin{pmatrix} 1\cdot(-2) + (-3)\cdot 0 & 1\cdot 4 + (-3)\cdot 3 \\ (-1)\cdot(-2) + 2\cdot 0 & (-1)\cdot 4 + 2\cdot 3 \end{pmatrix}$$

$$= \begin{pmatrix} -2 & -5 \\ 2 & 2 \end{pmatrix}$$

$$\begin{pmatrix} 1 & -1 & -2 \\ 2 & 0 & 3 \end{pmatrix} \begin{pmatrix} 0 & 1 \\ -2 & -1 \\ 1 & 3 \end{pmatrix}$$

$$= \begin{pmatrix} 1\cdot 0 + (-1)\cdot(-2) + (-2)\cdot 1 & 1\cdot 1 + (-1)\cdot(-1) + (-2)\cdot 3 \\ 2\cdot 0 + 0\cdot(-2) + 3\cdot 1 & 2\cdot 1 + 0\cdot(-1) + 3\cdot 3 \end{pmatrix}$$

$$= \begin{pmatrix} 0 & -4 \\ 3 & 11 \end{pmatrix}$$

・一般に，行列の積について交換法則は成り立たない。

例4

$A = \begin{pmatrix} 1 & 2 \\ 0 & 1 \end{pmatrix}, B = \begin{pmatrix} 0 & -1 \\ 2 & 1 \end{pmatrix}$ のとき，$AB = \begin{pmatrix} 4 & 1 \\ 2 & 1 \end{pmatrix}, BA = \begin{pmatrix} 0 & -1 \\ 2 & 5 \end{pmatrix}$

・(m, n) 行列 A, (n, p) 行列 B と C, (p, q) 行列 D について，

結合法則：$(AB)D = A(BD)$

分配法則：$A(B + C) = AB + AC,\ (B + C)D = BD + CD$

$(aA)B = A(aB) = a(AB)$

が成り立つ。

・(n, n) 行列を**正方行列**といい，n をその**次数**という。正方行列の対角成分（(i, i) 成分，$i = 1, 2, \cdots, n$）がすべて 1 で，他の成分がすべて 0 の行列を**単位行列**といい，I または E で表す。

例5

2 次の単位行列：$I_2 = \begin{pmatrix} 1 & 0 \\ 0 & 1 \end{pmatrix}$，3 次の単位行列：$I_3 = \begin{pmatrix} 1 & 0 & 0 \\ 0 & 1 & 0 \\ 0 & 0 & 1 \end{pmatrix}$

・A を n 次の正方行列，I を n 次の単位行列とすると，$AI = IA = A$，$I^k = I$ $(k = 1, 2, 3, \cdots)$ が成り立つ。

転置行列とエルミート行列

行列 $A=(a_{ij})$ の行と列を入れ替えた行列を**転置行列**といい，$A^{\mathrm{T}}=(a_{ji})$ と表す。n 次の行ベクトル（$(1,\ n)$ 行列）の転置行列は n 次の列ベクトル（$(n,\ 1)$ 行列）であり，逆も成り立つ。

例6

$$A=\begin{pmatrix}1 & 2 & -2\\ 0 & -1 & 3\end{pmatrix} \text{のとき，} A^{\mathrm{T}}=\begin{pmatrix}1 & 0\\ 2 & -1\\ -2 & 3\end{pmatrix}$$

$$B=\begin{pmatrix}b_1\\ b_2\\ b_3\end{pmatrix} \text{のとき，} B^{\mathrm{T}}=(b_1\quad b_2\quad b_3)$$

行列 $A=(a_{ij})$ の各成分を共役複素数で置き換えた行列を**共役行列**といい，$\overline{A}=(\overline{a_{ij}})$ で表す。また，行列 A の共役行列を転置した行列を**共役転置行列**といい，$A^*=(\overline{a_{ji}})=\overline{A}^{\mathrm{T}}=\overline{A^{\mathrm{T}}}$ と表す。

$A^*=A$ である行列を**エルミート行列**という。たとえば，

$$\begin{pmatrix}1 & 1+i & -i\\ 1-i & 1 & -1-i\\ i & -1+i & 0\end{pmatrix}$$ はエルミート行列である。

$A^{\mathrm{T}}=A$ を満たす行列を**対称行列**という。対称行列は，対角成分に関して対称である。また，成分がすべて実数であるエルミート行列は対称行列である。

例題1.4　**共役転置行列の性質**

$A=\begin{pmatrix}i & 1-i\\ 1 & 2\end{pmatrix}$, $B=\begin{pmatrix}1 & 2+i\\ i & -i\end{pmatrix}$ のとき，$(AB)^*=B^*A^*$ となることを示せ。

解

$$(AB)^*=\begin{pmatrix}1+2i & -2+i\\ 1+2i & 2-i\end{pmatrix}^*=\begin{pmatrix}1-2i & 1-2i\\ -2-i & 2+i\end{pmatrix}$$

$$B^*A^*=\begin{pmatrix}1 & -i\\ 2-i & i\end{pmatrix}\begin{pmatrix}-i & 1\\ 1+i & 2\end{pmatrix}=\begin{pmatrix}1-2i & 1-2i\\ -2-i & 2+i\end{pmatrix}$$

$$\therefore\quad (AB)^*=B^*A^*$$

となる。■

例題 1.4 で具体例を用いて示した関係式

$$(AB)^* = B^* A^*$$

は，任意の行列で成り立つ。

直交行列とユニタリー行列

正方行列 A の成分がすべて実数で，$A^{\mathrm{T}}A = I$ となるとき，A を**直交行列**という。n 次の正方行列 $A = (a_{ij})$ が直交行列であるとき，$A^{\mathrm{T}}A$ の (i, j) 成分については，

$$a_{1i}a_{1j} + a_{2i}a_{2j} + \cdots + a_{ni}a_{nj} = \sum_{k=1}^{n} a_{ki}a_{kj} = \delta_{ij} \tag{1.28}$$

が成り立つ。ここで，

$$\delta_{ij} = \begin{cases} 1 & i = j \\ 0 & i \neq j \end{cases}$$

を**クロネッカーのデルタ**という。

例7　2 次の正方行列 $A = \begin{pmatrix} a_{11} & a_{12} \\ a_{21} & a_{22} \end{pmatrix}$ が直交行列とする。このとき，

$$A^{\mathrm{T}}A = \begin{pmatrix} a_{11} & a_{21} \\ a_{12} & a_{22} \end{pmatrix}\begin{pmatrix} a_{11} & a_{12} \\ a_{21} & a_{22} \end{pmatrix} = \begin{pmatrix} a_{11}{}^2 + a_{21}{}^2 & a_{11}a_{12} + a_{21}a_{22} \\ a_{12}a_{11} + a_{22}a_{21} & a_{12}{}^2 + a_{22}{}^2 \end{pmatrix}$$

となり，これが単位行列 $I = \begin{pmatrix} 1 & 0 \\ 0 & 1 \end{pmatrix}$ に等しいから，

$$a_{11}{}^2 + a_{21}{}^2 = a_{12}{}^2 + a_{22}{}^2 = 1, \quad a_{11}a_{12} + a_{21}a_{22} = 0$$

となる。これらは，(1.28) 式の $n = 2$ の場合である。

例題1.5　2 次の正方行列

$$A = \begin{pmatrix} \cos\theta & -\sin\theta \\ \sin\theta & \cos\theta \end{pmatrix}$$

が直交行列であることを示せ。

解　$A^{\mathrm{T}} = \begin{pmatrix} \cos\theta & \sin\theta \\ -\sin\theta & \cos\theta \end{pmatrix}$ より，

$$A^{\mathrm{T}}A = \begin{pmatrix} \cos\theta & \sin\theta \\ -\sin\theta & \cos\theta \end{pmatrix}\begin{pmatrix} \cos\theta & -\sin\theta \\ \sin\theta & \cos\theta \end{pmatrix} = \begin{pmatrix} 1 & 0 \\ 0 & 1 \end{pmatrix} = I$$

よって，A は直交行列である。■

一般に，成分が複素数である正方行列 U が $U^*U=I$ を満たすとき，U を**ユニタリー行列**という。n 次の正方行列 $U=(u_{ij})$ がユニタリー行列のとき，

$$\sum_{k=1}^{n} \overline{u_{ki}}u_{kj} = \delta_{ij}$$

となる。

1.4　行列式とクラメルの公式

行列式は，1.2 節で説明したベクトルの外積や，クラメルの公式と呼ばれる連立方程式の解を表現する場合に用いられることが多い。ここでは，クラメルの公式と結びつけて行列式を説明しよう。

2 次の行列式

2 変数 x_1，x_2 に関する 2 元連立 1 次方程式

$$\begin{cases} a_{11}x_1 + a_{12}x_2 = b_1 \\ a_{21}x_1 + a_{22}x_2 = b_2 \end{cases} \tag{1.29}$$

を解くと，$a_{11}a_{22} - a_{12}a_{21} \neq 0$ のとき，

$$x_1 = \frac{a_{22}b_1 - a_{12}b_2}{a_{11}a_{22} - a_{12}a_{21}},\quad x_2 = \frac{a_{11}b_2 - a_{21}b_1}{a_{11}a_{22} - a_{12}a_{21}} \tag{1.30}$$

となる。ここで，(1.30) 式の共通の分母を，

$$a_{11}a_{22} - a_{12}a_{21} = \begin{vmatrix} a_{11} & a_{12} \\ a_{21} & a_{22} \end{vmatrix} \tag{1.31}$$

と表し，(1.29) 式の 2 次の係数行列（x_1 と x_2 の係数を並べた行列）$A = \begin{pmatrix} a_{11} & a_{12} \\ a_{21} & a_{22} \end{pmatrix}$ の**行列式**という。行列式 $\begin{vmatrix} a_{11} & a_{12} \\ a_{21} & a_{22} \end{vmatrix}$ を，$|A|$ あるいは $\det A$ と表す。その展開式 $a_{11}a_{22} - a_{12}a_{21}$ は，図 1.11 に示された矢印の向きの行列の要素の積の和・差で与えられる。

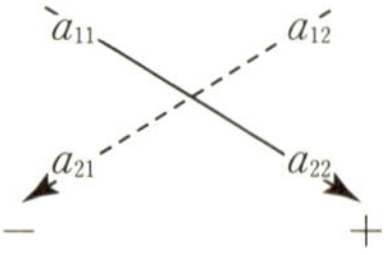

図1.11　2次の行列式の計算

(1.30) 式の分子も同様に，

$$b_1a_{22}-a_{12}b_2=\begin{vmatrix} b_1 & a_{12} \\ b_2 & a_{22} \end{vmatrix}=|B_1|,\ a_{11}b_2-b_1a_{21}=\begin{vmatrix} a_{11} & b_1 \\ a_{21} & b_2 \end{vmatrix}=|B_2|$$

となり，行列式で表すことができる。ここで，行列 B_1 は A の第 1 列を $\begin{pmatrix} b_1 \\ b_2 \end{pmatrix}$ で置き換えた行列であり，行列 B_2 は，A の第 2 列を $\begin{pmatrix} b_1 \\ b_2 \end{pmatrix}$ で置き換えた行列である。これより，連立方程式 (1.29) の解 (1.30) は，行列式を用いて $|A| \neq 0$ のとき，

$$x_1=\frac{|B_1|}{|A|},\ x_2=\frac{|B_2|}{|A|} \tag{1.32}$$

と表される。これを，2 元連立方程式の**クラメルの公式**という。

n 次の行列式

一般に，n 次の行列式は，$(n-1)$ 次の行列式を用いて定義することができる。

n 次の行列 $A=(a_{ij})$ において，i 行と j 列を除いた行列の行列式（$(n-1)$ 次の行列式）に $(-1)^{i+j}$ をかけた量を A_{ij} と書き，これを a_{ij} の**余因子**（よいんし）という。n 次の行列式 $|A|$ は，

$$|A|=a_{i1}A_{i1}+a_{i2}A_{i2}+\cdots+a_{in}A_{in} \quad (i=1,\ 2,\ \cdots,\ n) \tag{1.33}$$

$$=a_{1j}A_{1j}+a_{2j}A_{2j}+\cdots+a_{nj}A_{nj} \quad (j=1,\ 2,\ \cdots,\ n) \tag{1.34}$$

と表される。

例題1.6 **3 次の行列式の展開**

3 次の行列式 $|A|=\begin{vmatrix} a_{11} & a_{12} & a_{13} \\ a_{21} & a_{22} & a_{23} \\ a_{31} & a_{32} & a_{33} \end{vmatrix}$ を展開せよ。

解

$$|A|=(-1)^{1+1}a_{11}\begin{vmatrix} a_{22} & a_{23} \\ a_{32} & a_{33} \end{vmatrix}+(-1)^{1+2}a_{12}\begin{vmatrix} a_{21} & a_{23} \\ a_{31} & a_{33} \end{vmatrix}+(-1)^{1+3}a_{13}\begin{vmatrix} a_{21} & a_{22} \\ a_{31} & a_{32} \end{vmatrix}$$

$$=a_{11}(a_{22}a_{33}-a_{23}a_{32})-a_{12}(a_{21}a_{33}-a_{23}a_{31})+a_{13}(a_{21}a_{32}-a_{22}a_{31})$$

$$=\underline{a_{11}a_{22}a_{33}+a_{12}a_{23}a_{31}+a_{13}a_{21}a_{32}-a_{11}a_{23}a_{32}-a_{12}a_{21}a_{33}-a_{13}a_{22}a_{31}}$$

となる。■

上の各項は，図 1.12 に示された矢印

の向きの行列の要素の積の和・差で与えられる。

ここで，第4列には第1列の各成分が，第5列には第2列の各成分がおかれる。ただし，4次以上の行列式を，図1.12のような方法で求めることはできない。

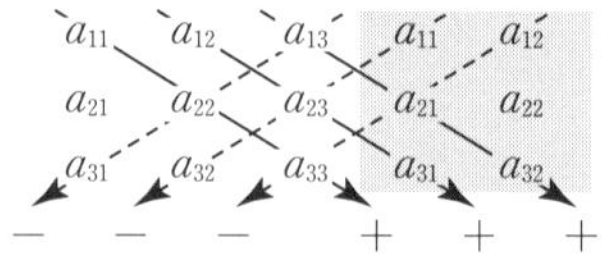

図1.12　3次の行列式の計算

逆行列

n 次の正方行列 A，n 次の単位行列 I に対して，

$$AA^{-1} = A^{-1}A = I \tag{1.35}$$

を満たす n 次の正方行列 A^{-1} を A の**逆行列**という。$|A| \neq 0$ のとき，逆行列 A^{-1} は存在し，行列 A の余因子 A_{ji} を用いて，

$$A^{-1} = \frac{1}{|A|}\begin{pmatrix} A_{11} & A_{21} & \cdots & A_{n1} \\ A_{12} & A_{22} & \cdots & A_{n2} \\ \vdots & \vdots & \ddots & \vdots \\ A_{1n} & A_{2n} & \cdots & A_{nn} \end{pmatrix} \tag{1.36}$$

と表される。ここで，逆行列 A^{-1} では，余因子 A_{ji} の行と列の添え字 j と i が，元の行列 A の各要素 a_{ij} の添え字 i と j と逆になることに注意しよう。

例題1.7　**2次の逆行列**

2次の行列 $A = \begin{pmatrix} a & b \\ c & d \end{pmatrix}$ の逆行列を求めよ。

解　A の行列式は，$|A| = \begin{vmatrix} a & b \\ c & d \end{vmatrix} = ad - bc$ であり，各余因子は，

$$A_{11} = (-1)^{1+1}d = d, \qquad A_{12} = (-1)^{1+2}c = -c$$
$$A_{21} = (-1)^{2+1}b = -b, \quad A_{22} = (-1)^{2+2}a = a$$

となるから，求める逆行列は，

$$\underline{A^{-1} = \frac{1}{ad - bc}\begin{pmatrix} d & -b \\ -c & a \end{pmatrix}}$$

となる。

■

例題1.8　**3 次の逆行列の計算**

$A = \begin{pmatrix} 1 & -1 & -2 \\ 2 & 0 & 0 \\ -1 & 1 & 1 \end{pmatrix}$ の逆行列を求めよ。

解

$$|A| = 1\cdot 0\cdot 1 + (-1)\cdot 0\cdot(-1) + (-2)\cdot 2\cdot 1 - (-2)\cdot 0\cdot(-1) - 1\cdot 0\cdot 1 - (-1)\cdot 2\cdot 1$$
$$= -2$$

であるから，(1.36) 式より，

$$A^{-1} = \frac{1}{-2}\begin{pmatrix} \begin{vmatrix} 0 & 0 \\ 1 & 1 \end{vmatrix} & -\begin{vmatrix} -1 & -2 \\ 1 & 1 \end{vmatrix} & \begin{vmatrix} -1 & -2 \\ 0 & 0 \end{vmatrix} \\ -\begin{vmatrix} 2 & 0 \\ -1 & 1 \end{vmatrix} & \begin{vmatrix} 1 & -2 \\ -1 & 1 \end{vmatrix} & -\begin{vmatrix} 1 & -2 \\ 2 & 0 \end{vmatrix} \\ \begin{vmatrix} 2 & 0 \\ -1 & 1 \end{vmatrix} & -\begin{vmatrix} 1 & -1 \\ -1 & 1 \end{vmatrix} & \begin{vmatrix} 1 & -1 \\ 2 & 0 \end{vmatrix} \end{pmatrix}$$

$$= \underline{\begin{pmatrix} 0 & \frac{1}{2} & 0 \\ 1 & \frac{1}{2} & 2 \\ -1 & 0 & -1 \end{pmatrix}}$$

を得る。■

例題1.9　**クラメルの公式**

n 個の変数 x_1，x_2，…，x_n に関する連立 1 次方程式

$$\begin{cases} a_{11}x_1 + a_{12}x_2 + \cdots + a_{1n}x_n = b_1 \\ a_{21}x_1 + a_{22}x_2 + \cdots + a_{2n}x_n = b_2 \\ \qquad\vdots \\ a_{n1}x_1 + a_{n2}x_2 + \cdots + a_{nn}x_n = b_n \end{cases} \tag{1.37}$$

の解は，係数行列を $A = \begin{pmatrix} a_{11} & a_{12} & \cdots & a_{1n} \\ a_{21} & a_{22} & \cdots & a_{2n} \\ \vdots & \vdots & \ddots & \vdots \\ a_{n1} & a_{n2} & \cdots & a_{nn} \end{pmatrix}$ とおくと，$|A| \neq 0$ のとき，

$$x_j = \frac{|B_j|}{|A|} \quad (j = 1,\ 2,\ \cdots,\ n) \tag{1.38}$$

で与えられることを示せ。ここで，行列 B_j は，行列 A の第 j 列を列ベクトル $\boldsymbol{b} = \begin{pmatrix} b_1 \\ b_2 \\ \vdots \\ b_n \end{pmatrix}$ で置き換えた行列であり，

$$B_j = \overset{\text{第}\,j\,\text{列}}{\begin{pmatrix} a_{11} & \cdots & b_1 & \cdots & a_{1n} \\ a_{21} & \cdots & b_2 & \cdots & a_{2n} \\ \vdots & & \vdots & \ddots & \vdots \\ a_{n1} & \cdots & b_n & \cdots & a_{nn} \end{pmatrix}} \tag{1.39}$$

である。(1.38) 式は一般的な**クラメルの公式**である。

解

$\boldsymbol{x} = \begin{pmatrix} x_1 \\ x_2 \\ \vdots \\ x_n \end{pmatrix}$ とおくと，(1.37) 式は，

$$A\boldsymbol{x} = \boldsymbol{b} \tag{1.40}$$

と書ける。そこで，(1.40) 式の両辺に，左から A^{-1} をかけると，解は，

$$\boldsymbol{x} = A^{-1}\boldsymbol{b} \tag{1.41}$$

となるから，(1.36) 式を用いて (1.41) 式をあらわに書くと，

$$\boldsymbol{x} = \frac{1}{|A|}\begin{pmatrix} A_{11} & A_{21} & \cdots & A_{n1} \\ A_{12} & A_{22} & \cdots & A_{n2} \\ \vdots & \vdots & \ddots & \vdots \\ A_{1n} & A_{2n} & \cdots & A_{nn} \end{pmatrix}\begin{pmatrix} b_1 \\ b_2 \\ \vdots \\ b_n \end{pmatrix} \tag{1.42}$$

となる。第 j 行成分は，(1.34) 式を用いて，

$$x_j = \frac{1}{|A|}\,(b_1A_{1j} + b_2A_{2j} + \cdots + b_nA_{nj}) = \frac{|B_j|}{|A|} \tag{1.43}$$

と表される。ここで，行列 B_j は，(1.39) 式で与えられる。 ■

例題1.10　**3元連立1次方程式**

次の3元連立1次方程式を，クラメルの公式を用いて解け。

$$\begin{cases} x - y + z = 7 \\ x + y + z = -1 \\ 2x + y - z = -1 \end{cases}$$

解　分母の係数行列式は，

$$|A| = \begin{vmatrix} 1 & -1 & 1 \\ 1 & 1 & 1 \\ 2 & 1 & -1 \end{vmatrix} = (-1) + (-2) + 1 - 2 - 1 - 1 = -6$$

となり，分子の各行列式は，

$$|B_1| = \begin{vmatrix} 7 & -1 & 1 \\ -1 & 1 & 1 \\ -1 & 1 & -1 \end{vmatrix} = -12,\quad |B_2| = \begin{vmatrix} 1 & 7 & 1 \\ 1 & -1 & 1 \\ 2 & -1 & -1 \end{vmatrix} = 24,$$

$$|B_3| = \begin{vmatrix} 1 & -1 & 7 \\ 1 & 1 & -1 \\ 2 & 1 & -1 \end{vmatrix} = -6$$

となる。これより，

$$x = \underline{2},\ y = \underline{-4},\ z = \underline{1}$$

を得る。■

1.5　行列の固有値と対角化

固有値

n 次の正方行列 A と，0ではない n 次の列ベクトル $\boldsymbol{x}$ に対して，λ を数として，

$$A\boldsymbol{x} = \lambda\boldsymbol{x} \tag{1.44}$$

が成り立つとき，λ を**固有値**，$\boldsymbol{x}$ を固有値 λ に対する**固有ベクトル**という。

I を n 次の単位行列として，(1.44) 式の右辺を移項すると，

$$(A - \lambda I)\boldsymbol{x} = 0$$

となる。これは n 元連立1次方程式であり，解 $\boldsymbol{x}(\neq 0)$ が存在する条件は，

$$|A - \lambda I| = 0 \tag{1.45}$$

である。(1.45) 式を行列 A の**固有方程式**という。固有値は固有方程式の解である。

例題1.11　**固有値と固有ベクトルの計算**

行列 $A=\begin{pmatrix}4 & 2\\ 3 & 3\end{pmatrix}$ の固有値と固有ベクトルを求めよ。

解　数 λ を用いると，固有方程式は，

$$|A-\lambda I|=\begin{vmatrix}4-\lambda & 2\\ 3 & 3-\lambda\end{vmatrix}=0$$

$$\therefore\quad (4-\lambda)(3-\lambda)-6=\lambda^2-7\lambda+6=(\lambda-6)(\lambda-1)=0$$

よって，固有値は，$\lambda=\underline{6,\ 1}$

$\lambda=6$ のとき，$\boldsymbol{x}=\begin{pmatrix}x_1\\ x_2\end{pmatrix}$ とおいて，

$$\begin{pmatrix}4 & 2\\ 3 & 3\end{pmatrix}\begin{pmatrix}x_1\\ x_2\end{pmatrix}=6\begin{pmatrix}x_1\\ x_2\end{pmatrix}\quad \text{より，}\quad \begin{cases}4x_1+2x_2=6x_1\\ 3x_1+3x_2=6x_2\end{cases}$$

よって，$x_1=x_2=c_1$ (c_1 は任意定数) とおいて，固有ベクトルは，

$$\underline{c_1\begin{pmatrix}1\\ 1\end{pmatrix}}$$

$\lambda=1$ のとき，$\begin{cases}4x_1+2x_2=x_1\\ 3x_1+3x_2=x_2\end{cases}$ となるから，$\begin{cases}x_1=2c_2\\ x_2=-3c_2\end{cases}$ (c_2 は任意定数)

とおいて，固有ベクトルは，$\underline{c_2\begin{pmatrix}2\\ -3\end{pmatrix}}$ ■

正規直交系とシュミットの直交化法

n 個のベクトル $\boldsymbol{e}_1,\ \boldsymbol{e}_2,\ \cdots,\ \boldsymbol{e}_n$ の間に，$\boldsymbol{e}_i\cdot\boldsymbol{e}_j=\delta_{ij}$ が成り立つとき，n 個のベクトルは**正規直交系をなす**という。

今，0 ではない1次独立なベクトル $\boldsymbol{x}_1,\ \boldsymbol{x}_2,\ \cdots,\ \boldsymbol{x}_n$ が与えられたとき，単位ベクトル $\boldsymbol{e}_1=\dfrac{\boldsymbol{x}_1}{|\boldsymbol{x}_1|}$ より，

$$\boldsymbol{e}_2=\frac{\boldsymbol{x}_2-(\boldsymbol{x}_2\cdot\boldsymbol{e}_1)\boldsymbol{e}_1}{|\boldsymbol{x}_2-(\boldsymbol{x}_2\cdot\boldsymbol{e}_1)\boldsymbol{e}_1|},\ \cdots,\ \boldsymbol{e}_n=\frac{\boldsymbol{x}_n-\sum_{j=1}^{n-1}(\boldsymbol{x}_n\cdot\boldsymbol{e}_j)\boldsymbol{e}_j}{\left|\boldsymbol{x}_n-\sum_{j=1}^{n-1}(\boldsymbol{x}_n\cdot\boldsymbol{e}_j)\boldsymbol{e}_j\right|}\qquad(1.46)$$

をつくると，$\boldsymbol{e}_1$，$\boldsymbol{e}_2$，…，$\boldsymbol{e}_n$ は正規直交系をなす。このようにして正規直交系をつくる方法を**シュミットの直交化法**という（証明は章末問題 1.6 参照）。

行列の対角化

正方行列で対角成分のみが 0 ではなく，それ以外の成分がすべて 0 の行列を**対角行列**という。今，$AA^* = A^*A$ を満たす行列（これを**正規行列**という。エルミート行列およびユニタリー行列は正規行列である。）A は，適当なユニタリー行列 U を用いて，$U^{-1}AU$ をつくることにより，対角行列をつくることができる[1)]。このとき，**対角成分は行列 A の固有値である。** このとき用いるユニタリー行列 U は，n 次の行列 A の固有ベクトルからつくられる正規直交系をなすベクトル $\boldsymbol{e}_1, \boldsymbol{e}_2, \cdots, \boldsymbol{e}_n$ を用いて，

$$U = (\boldsymbol{e}_1, \boldsymbol{e}_2, \cdots, \boldsymbol{e}_n)$$

で与えられる。このようにしてある行列から対角行列をつくることを，行列の**対角化**という。

例題1.12　**対角化の計算**

行列 $A = \begin{pmatrix} 2 & 1 \\ 1 & 2 \end{pmatrix}$ を対角化せよ。

解　行列 A は対称行列（したがって正規行列）だから，対角化することができる。固有値を λ として，

$$|A - \lambda I| = \begin{vmatrix} 2-\lambda & 1 \\ 1 & 2-\lambda \end{vmatrix} = (2-\lambda)^2 - 1 = (\lambda - 3)(\lambda - 1) = 0$$

$$\therefore \quad \lambda = 3,\ 1$$

$$\lambda = 3 \text{ のとき，} \begin{cases} 2x_1 + x_2 = 3x_1 \\ x_1 + 2x_2 = 3x_2 \end{cases} \quad \therefore \quad x_1 = x_2 = c_1$$

これより，固有ベクトルは，$c_1 \begin{pmatrix} 1 \\ 1 \end{pmatrix}$

1)　正規行列以外にも，固有値がすべて相異なる正方行列は，適当な**正則行列**（逆行列の存在する行列）を用いて対角化することができる。ただし，本書では，正規行列の対角化のみを考える。

$$\lambda = 1 \text{のとき,} \begin{cases} 2x_1 + x_2 = x_1 \\ x_1 + 2x_2 = x_2 \end{cases} \quad \therefore \quad x_1 = -x_2 = c_2$$

これより，固有ベクトルは，$c_2\begin{pmatrix} 1 \\ -1 \end{pmatrix}$

これらの固有ベクトルより正規直交系をなすベクトル

$$\boldsymbol{e}_1 = \frac{1}{\sqrt{2}}\begin{pmatrix} 1 \\ 1 \end{pmatrix}, \ \boldsymbol{e}_2 = \frac{1}{\sqrt{2}}\begin{pmatrix} 1 \\ -1 \end{pmatrix}$$

を得ることができ，直交行列 $U = (\boldsymbol{e}_1 \quad \boldsymbol{e}_2) = \dfrac{1}{\sqrt{2}}\begin{pmatrix} 1 & 1 \\ 1 & -1 \end{pmatrix}$ を用いて，

$$AU = (A\boldsymbol{e}_1 \quad A\boldsymbol{e}_2) = (3\boldsymbol{e}_1 \quad \boldsymbol{e}_2)$$

U の逆行列は，例題 1.7 より，

$$U^{-1} = \frac{1}{-1} \cdot \frac{1}{\sqrt{2}}\begin{pmatrix} -1 & -1 \\ -1 & 1 \end{pmatrix} = \frac{1}{\sqrt{2}}\begin{pmatrix} 1 & 1 \\ 1 & -1 \end{pmatrix}$$

となるから，

$$U^{-1}AU = \underline{\begin{pmatrix} 3 & 0 \\ 0 & 1 \end{pmatrix}}$$

（注）　直交行列を $U = \dfrac{1}{\sqrt{2}}\begin{pmatrix} 1 & 1 \\ -1 & 1 \end{pmatrix}$ とおくと，

$$U^{-1}AU = \begin{pmatrix} 1 & 0 \\ 0 & 3 \end{pmatrix}$$

となる。 ■

章末問題

1.1　3つのベクトル $\boldsymbol{a} = (a_x, a_y, a_z)$, $\boldsymbol{b} = (b_x, b_y, b_z)$, $\boldsymbol{c} = (c_x, c_y, c_z)$ について，$\boldsymbol{a}\cdot(\boldsymbol{b} \times \boldsymbol{c})$ あるいは $(\boldsymbol{a} \times \boldsymbol{b})\cdot\boldsymbol{c}$ を**スカラー3重積**という。スカラー3重積に関する次の性質が成り立つことを示せ。

(1) スカラー3重積 $\boldsymbol{a}\cdot(\boldsymbol{b} \times \boldsymbol{c})$ の大きさは，$\boldsymbol{a}$，$\boldsymbol{b}$，$\boldsymbol{c}$ を3つの稜とする平行六面体の体積に等しい。

(2) $\boldsymbol{a}\cdot(\boldsymbol{b} \times \boldsymbol{c}) = |\boldsymbol{a} \quad \boldsymbol{b} \quad \boldsymbol{c}|$ とおくとき，

$$|\boldsymbol{a} \quad \boldsymbol{b} \quad \boldsymbol{c}| = |\boldsymbol{b} \quad \boldsymbol{c} \quad \boldsymbol{a}| = |\boldsymbol{c} \quad \boldsymbol{a} \quad \boldsymbol{b}|$$

$$= -|\boldsymbol{b}\ \ \boldsymbol{a}\ \ \boldsymbol{c}| = -|\boldsymbol{c}\ \ \boldsymbol{b}\ \ \boldsymbol{a}| = -|\boldsymbol{a}\ \ \boldsymbol{c}\ \ \boldsymbol{b}|$$

(3)　$\boldsymbol{a} = (a_x, a_y, a_z)$, $\boldsymbol{b} = (b_x, b_y, b_z)$, $\boldsymbol{c} = (c_x, c_y, c_z)$ について,

$$\boldsymbol{a}\cdot(\boldsymbol{b}\times\boldsymbol{c}) = \begin{vmatrix} a_x & a_y & a_z \\ b_x & b_y & b_z \\ c_x & c_y & c_z \end{vmatrix}$$

1.2　$\boldsymbol{a}\times(\boldsymbol{b}\times\boldsymbol{c})$ あるいは $(\boldsymbol{a}\times\boldsymbol{b})\times\boldsymbol{c}$ を**ベクトル3重積**という。ベクトル3重積に関する次の性質が成り立つことを示せ。

$$\boldsymbol{a}\times(\boldsymbol{b}\times\boldsymbol{c}) = (\boldsymbol{a}\cdot\boldsymbol{c})\boldsymbol{b} - (\boldsymbol{a}\cdot\boldsymbol{b})\boldsymbol{c}$$

1.3　$A = \begin{pmatrix} 1 & a \\ 0 & b \end{pmatrix}$　$(a\neq 0)$ のとき，$A^3 = I$ となるように b を定めよ。

1.4　$\sigma_x = \begin{pmatrix} 0 & 1 \\ 1 & 0 \end{pmatrix}$, $\sigma_y = \begin{pmatrix} 0 & -i \\ i & 0 \end{pmatrix}$, $\sigma_z = \begin{pmatrix} 1 & 0 \\ 0 & -1 \end{pmatrix}$ を**パウリ行列**という。パウリ行列はエルミート行列である。

$$\sigma_x{}^2 = \sigma_y{}^2 = \sigma_z{}^2 = I$$

$$\sigma_x\sigma_y = -\sigma_y\sigma_x = i\sigma_z,\ \ \sigma_y\sigma_z = -\sigma_z\sigma_y = i\sigma_x,\ \ \sigma_z\sigma_x = -\sigma_x\sigma_z = i\sigma_y$$

が成り立つことを示せ。

1.5　行列 $A = \begin{pmatrix} 1 & 0 & 0 \\ 1 & 1 & 0 \\ 0 & 0 & 2 \end{pmatrix}$ の固有値と固有ベクトルを求めよ。

1.6　1次独立な3つのベクトル $\boldsymbol{x}_1$，$\boldsymbol{x}_2$，$\boldsymbol{x}_3$ を用いて，(1.46) 式でつくられる単位ベクトル $\boldsymbol{e}_1$，$\boldsymbol{e}_2$，$\boldsymbol{e}_3$ の間に $\boldsymbol{e}_i\cdot\boldsymbol{e}_j = \delta_{ij}\,(i,\ j = 1,\ 2,\ 3)$ が成り立つことを証明せよ。

1.7　次の行列を対角化せよ。

(1)　$A = \begin{pmatrix} 1 & -i \\ i & 1 \end{pmatrix}$　　(2)　$B = \begin{pmatrix} 1 & 0 & 1 \\ 0 & 1 & 0 \\ 1 & 0 & 1 \end{pmatrix}$

第2章

物理学への応用という観点から，微分，積分について重要な事柄をまとめておいた。まず微分法を復習した後，高校数学ではまともに扱われない近似式を，べき級数展開を用いて説明する。

微分と積分
——基礎数学と物理

2.1 微分法

導関数

関数$f(x)$の定義域に属するxの値aにおいて，極限値

$$\lim_{h \to 0} \frac{f(a+h)-f(a)}{h} \tag{2.1}$$

が存在するとき，その値を$f(x)$の$x=a$での**微分係数**といい，$f'(a)$と表す。このとき，関数$f(x)$は$x=a$で**微分可能**であるという。

ある区間のすべてのxの値について関数$f(x)$が微分可能であるとき，微分係数$f'(x)$はxの関数となる。そこで，この関数$f'(x)$を**導関数**といい，$f'(x)$を求めることを，$f(x)$を**微分する**という。

関数$y=f(x)$の導関数$f'(x)$は，

$$f'(x) = \lim_{\Delta x \to 0} \frac{\Delta y}{\Delta x} = \lim_{\Delta x \to 0} \frac{f(x+\Delta x)-f(x)}{\Delta x} \tag{2.2}$$

で表される。導関数$f'(x)$を表すには，

$$y', \quad \frac{\mathrm{d}y}{\mathrm{d}x}, \quad \frac{\mathrm{d}}{\mathrm{d}x}f(x)$$

などの記号も用いられる。

高次導関数

関数 $y = f(x)$ の導関数 $f'(x)$ の導関数を，$f(x)$ の第 2 次導関数といい，

$$y'',\ f''(x),\ \frac{\mathrm{d}^2 y}{\mathrm{d}x^2}$$

などの記号で表す。

一般に，関数 $y = f(x)$ を n 回微分することにより得られる関数を**第 n 次導関数**といい，

$$y^{(n)},\ f^{(n)}(x),\ \frac{\mathrm{d}^n y}{\mathrm{d}x^n}$$

などの記号で表す。

2.2　べき級数展開と近似式

関数 $f(x)$ のべき級数展開

何回でも微分可能な関数 $f(x)$ が，適当な係数 $a_0, a_1, a_2, a_3, \cdots$ を用いて次のようにべき級数展開できる場合を考える。

$$f(x) = a_0 + a_1 x + a_2 x^2 + a_3 x^3 + \cdots \tag{2.3}$$

べき級数が収束しなければこの展開はできないが，ここでは，べき級数が収束して展開できる場合のみを考えることにする。

(2.3) 式の各係数は，次のように求めることができる。

まず，(2.3) 式の両辺に $x = 0$ を代入して，

$$a_0 = f(0) \tag{2.4}$$

を得る。次に，(2.3) 式の両辺を x で微分すると，

$$f'(x) = a_1 + 2a_2 x + 3a_3 x^2 + \cdots \tag{2.5}$$

となる。ここで，$x = 0$ を代入して，

$$a_1 = f'(0) \tag{2.6}$$

を得る。さらに，(2.5) 式の両辺を x で微分すると，

$$f''(x) = 2a_2 + 6a_3 x + \cdots$$

となる。そこで，$x = 0$ を代入して，

$$a_2 = \frac{1}{2} f''(0)$$

を得る。

以下同様にして，

$$a_n = \frac{1}{n!} f^{(n)}(0) \tag{2.7}$$

となり，関数 $f(x)$ は，

$$f(x) = f(0) + f'(0)x + \frac{1}{2!} f''(0)x^2 + \cdots + \frac{1}{n!} f^{(n)}(0)x^n + \cdots \tag{2.8}$$

と展開されることがわかる。

(2.8) 式の展開を，関数 $f(x)$ の $x = 0$ のまわりの**テイラー展開**という。

例題2.1　べき級数展開と近似式 I

関数 $f(x) = (1+x)^\alpha$ (α は実数) のべき級数展開を求め，$|x|$ が 1 に比べて十分小さい ($|x| \ll 1$) とき，$(1+x)^\alpha$ の x に関する 2 次の項までの近似式を求めよ。

解

$$f(0) = 1$$

$$f'(x) = \alpha(1+x)^{\alpha-1} \text{ より，} f'(0) = \alpha$$

$$f''(x) = \alpha(\alpha-1)(1+x)^{\alpha-2} \text{ より，} f''(0) = \alpha(\alpha-1)$$

$$\vdots$$

$$f^{(n)}(x) = \alpha(\alpha-1)\cdots(\alpha-n+1)(1+x)^{\alpha-n} \text{ より，}$$

$$f^{(n)}(0) = \alpha(\alpha-1)\cdots(\alpha-n+1)$$

$$\vdots$$

これらより，$f(x)$ のべき級数展開

$$f(x) = \underline{1 + \alpha x + \frac{\alpha(\alpha-1)}{2} x^2 + \cdots + \frac{\alpha(\alpha-1)\cdots(\alpha-n+1)}{n!} x^n + \cdots} \tag{2.9}$$

を得る。

(2.9) 式より，$|x| \ll 1$ のとき 2 次の項までの近似式は，

$$(1+x)^\alpha \approx \underline{1 + \alpha x + \frac{\alpha(\alpha-1)}{2} x^2} \tag{2.10}$$

となる。 ■

例題2.2　ヤングの実験

図 2.1 のように，平行に開けられた幅の狭い 2 つのスリット S_1, S_2 に垂

直に光をあてると，スリットに平行なスクリーン上に明暗の干渉縞ができる。スリット S_1, S_2 の間隔を $2d$，スクリーンとスリットの距離を l とし，あてる単色光の波長を λ とする。また，スリットの中点をM，点Mからスクリーンへ垂線MOを引き，点Oを原点に上方へ x 軸をとる。スクリーン上の位置 x に点Pをとり，$d \ll l, x \ll l$ とする。

スクリーン上，原点Oの近くにできる干渉縞の間隔を求めよ。

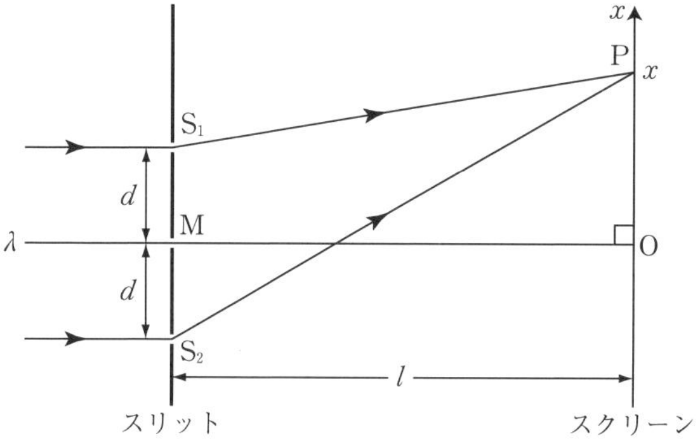

図2.1　ヤングの実験

解　スリット S_1 と S_2 を通過した光がスクリーン上の点Pで干渉して強め合い，明線ができる条件は，

$$S_2P - S_1P = m\lambda \quad (m \text{ は整数}) \tag{2.11}$$

である。

$$S_1P = \sqrt{l^2 + (x-d)^2} = l\sqrt{1 + \left(\frac{x-d}{l}\right)^2}$$
$$\approx l\left\{1 + \frac{1}{2}\left(\frac{x-d}{l}\right)^2\right\} = l + \frac{(x-d)^2}{2l}$$

ここで，$\left(\frac{x-d}{l}\right)^2 \ll 1$ であり，$\sqrt{\ }$ は $\frac{1}{2}$ 乗であることより $\alpha = \frac{1}{2}$ として，1次の近似式

$$(1+x)^{\frac{1}{2}} \approx 1 + \frac{1}{2}x \tag{2.12}$$

を用いた。同様に，

$$S_2P \approx l + \frac{(x+d)^2}{2l}$$

となるから，$S_2P - S_1P = \dfrac{2dx}{l}$ より，強め合う条件 (2.11) は，x を x_m と書いて，

$$\frac{2dx_m}{l} = m\lambda \quad \therefore \quad x_m = m\frac{l\lambda}{2d}$$

となる。これより，干渉縞の間隔は，

$$\Delta x = x_{m+1} - x_m = \underline{\frac{l\lambda}{2d}}$$

となる。 ■

e の定義

h の関数 $(1+h)^{\frac{1}{h}}$ は $h \to 0$ のとき収束し，その極限値は，2.71828…の無理数になることが知られている。そこで，この値を，e とおく。このとき，指数関数 $f(x) = e^x$ は，導関数が元の関数に一致するという特別な性質，すなわち，

$$f'(x) = e^x$$

という性質をもつことが知られている。

例題2.3　べき級数展開と近似式 II

指数関数 $f(x) = e^x$ のべき級数展開を求め，$|x| \ll 1$ のとき，e^x の x の2次の近似式を求めよ。また，$|x| \ll 1$ のとき，$\log(1+x)$ (底が e の自然対数) の x に関する2次の近似式を求めよ。

解　$f(x) = e^x$ において，$f(0) = 1$, $f'(x) = f''(x) = \cdots = f^{(n)}(x) = \cdots = e^x$ であるから，$f'(0) = f''(0) = \cdots = f^{(n)}(0) = \cdots = 1$ となり，べき級数展開

$$e^x = \underline{1 + x + \frac{1}{2!}x^2 + \cdots + \frac{1}{n!}x^n + \cdots} \tag{2.13}$$

を得る。

これより，$|x| \ll 1$ のとき，2次の近似式は，

$$e^x \fallingdotseq \underline{1 + x + \frac{x^2}{2}} \tag{2.14}$$

となる。$g(x) = \log(1+x)$ において，$g(0) = 0$，$g'(x) = \dfrac{1}{1+x}$ より $g'(0) = 1$，$g''(x) = -\dfrac{1}{(1+x)^2}$ より $g''(0) = -1$ となるから，$|x| \ll 1$ のとき，2次の近似式は，

$$\log(1+x) \fallingdotseq \underline{x - \frac{x^2}{2}} \tag{2.15}$$

となる。■

例題2.4　**べき級数展開と近似式Ⅲ**

$|x| \ll 1$ のとき，$\sin x$, $\cos x$, $\tan x$ のそれぞれについて，x の 3 次の項までの近似式を求めよ。

解　$f_1(x) = \sin x$ において，$f_1(0) = 0$, $f_1{}'(x) = \cos x$ より $f_1{}'(0) = 1$, $f_1{}''(x) = -\sin x$ より $f_1{}''(0) = 0$, $f_1{}'''(x) = -\cos x$ より $f_1{}'''(0) = -1$ となるから，$|x| \ll 1$ のときの 3 次の近似式は，

$$\sin x \fallingdotseq \underline{x - \frac{x^3}{3!}} = \underline{x - \frac{x^3}{6}} \tag{2.16}$$

となる。

$f_2(x) = \cos x$ において，$f_2(0) = 1$, $f_2{}'(x) = -\sin x$ より $f_2{}'(0) = 0$, $f_2{}''(x) = -\cos x$ より $f_2{}''(0) = -1$，$f_2{}'''(x) = \sin x$ より $f_2{}'''(0) = 0$ となるから，$|x| \ll 1$ のときの 3 次の項までの近似式は，

$$\cos x \fallingdotseq \underline{1 - \frac{x^2}{2}} \tag{2.17}$$

となる。

$f_3(x) = \tan x$ において，$f_3(0) = 0$，$f_3{}'(x) = \dfrac{1}{\cos^2 x}$ より $f_3{}'(0) = 1$, $f_3{}''(x) = \dfrac{2\sin x}{\cos^3 x}$ より $f_3{}''(0) = 0$，$f_3{}'''(x) = \dfrac{2(\cos^2 x + 3\sin^2 x)}{\cos^4 x}$ より $f_3{}'''(0) = 2$ となるから，$|x| \ll 1$ のときの 3 次の項までの近似式は，

$$\tan x \fallingdotseq \underline{x + \frac{x^3}{3}} \tag{2.18}$$

となる。

別解

(2.16)，(2.17) 式を用いると，$|x| \ll 1$ より，

$$\tan x = \frac{\sin x}{\cos x} \approx \frac{x - \dfrac{x^3}{6}}{1 - \dfrac{x^2}{2}} \fallingdotseq \left(x - \frac{x^3}{6}\right)\left(1 + \frac{x^2}{2}\right) \approx \underline{x + \frac{x^3}{3}}$$

を得る。

■

例題2.5　**単振り子の周期**

質量 m の質点Pが点Hから長さ l の糸で吊り下げられている。質点Pを最下点のまわりに微小振動させたときの振動の周期を求めよ。ただし，重力加速度の大きさを g とする。

解　質点Pは，鉛直面内で点Hを中心に半径 l の円軌道上を運動する。図 2.2 のように，糸が鉛直方向から角 θ だけ傾いているとき，質点Pには，鉛直下方へ大きさ mg の重力と糸の張力 S がはたらく。円軌道の最下点Oから質点Pまで，円弧に沿った長さは $l\theta$ と表されるから，Pが円軌道の接線方向，θ の増加する方向へもつ加速度 α は，

$$\alpha = \frac{\mathrm{d}^2}{\mathrm{d}t^2}(l\theta) = l\ddot{\theta}$$

と書ける。ここで，l は定数であり，θ のみが時刻 t の関数であることを用いた。また，θ の t に関する微分を，上にドットをつけて表した。すなわち $\dot{\theta} = \frac{\mathrm{d}\theta}{\mathrm{d}t}$，$\ddot{\theta} = \frac{\mathrm{d}^2\theta}{\mathrm{d}t^2}$ である。

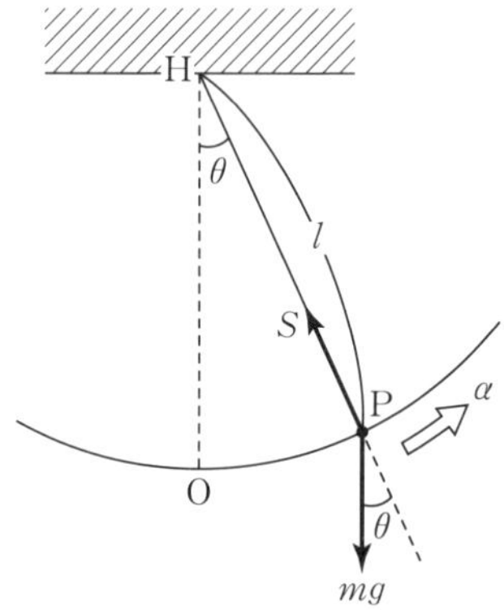

図2.2　単振り子の周期

質点Pにはたらく重力の円軌道の接線方向，θ の増加する方向の成分は，$-mg\sin\theta$ であるから，Pの運動方程式は，

$$ml\ddot{\theta} = -mg\sin\theta \tag{2.19}$$

となる。(2.19) 式をそのまま解いて，角 θ が時刻 t とともにどのように変化するかを求めることは難しい。実際，その解は楕円関数と呼ばれる積分で表される関数で書けることが知られている。ここでは，この振動が微小振動であるから，$|\theta| \ll 1$ が成り立つことを用いて，(2.16) 式より与えられる 1 次の近似式

$$\sin\theta \fallingdotseq \theta \tag{2.20}$$

を用いて振動の周期を求めよう。(2.20) 式を (2.19) 式へ代入して，

$$\ddot{\theta} = -\frac{g}{l}\theta \tag{2.21}$$

を得る。

今，(2.21) 式に，

$$\theta = \theta_0 \sin(\omega t + \alpha) \tag{2.22}$$

（θ_0，ω，α はいずれも t によらない定数）

を代入してみると，

$$\omega = \sqrt{\frac{g}{l}} \tag{2.23}$$

のとき，(2.22) 式は定数 θ_0 と α の値によらず (2.21) 式を満たすことがわかる。つまり，質点Pにつけられた糸と鉛直方向のなす角 θ は，(2.22) 式にしたがって振動する。このような正弦関数にしたがう振動を**単振動**といい，このときの ω を**角振動数**という。また，(2.21) 式は単振動を表す微分方程式である。

質点Pが単振動をするとき，その周期は，Pが元の状態に戻るまでの時間であり，(2.22) 式の正弦関数が元の状態に戻るまでの時間に等しい。それは，正弦関数の角度部分 $\omega t + \alpha$ が 2π だけ進むのにかかる時間で与えられ，求める周期 T は，

$$T = \frac{2\pi}{\omega} = \underline{2\pi\sqrt{\frac{l}{g}}} \tag{2.24}$$

となる。■

2.3　積分法

不定積分

ある区間で定義された関数 $f(x)$ に対して，

$$F'(x) = f(x)$$

となる関数 $F(x)$ を $f(x)$ の**不定積分**あるいは**原始関数**といい，

$$F(x) = \int f(x)\,\mathrm{d}x$$

と表す。不定積分は1つの関数に定まらず，定数を加えるだけの任意性をもつ。$f(x)$ の1つの不定積分を $F(x)$ とすると，C を任意定数として，

$$\int f(x)\,\mathrm{d}x = F(x) + C \tag{2.25}$$

となる。このとき，$f(x)$ の不定積分を求めることを，$f(x)$ を**積分する**という。

定積分

区間 $[a, b]$ で連続な関数 $f(x)$ があるとき，$[a, b]$ を n 等分する点を a に近い方から $x_1, x_2, \cdots, x_{n-1}$ とし，$a = x_0, b = x_n$ とする。$\Delta x = \dfrac{b-a}{n}$ として，図 2.3 のような n 個の長方形の面積の和

$$S_n = f(x_1)\ \Delta x + f(x_2)\ \Delta x + \cdots + f(x_n)\ \Delta x$$
$$= \sum_{k=1}^{n} f(x_k)\ \Delta x$$

を考えよう。$n \to \infty$ ときの極限値を，

$$\lim_{n\to\infty} S_n = \int_a^b f(x)\mathrm{d}x$$

と書き，$x = a$ から $x = b$ までの**定積分**という。

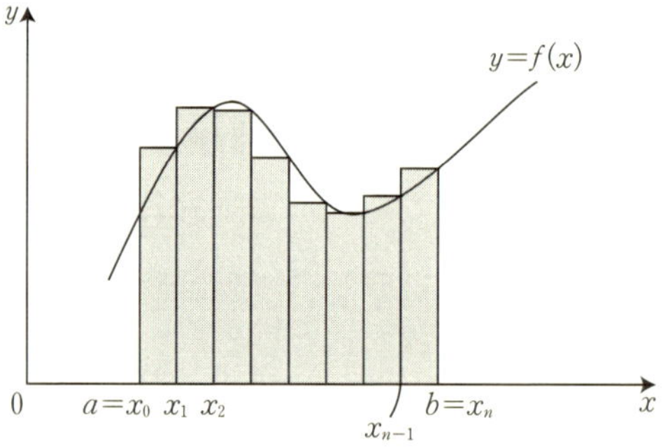

図2.3　定積分

定積分 $\int_a^b f(x)\mathrm{d}x$ は，$f(x)$ の不定積分 $F(x)$ を用いて，

$$\int_a^b f(x)\mathrm{d}x = F(b) - F(a) \tag{2.26}$$

と表される。(2.26) 式で $x \to t, b \to x$ と置き換えて x で微分すると，

$$\frac{\mathrm{d}}{\mathrm{d}x}\int_a^x f(t)\,\mathrm{d}t = f(x) \tag{2.27}$$

が成り立つことがわかる。(2.27) 式を**微積分**の**基本定理**という。

置換積分と積分変数の変換

次のように**積分変数**を**変換**して積分する方法を**置換積分**という。x が t の関数であるとき，

$$\int f(x)\frac{\mathrm{d}x}{\mathrm{d}t}\,\mathrm{d}t=\int f(x)\,\mathrm{d}x \tag{2.28}$$

となる。

部分積分

次の等式が成り立つ。これを**部分積分**という。

$$\int f'(x)g(x)\,\mathrm{d}x=f(x)g(x)-\int f(x)g'(x)\,\mathrm{d}x \tag{2.29}$$

2.4　微分方程式

未知の関数の導関数を含む方程式を**微分方程式**といい，その方程式を満たす関数をその**解**という。また，微分方程式の解を求めることを**微分方程式を解く**という。

例題2.6　曲線群と微分方程式

任意定数 A, B を含む曲線群

$$y=A\sin x+B\cos x \tag{2.30}$$

より，A，B を含まず y とその 2 階微分 y'' のみを含む微分方程式を導け。

解　(2.30) 式の両辺を x で 1 回微分すると，

$$y'=A\cos x-B\sin x$$

となり，もう 1 回微分すると，

$$\begin{aligned} y''&=-A\sin x-B\cos x=-(A\sin x+B\cos x)\\ &=-y \end{aligned}$$

となる。これより，求める微分方程式

$$y''+y=0 \tag{2.31}$$

を得る。■

(2.30) 式のような曲線群が与えられたとき，任意定数 A, B によらず，その曲線群が満たす微分方程式を求めることを，**微分方程式をつくる**とい

う。微分方程式 (2.31) の解は (2.30) 式で与えられる。(2.30) 式で A, B の値をそれぞれ1つずつ与えると1つの解が与えられる。(2.30) 式のように，微分方程式の解を一般的に表す解を**一般解**，1つ1つの解を**特解**あるいは**特殊解**という。

微分方程式において，未知関数の導関数の最高の**次数**をその**微分方程式の階数**という。(2.31) 式の階数は2で，(2.31) 式は**2階微分方程式**である。2階微分方程式の一般解は2つの任意定数を含む。これは，解を求めるとき，2階微分方程式であれば2回積分するため任意定数が2つ入るからである。一般に，***n* 階微分方程式は *n* 個の任意定数を含む**。

一般解に含まれる任意定数は，**初期条件**と呼ばれる条件を満たすように定められる。この条件によって任意定数をすべて定めることにより特解を得ることができる。

2.5　変数分離型微分方程式

$P(x)$ を x のみの連続関数，$Q(y)$ を y のみの連続関数とするとき，微分方程式

$$\frac{\mathrm{d}y}{\mathrm{d}x} = P(x)Q(y) \tag{2.32}$$

を**変数分離型微分方程式**という。

その解法

$Q(y) \neq 0$ のとき，(2.32) 式より，

$$\frac{1}{Q(y)}\frac{\mathrm{d}y}{\mathrm{d}x} = P(x)$$

となるから，この式の両辺を x で積分する。

$$\int \frac{1}{Q(y)}\frac{\mathrm{d}y}{\mathrm{d}x}\,\mathrm{d}x = \int P(x)\,\mathrm{d}x \tag{2.33}$$

(2.33) 式の左辺に (2.28) 式を用いて，

$$\int \frac{\mathrm{d}y}{Q(y)} = \int P(x)\,\mathrm{d}x \tag{2.34}$$

を得る。これより，x と y の関係式，すなわち，y を x の関数として解を

求めることができる。この解は，任意定数である積分定数を1個含むので，1階微分方程式 (2.32) の一般解である。

$Q(y_0)=0$ のとき，$y=y_0$ (y_0 は定数) も (2.32) 式の解である。この解が，(2.34) 式から得られる一般解に含まれる場合，$y=y_0$ は1つの特解である。一般解の任意定数をどのように与えても $y=y_0$ を得ることができないとき，それを**特異解**という。

例題2.7　**微分方程式を解く**

初期条件「$x=1$ のとき $y=1$」が与えられたとき，微分方程式

$$\frac{\mathrm{d}y}{\mathrm{d}x}=-\frac{y}{x}\quad (x\neq 0) \tag{2.35}$$

を解き，そのグラフを描け。

解　微分方程式 (2.35) の両辺を y でわり，x で積分する。

$$\int\frac{1}{y}\frac{\mathrm{d}y}{\mathrm{d}x}\mathrm{d}x=-\int\frac{\mathrm{d}x}{x}\quad\therefore\quad \log|y|=-\log|x|+C' \tag{2.36}$$

ここで，左辺と右辺から出る積分定数 C_1, C_2 は，1つの任意定数 C' にまとめることができることに注意しよう。

(2.36) 式より，

$$\log|xy|=C'\quad\therefore\quad xy=C\ \ (C=\pm\, e^{C'}) \tag{2.37}$$

となる。

初期条件「$x=1$ のとき $y=1$」を用いると，$C=1$ となるから，求める解

$$\underline{y=\frac{1}{x}}\ \ (x>0)$$

を得る。このグラフは図2.4となる。これは，**直角双曲線**である。

注

ある**初期条件を用いて微分方程式を解く**ということは，**初期条件で与えられた点を通る1つの連続曲線の方程式を求める**ことである。例題2.7では，$\log|xy|$ は $x=0$ あるいは $y=0$ で不連続になってしまうから，初期条件を満たす解は，$x>0$，および $y>0$ のものだけ，すなわち，上で求めたものだけが解となる。■

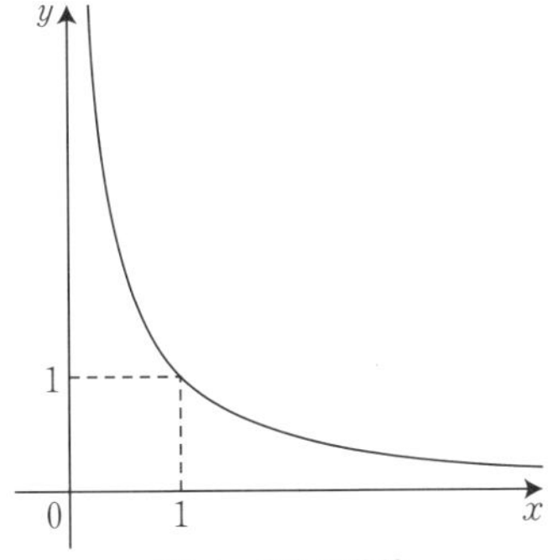

図2.4　直角双曲線

例題2.8 **速さに比例する抵抗力を受ける小球の落下**

空気中あるいは水中などを落下する物体には，速さが小さいとき，その速さに比例する抵抗力がはたらく(章末の10分補講参照)。

図2.5のように，質量 m の小球Pを時刻 $t=0$ に空気中で静かに(初速0で)放したときのPの速度 v の時間変化を求め，そのグラフの概形を描け。ただし，小球Pには，重力とその速さに比例した空気抵抗(比例定数を k とする)のみがはたらくとし，重力加速度の大きさを g とする。

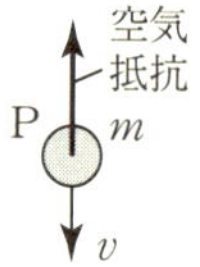

図2.5　空気中での小球の落下

解 小球Pの運動方程式は，加速度を $a=\dfrac{\mathrm{d}v}{\mathrm{d}t}$ と書くと，鉛直下方を正として，

$$m\frac{\mathrm{d}v}{\mathrm{d}t}=mg-kv \qquad (2.38)$$

となる。(2.38) 式は，v に関する変数分離型微分方程式である。

今，$\gamma=\dfrac{k}{m}$ とおくと，(2.38) 式は，

$$\frac{1}{g-\gamma v}\frac{\mathrm{d}v}{\mathrm{d}t}=1$$

と書けるから，この式の両辺を t で積分する。

$$\int\frac{\mathrm{d}v}{g-\gamma v}=\int\mathrm{d}t \quad \therefore \quad -\frac{1}{\gamma}\log|g-\gamma v|=t+C \quad (C\text{ は積分定数})$$

これより，

$$v=\frac{g}{\gamma}\left(1-C_1e^{-\gamma t}\right),\ C_1=\frac{1}{g}e^{-\gamma C}$$

を得る。ここで，初期条件「$t=0$ のとき $v=0$」より，$C_1=1$ となるから，最終的な速度の式は，

$$v=\frac{g}{\gamma}\left(1-e^{-\gamma t}\right) \qquad (2.39)$$

となる。これをグラフに描いて，図2.6を得る。

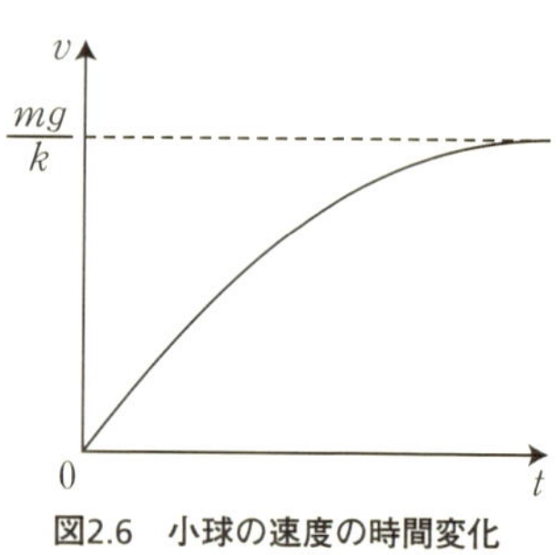

図2.6　小球の速度の時間変化

これより，小球Pの速度 v は時間 t とともに増加し，$t\to\infty$ のとき，$v\to\dfrac{g}{\gamma}=\dfrac{mg}{k}$ となることがわかる。このとき，

$\dfrac{mg}{k}$ を**終端速度**という。 ■

例題2.9 **コンデンサーの充電**

内部抵抗の無視できる起電力 V_0 の電池，電気容量 C のコンデンサー，抵抗値 R の抵抗およびスイッチSを用いて，図2.7のような回路をつくる。はじめスイッチは開かれており，コンデンサーに電荷はたまっていない。今，時刻 $t = 0$ にスイッチを閉じると，回路に電流が流れ出し，コンデンサーに電荷がたまる。任意の時刻 t において，回路に流れる電流を I，コンデンサーにたまっている電荷を Q とすると，キルヒホッフの第2法則の式

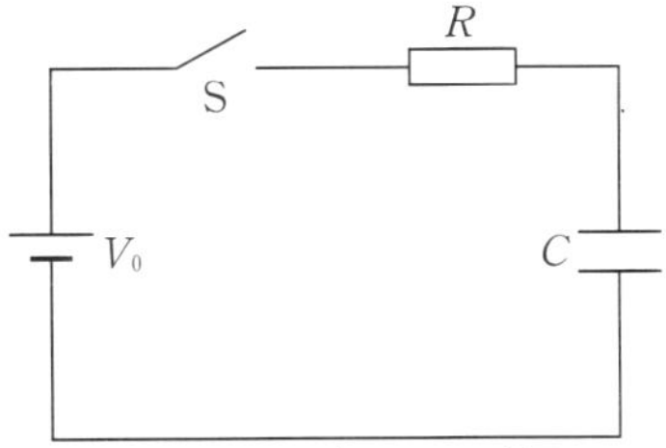

図2.7 コンデンサーの充電

$$V_0 = RI + \frac{Q}{C} \tag{2.40}$$

が成り立つ。ここで，電流 I は，

$$I = \frac{\mathrm{d}Q}{\mathrm{d}t} \tag{2.41}$$

と表される。

スイッチを閉じた瞬間 ($t = 0$)，コンデンサーにはまだ電荷がたまっていないので，$Q = 0$ である。このこと (初期条件) を用いて，回路に流れる電流 I，および，コンデンサーにたまる電荷 Q を時刻 t の関数として求め，そのグラフを描け。

解 (2.41) 式を (2.40) 式へ代入して，$Q_0 = CV_0$ とおくと，

$$\frac{\mathrm{d}Q}{\mathrm{d}t} = -\frac{1}{CR}(Q - Q_0) \tag{2.42}$$

となる。(2.42) 式は，Q に対する変数分離型微分方程式である。

(2.42) 式の両辺を $Q - Q_0$ でわり，t で積分する。

$$\int \frac{1}{Q - Q_0}\frac{\mathrm{d}Q}{\mathrm{d}t}\,\mathrm{d}t = -\int \frac{\mathrm{d}t}{CR}$$

$$\therefore \quad \log|Q - Q_0| = -\frac{t}{CR} + C_0 \quad (C_0\text{: 積分定数}) \tag{2.43}$$

ここで，初期条件「$t = 0$ のとき $Q = 0$」を用いると，

$$C_0 = \log Q_0$$

となる。これを (2.43) 式へ代入し，$Q < Q_0$ に注意して絶対値をはずすと[1]，

$$Q = \underline{Q_0\left(1 - e^{-\frac{t}{CR}}\right)}, \quad I = \frac{\mathrm{d}Q}{\mathrm{d}t} = \underline{\frac{V_0}{R}e^{-\frac{t}{CR}}} \tag{2.44}$$

となる。これらのグラフを描いて，図 2.8(a)(b) を得る。

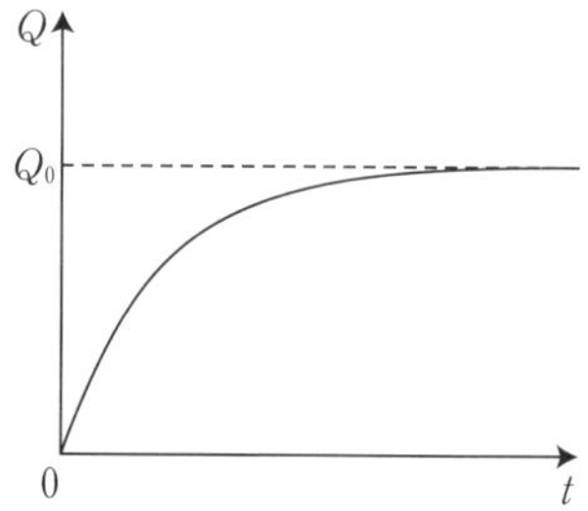

図2.8(a)　コンデンサーにたまる電荷の時間変化

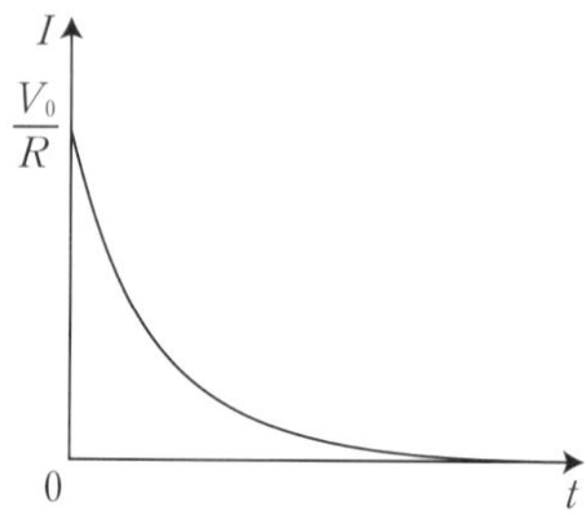

図2.8(b)　電流の時間変化

■

10分補講

物体にはたらく抵抗力

空気中や水中など，流体中を運動する物体には，速度に依存する抵抗力がはたらく。例題 2.8 で述べたように，物体が速度に比例する抵抗力を受ける場合，計算は簡単になるが，一般的には，速度の大きさおよび物体の大きさにより，抵抗力はいろいろな依存性を示す。

物体の速度が小さい場合，物体の近くの流体は物体と同じ速度で動くが，離れた位置の流体はほとんど動かない。そうすると，流体内で粘性による抵抗力が生じる。これを**粘性抵抗**という。物体を半径 r の球体とすると，流体の粘性率を η として，粘性抵抗の大きさ f_1 は，

$$f_1 = 6\pi\eta rv$$

1)　$\log|Q - Q_0|$ は $Q = Q_0$ で発散するため，$Q = Q_0$ を越えることができない。したがって，「$t = 0$ のとき $Q = 0$」より，Q の値は $Q < Q_0$ に限られる。

で与えられることが知られている。これを**ストークスの法則**という。これは微粒子の運動や，非常にゆっくりした速度で動くある程度大きな物体の運動に対して適用できる。

一方，物体の速度が大きくなると，物体の後ろ側に渦が生じ，抵抗力は急激に増大する。このときの抵抗力の大きさは，単位時間に物体と同じ速度 v をもつ流体の運動量の大きさ，すなわち，物体が流体から受ける単位時間あたりの力積として見積もることができる。流体の密度を ρ とすると，物体と同じ速度 v をもつ流体の運動量は，単位体積あたり ρv であり，単位時間に物体と同じ速度になる流体の体積は，物体の断面積を S とすると，Sv である (図 2.9)。こうして，抵抗力の大きさ f_2 は，

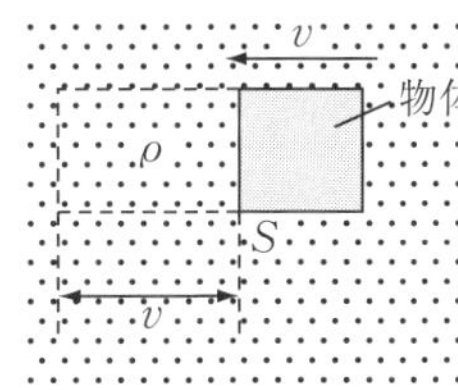

図2.9　慣性抵抗

$$f_2 \propto \rho S v^2$$

となる。このような抵抗 f_2 を**慣性抵抗**という。

実際に物体が流体中を運動するときにはたらく抵抗力は，速度により，f_1 と f_2 のどちらが支配的になるか，ある程度見積もることができる。半径 1cm 程度の小石が空気中を運動するとき，数 cm/s より大きな速さになると，f_1 より f_2 の方が大きくなる。微粒子では，かなり大きな速さまで，f_1 の方が大きい。

章末問題

2.1　19 世紀末まで，光はエーテルと呼ばれる仮想的な媒質を振動させて伝わる波と考えられていた。エーテルは太陽あるいは宇宙のどこかの中心に対して静止しているとしても，地球は太陽のまわりを公転しているのであるから，地球上ではエーテルは動いているはずである。そこで，1881 年，マイケルソンは，地上で動いているエーテルの速度 (エーテル風の速度) を測定しようと考えて，次のような実験を行った。

図 2.10 のように，光源 L で発した光を半透明鏡 H の点 P で透過光

と反射光に分け，透過光を鏡 $\mathrm{M_1}$ で反射させ，H でふたたび反射させる。反射光は鏡 $\mathrm{M_2}$ で反射させた後，H を透過させる。両方の光の干渉をスクリーン S 上で観測する。$\mathrm{PM_1} = \mathrm{PM_2} = l$ とし，光の波長を λ，光速を c とする。

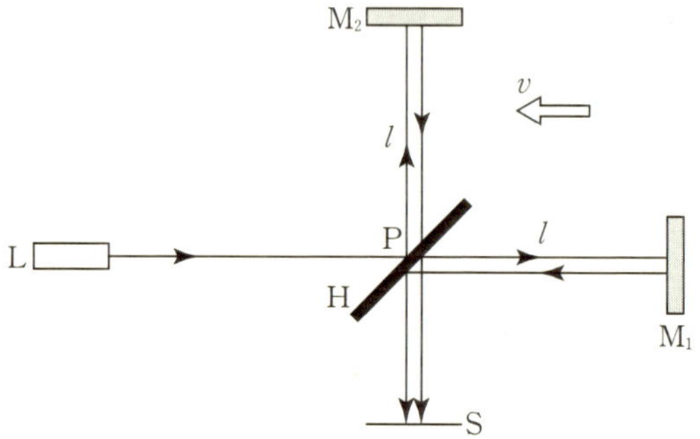

図2.10　マイケルソン干渉計

(1) エーテル風が図 2.10 の矢印の向きに速さ v で吹いているとき，光が点 P と鏡 $\mathrm{M_1}$ の間を往復する時間と，P と $\mathrm{M_2}$ の間を往復する時間の差 Δt を求めよ。ただし，$\dfrac{v}{c} \ll 1$ として，微小量の最低次の項までの近似で求めればよい。

(2) (1) で求めた時間差 Δt が光の周期 T の整数倍のとき，スクリーン S 上は明るくなり，半整数倍（n を自然数として $\left(n - \dfrac{1}{2}\right)$ 倍）のとき暗くなる。この装置を 90° 回転させると，P, $\mathrm{M_1}$ 間と P, $\mathrm{M_2}$ 間を往復する時間が逆転するので，その間に往復の時間差は，(1) で求めた時間差 Δt の 2 倍だけ変化する。そこでマイケルソンは，この装置を 90° 回転させる間のスクリーン上での明暗の変化の回数を測定すればエーテル風の速さ v を求めることができると考えた。
彼が用いた値は，$\lambda = 6 \times 10^{-7}\,\mathrm{m}$, $l = 1.2\,\mathrm{m}$ であった。ここで，エーテルの速さ v は，地球が太陽のまわりを回る公転の速さに等しいとすると，$v = 3 \times 10^4\,\mathrm{m/s}$ となる。また，$c = 3 \times 10^8\,\mathrm{m/s}$ とする。これらの数値を用いて，装置を 90° 回転させる間に期待されるスクリーン上での明暗の変化の回数 N を求めよ。ただし，明→暗→明を 1 回と数えるものとする。

2.2 図 2.11 のように，鉛直面内に水平方向へ x 軸，鉛直上向きに y 軸をとる。時刻 $t=0$ に原点 O から x 軸 (水平線) と角 ϕ_0 をなす方向へ，質量 m の質点 P を初速 v_0 で投げ出す。質点 P には，重力に加えて，その速さ v に比例する抵抗力がはたらくとすると，P はどのような運動をするか。重力加速度の大きさを g，抵抗力の比例定数を mk とし，質点 P の速度 $\boldsymbol{v}=(v_x,\ v_y)$ と位置座標 $(x,\ y)$ を時刻 t の関数としてそれぞれ表せ。また，v_x と v_y の t 依存性を表すグラフをそれぞれ描け。

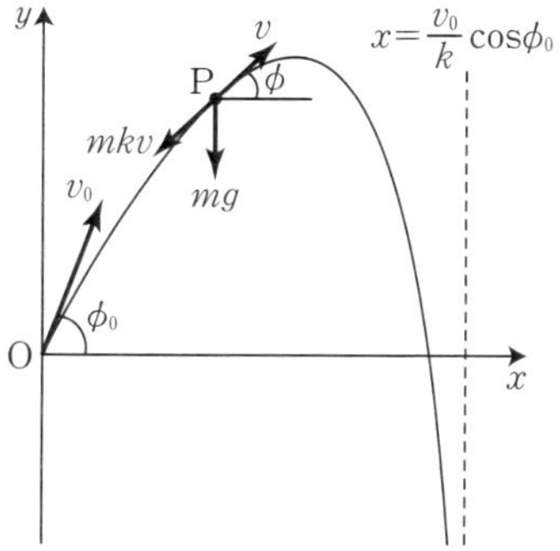

図2.11　空気中での質点の斜め投射

2.3 質量 m の質点を初速 v_0 で鉛直上向きに投げ上げるときの最高点の高さを求めよ。ただし，質点には，重力に加えて速度の 2 乗に比例する抵抗力がはたらくとし，抵抗力の比例定数を mk，重力加速度の大きさを g とする。

第3章

まず，質点の運動を x-y-z 直交座標系と2次元極座標系で考え，速度，加速度の表現を調べる。極座標を用いた質点の運動の考察は，大学の力学での最重要課題の1つである。

いろいろな座標系とその応用
── 力学で役立つ数学

本書では，物理量 A の時間 t に関する微分を上にドットをつけて表す。すなわち，1階微分を $\dot{A}$，2階微分を $\ddot{A}$ などと表すことにする。

3.1　直交座標系での速度，加速度

大きさの無視できる質量をもつ物体を質点という。まず，図3.1のように，x 軸，y 軸，z 軸が直交する3次元直交座標系で質点の運動を考えよう。質点の位置は位置ベクトル $\boldsymbol{r} = (x, y, z)$ で表される。

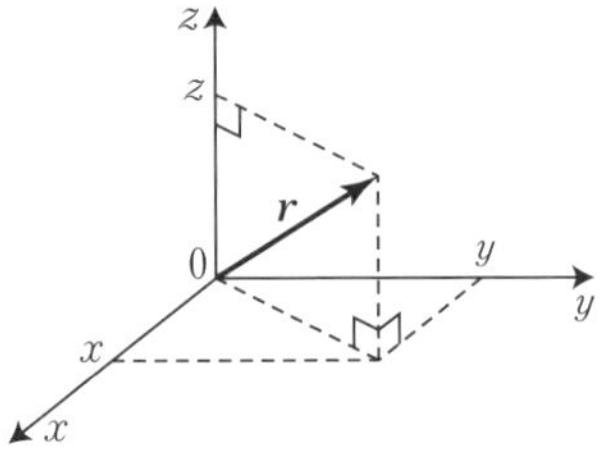

図3.1　3次元直交座標系

図3.2のように，時間 Δt の間に，質点が位置ベクトル $\boldsymbol{r} = (x, y, z)$ の点Pから $\boldsymbol{r} + \Delta\boldsymbol{r}$ の点P′まで，曲線Cに沿って移動したとする。この間の平均速度 $\bar{\boldsymbol{v}}$ は，$\Delta\boldsymbol{r} = (\Delta x, \Delta y, \Delta z)$ とすると，

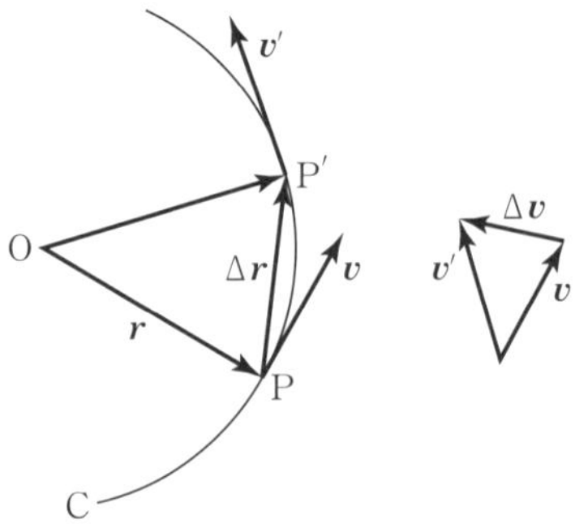

図3.2　質点の位置ベクトルと速度ベクトル

$$\bar{\boldsymbol{v}} = \frac{\Delta \boldsymbol{r}}{\Delta t} = \left(\frac{\Delta x}{\Delta t}, \frac{\Delta y}{\Delta t}, \frac{\Delta z}{\Delta t} \right) \tag{3.1}$$

となるから，点 P における速度 $\boldsymbol{v} = (v_x, v_y, v_z)$ は，

$$\boldsymbol{v} = \lim_{\Delta t \to 0} \frac{\Delta \boldsymbol{r}}{\Delta t} = \frac{\mathrm{d}\boldsymbol{r}}{\mathrm{d}t} = \dot{\boldsymbol{r}} = (\dot{x}, \dot{y}, \dot{z}) \tag{3.2}$$

と表される。また，点 P から点 P′ までの間の速度変化を $\Delta \boldsymbol{v}$ とすると，この間の平均の加速度は，

$$\bar{\boldsymbol{a}} = \frac{\Delta \boldsymbol{v}}{\Delta t} = \left(\frac{\Delta v_x}{\Delta t}, \frac{\Delta v_y}{\Delta t}, \frac{\Delta v_z}{\Delta t} \right) \tag{3.3}$$

となるから，点 P における加速度 $\boldsymbol{a} = (a_x, a_y, a_z)$ は，

$$\boldsymbol{a} = \lim_{\Delta t \to 0} \frac{\Delta \boldsymbol{v}}{\Delta t} = \frac{\mathrm{d}\boldsymbol{v}}{\mathrm{d}t} = (\dot{v}_x, \dot{v}_y, \dot{v}_z) = (\ddot{x}, \ddot{y}, \ddot{z}) \tag{3.4}$$

と表される。

1 次元運動

質点が x 軸上を運動する場合を考える。

時刻 t における質点の速度 v，加速度 a は，

$$v = \dot{x} = \frac{\mathrm{d}x}{\mathrm{d}t},\ \ a = \dot{v} = \frac{\mathrm{d}v}{\mathrm{d}t} \tag{3.5}$$

と表されるから，時刻 t での速度 v と位置 x を，それぞれ加速度 a と速度 v を用いて求めるには，(3.5) 式の両辺を t で積分すればよい。その際，時刻 $t = 0$ での質点の速度を v_0，位置を x_0 とすると，

$$v = v_0 + \int_0^t a\mathrm{d}t,\ \ x = x_0 + \int_0^t v\mathrm{d}t \tag{3.6}$$

と書ける。

1 次元運動の中でも，とくに，加速度 a が一定の運動を**等加速度直線運動**という。

例題3.1　等加速度直線運動

質点が時刻 $t = 0$ に $x = x_0$ を速度 v_0 で通過し，x 軸上を一定の加速度 a で運動するとき，時刻 t における速度 v と位置 x の表式を求め，それらより t を消去して，v と x の間の関係式を求めよ。また図 3.3 のように，$v_0 > 0$, $a < 0$ の場合について，x-t グラフと v-t グラフを描け。さらに，

そのグラフに，位置 x が最大になる時刻 t_1，そのときの最大値 $x = x_1$，質点が $x = x_0$ を通過する時刻 t_2，および，時刻 $t_3(> t_2)$ までに質点が負の向きに運動した距離 x_2 を記入せよ。時刻 t_3 における質点の位置は $x_3 = x_1 - x_2$ と表される。

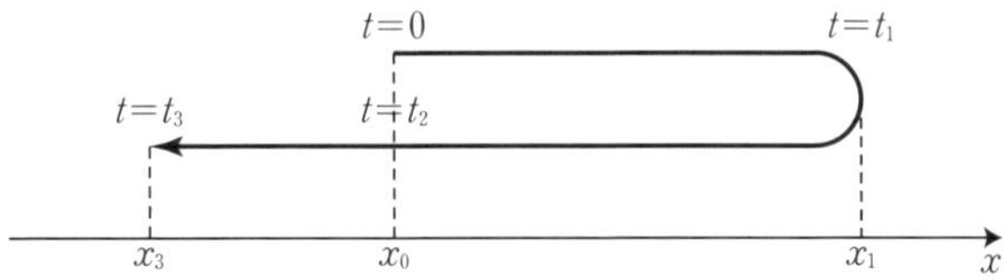

図3.3　等加速度直線運動

解　(3.6) の第 1 式で a =一定として積分し，

$$v = \underline{v_0 + at} \tag{3.7}$$

を得る。(3.7) 式を (3.6) の第 2 式へ代入して積分して，

$$x = \underline{x_0 + v_0 t + \frac{1}{2} at^2} \tag{3.8}$$

を得る。これらより t を消去して，

$$\underline{v^2 - {v_0}^2 = 2a(x - x_0)} \tag{3.9}$$

(3.8) および (3.7) 式のグラフを描き，題意に示された時刻と位置を記入して，図 3.4，図 3.5 のようになる。

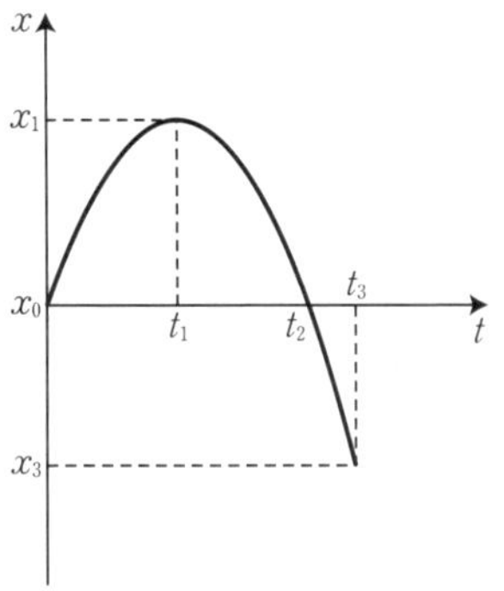

図3.4　*x*-*t* グラフ

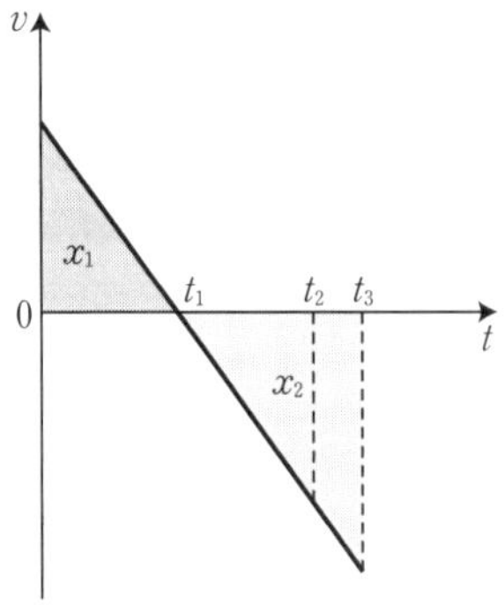

図3.5　*v*-*t* グラフ

■

3.2　2 次元極座標系での速度，加速度

図 3.6 のように，平面上に原点 O と，O を始点とする半直線 (これを**始線**という) が与えられたとき，質点の位置 P を，原点 O からの距離 r と，線分 OP が始線となす角 ϕ(反時計回り) で表す座標系を **2 次元極座標系**という。ここで，線分 OP を**動径**，角度 ϕ を**偏角**という。

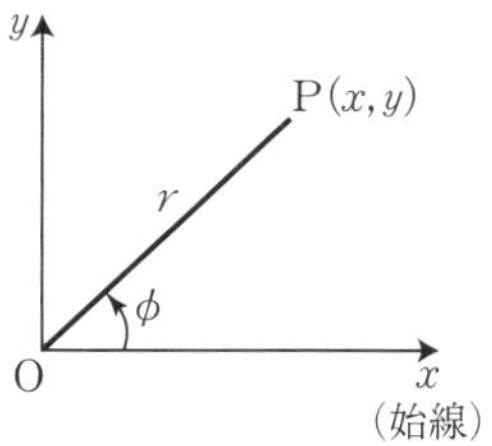

図3.6　2次元極座標

今，原点 O を通り，始線と重なるように x 軸，x 軸に垂直に y 軸をとるとき，位置 P の 2 次元直交座標系での座標 (x, y) は，

$$x = r\cos\phi, \quad y = r\sin\phi \quad (r \geqq 0,\ 0 \leqq \phi < 2\pi) \tag{3.10}$$

と表される。

速度の極座標成分

点 P を速度 $\boldsymbol{v}$ で動いている質点の運動を考えよう。

速度 $\boldsymbol{v}$ の動径方向 (O → P 方向) の成分を v_r，それに垂直で原点 O のまわりを反時計回りにまわる向きの成分を v_ϕ とする。このとき，$(v_r,\ v_\phi)$ を速度ベクトル $\boldsymbol{v}$ の**極座標成分**という。

図 3.7 より，$(v_r,\ v_\phi)$ は 2 次元直交座標系での速度成分 $(v_x,\ v_y) = (\dot{x},\ \dot{y})$ を用いて，

$$\begin{cases} v_r = v_x\cos\phi + v_y\sin\phi \\ v_\phi = -v_x\sin\phi + v_y\cos\phi \end{cases} \tag{3.11}$$

と表される。

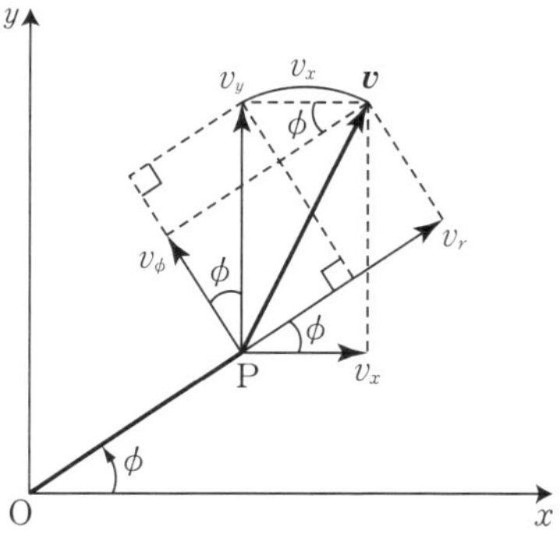

図3.7　速度の極座標成分

合成関数の微分

ここで，合成関数の微分について思い出しておこう。

y が u の微分可能な関数であり，u が x の微分可能な関数ならば，

$$\frac{\mathrm{d}y}{\mathrm{d}x} = \frac{\mathrm{d}y}{\mathrm{d}u} \cdot \frac{\mathrm{d}u}{\mathrm{d}x} \tag{3.12}$$

が成り立つ。

例題3.2　**速度の極座標表示**

(3.10)，(3.11) 式を用いて，速度の極座標成分 $(v_r,\ v_\phi)$ を r, ϕ, $\dot{r}$ および $\dot{\phi}$ の中で必要なものを用いて表せ。

解　r と ϕ は時間 t の関数であるから，合成関数の微分 (3.12) を用いて，

$$v_x = \dot{x} = \frac{\mathrm{d}}{\mathrm{d}t}(r\cos\phi) = \dot{r}\cos\phi - r\sin\phi\cdot\dot{\phi} \tag{3.13}$$

$$v_y = \dot{y} = \frac{\mathrm{d}}{\mathrm{d}t}(r\sin\phi) = \dot{r}\sin\phi + r\cos\phi\cdot\dot{\phi} \tag{3.14}$$

これらを (3.11) 式へ代入すると，

$$v_r = (\dot{r}\cos\phi - r\sin\phi\cdot\dot{\phi})\cos\phi + (\dot{r}\sin\phi + r\cos\phi\cdot\dot{\phi})\sin\phi$$

$$\therefore\quad v_r = \underline{\dot{r}} \tag{3.15}$$

$$v_\phi = -(\dot{r}\cos\phi - r\sin\phi\cdot\dot{\phi})\sin\phi + (\dot{r}\sin\phi + r\cos\phi\cdot\dot{\phi})\cos\phi$$

$$\therefore\quad v_\phi = \underline{r\dot{\phi}} \tag{3.16}$$

となる。■

加速度の極座標成分

速度の極座標成分を求めたときと同様に，図3.8より，加速度の極座標成分 $\boldsymbol{a} = (a_r, a_\phi)$ は (a_x, a_y) を用いて，

$$\begin{cases} a_r = a_x\cos\phi + a_y\sin\phi \\ a_\phi = -a_x\sin\phi + a_y\cos\phi \end{cases} \tag{3.17}$$

と書ける。

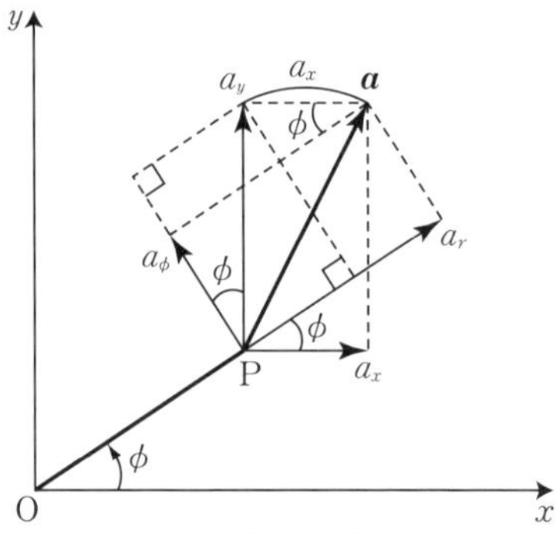

図3.8　加速度の極座標成分

例題3.3　**加速度の極座標表示**

加速度の極座標成分 (a_r, a_ϕ) を，r, ϕ およびそれらの時間微分などを用いて表せ。

解　(3.13)，(3.14) 式を用いると，

$$a_x = \dot{v}_x = \frac{\mathrm{d}}{\mathrm{d}t}(\dot{r}\cos\phi - r\sin\phi\cdot\dot{\phi})$$
$$= \ddot{r}\cos\phi - 2\dot{r}\dot{\phi}\sin\phi - r\cos\phi\cdot\dot{\phi}^2 - r\sin\phi\cdot\ddot{\phi} \quad (3.18)$$
$$a_y = \dot{v}_y = \frac{\mathrm{d}}{\mathrm{d}t}(\dot{r}\sin\phi + r\cos\phi\cdot\dot{\phi})$$
$$= \ddot{r}\sin\phi + 2\dot{r}\dot{\phi}\cos\phi - r\sin\phi\cdot\dot{\phi}^2 + r\cos\phi\cdot\ddot{\phi} \quad (3.19)$$

となるから，(3.18)，(3.19) 式を (3.17) 式へ代入して，

$$a_r = \ddot{r} - r\dot{\phi}^2 \quad (3.20)$$
$$a_\phi = 2\dot{r}\dot{\phi} + r\ddot{\phi} = \frac{1}{r}\frac{\mathrm{d}}{\mathrm{d}t}(r^2\dot{\phi}) \quad (3.21)$$

を得る。■

例題3.4　円運動の速度，加速度

半径 r の円運動 (等速円運動とは限らない) をしている質点の速度と加速度を，半径 r と質点の角速度 ω を用いて表せ。

解　円運動では，半径が一定であるから $\dot{r} = 0$ である。$\omega = \dot{\phi}$ であるから，速度の極座標表示は，(3.15)，(3.16) 式より，

$$(v_r, v_\phi) = \underline{(0, r\omega)} \quad (3.22)$$

となる。これは，角速度 ω で円運動している質点の速さが，

$$v = r\omega$$

で表され，接線方向を向いていることを示している。

加速度は，(3.20)，(3.21) 式より，

$$(a_r, a_\phi) = \underline{(-r\omega^2, r\dot{\omega})} \quad (3.23)$$

となる。$a_r = -r\omega^2 < 0$ であることは，加速度が中心に向かう向きであり，その大きさが，

$$|a_r| = r\omega^2 = \frac{v^2}{r}$$

と表されることを示している。ここで，$v = r\omega$ を用いた。また，$a_\phi = r\dot{\omega}$ は，円軌道の接線方向の加速度が角加速度 $\dot{\omega}$ を用いて，$r\dot{\omega}$ と表されることを示す。■

3.3　偏微分と多重積分

偏微分

3つの独立変数 x, y, z の関数 $f(x, y, z)$ を考えるとき，変数 y と z を固定して x で微分する演算を x での**偏微分**といい，その導関数を $\dfrac{\partial f}{\partial x}$ と書く。このとき，$\dfrac{\partial f}{\partial x}$ は，

$$\frac{\partial f}{\partial x} = \lim_{\Delta x \to 0} \frac{f(x+\Delta x, y, z) - f(x, y, z)}{\Delta x} \tag{3.24}$$

で定義される。また，x と z を固定したときの y に関する導関数を $\dfrac{\partial f}{\partial y}$，$x$ と y を固定したときの z に関する導関数を $\dfrac{\partial f}{\partial z}$ と書く。さらに，2階偏導関数も同様に定義され，

$$\frac{\partial}{\partial x}\left(\frac{\partial f}{\partial x}\right) = \frac{\partial^2 f}{\partial x^2},\quad \frac{\partial}{\partial x}\left(\frac{\partial f}{\partial y}\right) = \frac{\partial^2 f}{\partial x \partial y},\quad \frac{\partial}{\partial y}\left(\frac{\partial f}{\partial x}\right) = \frac{\partial^2 f}{\partial y \partial x},$$

$$\frac{\partial}{\partial z}\left(\frac{\partial f}{\partial y}\right) = \frac{\partial^2 f}{\partial z \partial y},\quad \cdots$$

と書かれる。

例題3.5　**偏微分の計算**

$f(x, y, z) = 3x^2y + 4yz^3$ の偏導関数 $\dfrac{\partial f}{\partial x}, \dfrac{\partial f}{\partial y}, \dfrac{\partial^2 f}{\partial y \partial z}, \dfrac{\partial^2 f}{\partial z \partial y}$ を求めよ。

解

$$\frac{\partial f}{\partial x} = \underline{6xy},\quad \frac{\partial f}{\partial y} = \underline{3x^2 + 4z^3}$$

$$\frac{\partial^2 f}{\partial y \partial z} = \frac{\partial}{\partial y}(12yz^2) = \underline{12z^2},\quad \frac{\partial^2 f}{\partial z \partial y} = \frac{\partial}{\partial z}(3x^2 + 4z^3) = \underline{12z^2}$$

となり，$\dfrac{\partial^2 f}{\partial y \partial z} = \dfrac{\partial^2 f}{\partial z \partial y}$ であることがわかる。■

一般に，$\dfrac{\partial^2 f}{\partial x \partial y}$ と $\dfrac{\partial^2 f}{\partial y \partial x}$ がともに連続関数であれば，

$$\frac{\partial^2 f}{\partial x \partial y} = \frac{\partial^2 f}{\partial y \partial x} \tag{3.25}$$

となる。ここで，$x \to y$, $y \to z$，あるいは，$x \to z$, $y \to x$ としても同様である。

多重積分

変数 x に対して，値が 1 つに決まる関数を **1 価関数**という。

1 変数 x の 1 価連続関数 $f(x)$ に対する定積分は, 2.3 節で述べたように, $\Delta x_k = x_{k+1} - x_k$ として,

$$\int_a^b f(x)\mathrm{d}x = \lim_{n\to\infty} \sum_{k=1}^{n} f(x_k)\ \Delta x_k$$

で与えられることは，すでによく知っているであろう。1 変数の場合と同様に, 2 変数 x, y の関数 $f(x, y)$ に関する平面内の領域 R での 2 重積分は, 次のように与えられる。

図 3.9 のように，平面内の領域 R を x 軸方向に n 分割，y 軸方向に m 分割し，x 軸方向の i 番目，y 軸方向の j 番目の微小領域 $\Delta \mathrm{R}_{ij}$（$i = 1, 2, \cdots, n, j = 1, 2, \cdots, m$）の x 軸方向の長さを Δx_i，y 軸方向の長さを Δy_j とすると，領域 $\Delta \mathrm{R}_{ij}$ の面積は $\Delta x_i \Delta y_j$ と書ける。$\Delta \mathrm{R}_{ij}$ での関数 $f(x, y)$ の値を $f(x_i, y_j)$ とするとき,

$$\iint_{\mathrm{R}} f(x, y)\mathrm{d}x\mathrm{d}y = \lim_{\substack{n\to\infty \\ m\to\infty}} \sum_{i=1}^{n} \sum_{j=1}^{m} f(x_i, y_j)\ \Delta x_i \Delta y_j$$

を x, y に関する領域 R での **2 重積分**という。

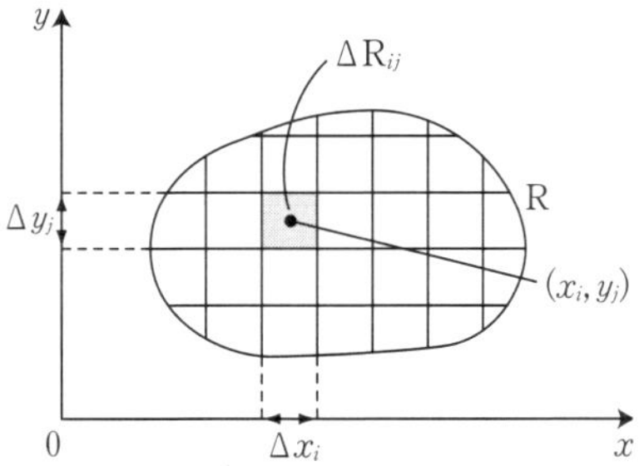

図3.9　2重積分

同様に，3 変数 x, y, z の関数 $F(x, y, z)$ に関する空間内の領域 R での **3 重積分**は,

$$\iiint_{\mathrm{R}} F(x, y, z)\mathrm{d}x\mathrm{d}y\mathrm{d}z = \lim_{\substack{n\to\infty \\ m\to\infty \\ l\to\infty}} \sum_{i=1}^{n} \sum_{j=1}^{m} \sum_{k=1}^{l} F(x_i, y_j, z_k)\ \Delta x_i \Delta y_j \Delta z_k$$

で与えられる。

例題3.6　**2重積分の計算**

(1)　2変数関数 $f(x,\,y)=2-x+y$ を領域 $\mathrm{R_1}(0\leqq x\leqq 1,\,0\leqq y\leqq 1)$(図3.10) で積分せよ。

(2)　2変数関数 $g(x,\,y)=xy$ を領域 $\mathrm{R_2}$ $((x-a)^2+y^2\leqq a^2$ $(a>0),$ $y\geqq 0)$(図3.11) で積分せよ。

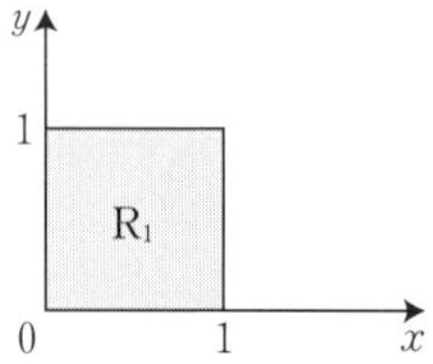

図3.10　正方形領域の積分

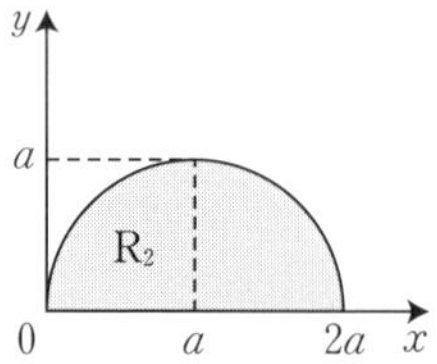

図3.11　半円形領域の積分

解

(1) $$\iint_{\mathrm{R_1}} f(x,\,y)\,\mathrm{d}x\mathrm{d}y=\int_0^1\mathrm{d}x\int_0^1(2-x+y)\,\mathrm{d}y$$
$$=\int_0^1\mathrm{d}x\left[(2-x)y+\frac{y^2}{2}\right]_0^1=\int_0^1\mathrm{d}x\left\{(2-x)+\frac{1}{2}\right\}$$
$$=\int_0^1\left(\frac{5}{2}-x\right)\mathrm{d}x=\left[\frac{5}{2}x-\frac{x^2}{2}\right]_0^1=\underline{2}$$

高校では，$\mathrm{d}x$ を被積分関数の後におくが，大学では，上のように，しばしば被積分関数の前におく。

(2)　$(x-a)^2+y^2\leqq a^2$ $(a>0)$, $y\geqq 0$ より，x を $0\leqq x\leqq 2a$ の範囲にとると，y は $0\leqq y\leqq\sqrt{a^2-(x-a)^2}$ の範囲になるから，
$$\iint_{\mathrm{R_2}} g(x,\,y)\,\mathrm{d}x\mathrm{d}y=\int_0^{2a}x\mathrm{d}x\int_0^{\sqrt{a^2-(x-a)^2}}y\mathrm{d}y$$
$$=\int_0^{2a}x\mathrm{d}x\left[\frac{y^2}{2}\right]_0^{\sqrt{a^2-(x-a)^2}}$$
$$=\frac{1}{2}\int_0^{2a}x(2ax-x^2)\,\mathrm{d}x$$
$$=\frac{1}{2}\left[\frac{2a}{3}x^3-\frac{x^4}{4}\right]_0^{2a}=\underline{\frac{2}{3}a^4}$$

となる。■

3.4　いろいろな座標系での多重積分

円柱座標と3次元極座標

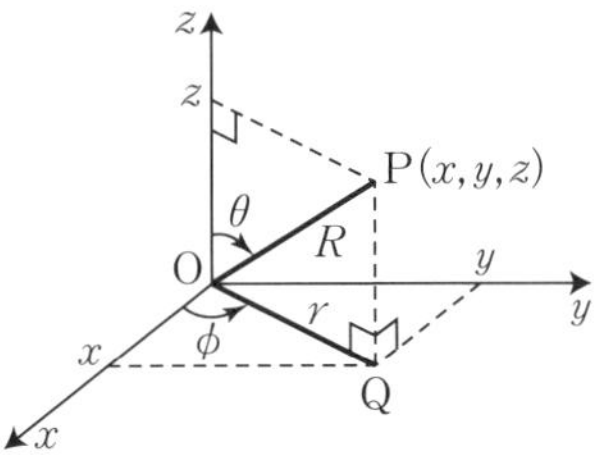

図3.12　3次元極座標

3次元空間内の点Pの位置を表すのに，直交座標系を用いて $(x,\ y,\ z)$ と表す以外に，**円柱座標**と**3次元極座標**（**球座標**ともいう）を用いて表す方法がある。

点Pから x-y 平面へ引いた垂線をPQとして，図3.12のように，原点Oと点Qの距離を r，線分OQが x 軸となす角を ϕ(z 軸正方向から見て，反時計回りの向きを正とする）とするとき，点Pを r，ϕ およびその z 座標を用いて表す座標系を円柱座標系という。3次元直交座標 $(x,\ y,\ z)$ は，円柱座標 (r, ϕ, z) を用いて，

$$x = r\cos\phi,\ \ y = r\sin\phi,\ \ z = z\quad (r \geqq 0,\ \ 0 \leqq \phi < 2\pi) \tag{3.26}$$

と表される。

点Pの座標を，原点Oと点Pの距離 R，線分OPと z 軸のなす角 θ，および，線分OQと x 軸のなす角 ϕ を用いて表す座標系を3次元極座標系という。3次元直交座標 (x, y, z) は，3次元極座標 $(R,\ \theta,\ \phi)$ を用いて，

$$x = R\sin\theta\cos\phi,\ \ y = R\sin\theta\sin\phi,\ \ z = R\cos\theta \tag{3.27}$$

$$(r \geqq 0, 0 \leqq \theta \leqq \pi, 0 \leqq \phi < 2\pi)$$

と表される。

積分変数の変換

多重積分を行う際，x-y-z 直交座標系を用いるより，他の座標系，たとえば，円柱座標系や3次元極座標系を用いる方が簡単なことがある。$(x,\ y,\ z)$ 座標系から $(u,\ v,\ w)$ 座標系へ，関数 $x = x(u,\ v,\ w), y = y(u,\ v,\ w),\ z = z(u,\ v,\ w)$ によって変換される場合を考える。このとき，ヤコビアンあるいはヤコビの行列式と呼ばれる

$$\frac{\partial(x, y, z)}{\partial(u, v, w)} = \begin{vmatrix} \dfrac{\partial x}{\partial u} & \dfrac{\partial x}{\partial v} & \dfrac{\partial x}{\partial w} \\ \dfrac{\partial y}{\partial u} & \dfrac{\partial y}{\partial v} & \dfrac{\partial y}{\partial w} \\ \dfrac{\partial z}{\partial u} & \dfrac{\partial z}{\partial v} & \dfrac{\partial z}{\partial w} \end{vmatrix} \tag{3.28}$$

を用いて,

$$\begin{aligned} &\iiint_{\mathrm{R}} F(x, y, z)\,\mathrm{d}x\mathrm{d}y\mathrm{d}z \\ &= \iiint_{\mathrm{R}} F[x(u, v, w), y(u, v, w), z(u, v, w)] \left| \frac{\partial(x, y, z)}{\partial(u, v, w)} \right| \mathrm{d}u\mathrm{d}v\mathrm{d}w \end{aligned}$$

が成り立つ (章末の 10 分補講参照)。ここで, ヤコビアンに絶対値がつくことに注意しよう。

例題3.7　**ヤコビアンの計算**

(x, y) 座標から 2 次元極座標 (r, ϕ), (x, y, z) 座標から円柱座標 (r, ϕ, z), 3 次元極座標 (R, θ, ϕ) へ積分変数を変換するときのヤコビアンをそれぞれ求めよ。

解　(x, y) 座標は 2 次元極座標 (r, ϕ) を用いて,

$$x = r\cos\phi, \quad y = r\sin\phi$$

と表されるから, ヤコビアンは,

$$\begin{aligned} \frac{\partial(x, y)}{\partial(r, \phi)} &= \begin{vmatrix} \dfrac{\partial x}{\partial r} & \dfrac{\partial x}{\partial \phi} \\ \dfrac{\partial y}{\partial r} & \dfrac{\partial y}{\partial \phi} \end{vmatrix} = \begin{vmatrix} \cos\phi & -r\sin\phi \\ \sin\phi & r\cos\phi \end{vmatrix} = r(\cos^2\phi + \sin^2\phi) \\ &= \underline{r} \end{aligned} \tag{3.29}$$

円柱座標 (r, ϕ, z) は,

$$x = r\cos\phi, \quad y = r\sin\phi, \quad z = z$$

と表されるから, ヤコビアンは,

$$\frac{\partial(x, y, z)}{\partial(r, \phi, z)} = \begin{vmatrix} \dfrac{\partial x}{\partial r} & \dfrac{\partial x}{\partial \phi} & \dfrac{\partial x}{\partial z} \\ \dfrac{\partial y}{\partial r} & \dfrac{\partial y}{\partial \phi} & \dfrac{\partial y}{\partial z} \\ \dfrac{\partial z}{\partial r} & \dfrac{\partial z}{\partial \phi} & \dfrac{\partial z}{\partial z} \end{vmatrix} = \begin{vmatrix} \cos\phi & -r\sin\phi & 0 \\ \sin\phi & r\cos\phi & 0 \\ 0 & 0 & 1 \end{vmatrix} = \underline{r} \tag{3.30}$$

3 次元極座標 (R, θ, ϕ) は,

$$x = R\sin\theta\cos\phi,\quad y = R\sin\theta\sin\phi,\quad z = R\cos\theta$$

と書けるから,

$$\frac{\partial(x,y,z)}{\partial(R,\theta,\phi)} = \begin{vmatrix} \frac{\partial x}{\partial R} & \frac{\partial x}{\partial \theta} & \frac{\partial x}{\partial \phi} \\ \frac{\partial y}{\partial R} & \frac{\partial y}{\partial \theta} & \frac{\partial y}{\partial \phi} \\ \frac{\partial z}{\partial R} & \frac{\partial z}{\partial \theta} & \frac{\partial z}{\partial \phi} \end{vmatrix} = \begin{vmatrix} \sin\theta\cos\phi & R\cos\theta\cos\phi & -R\sin\theta\sin\phi \\ \sin\theta\sin\phi & R\cos\theta\sin\phi & R\sin\theta\cos\phi \\ \cos\theta & -R\sin\theta & 0 \end{vmatrix}$$

$$= \underline{R^2\sin\theta} \tag{3.31}$$

となる。■

例題3.8　**ガウス積分**

領域 R$(0 \leqq x \leqq b,\ 0 \leqq y \leqq b)$ での 2 重積分 $I(b) = \iint_{\mathrm{R}} e^{-a(x^2+y^2)}\mathrm{d}x\mathrm{d}y$ を考えて，積分

$$I = \int_0^\infty e^{-ax^2}\mathrm{d}x \tag{3.32}$$

を計算せよ。

ここで，(3.32) 式で表される積分は，物理学のいろいろな分野で登場する大変重要なもので，**ガウス積分**と呼ばれる。

解　$I(b) = \int_0^b e^{-ax^2}\mathrm{d}x\int_0^b e^{-ay^2}\mathrm{d}y$ において,

$$\int_0^a e^{-ax^2}\mathrm{d}x = \int_0^a e^{-ay^2}\mathrm{d}y$$

であるから,

$$I(b) = \left(\int_0^b e^{-ax^2}\mathrm{d}x\right)^2$$

となる。そこで，まず 2 重積分 $I(b)$ を計算する。

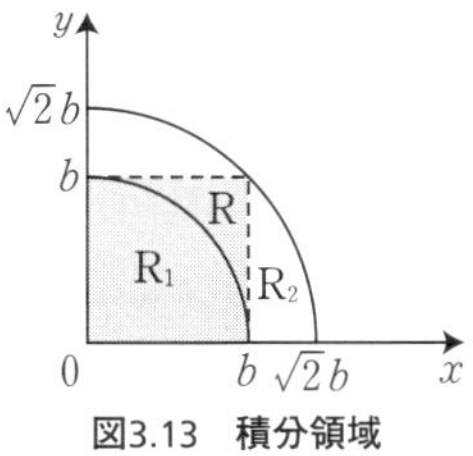

図3.13　積分領域

図 3.13 より，領域 R の面積は，半径 b の四分円内領域 R_1 の面積と半径 $\sqrt{2}\,b$ の四分円内領域 R_2 の面積の間にあり，被積分関数 $e^{-a(x^2+y^2)}$ はつねに正であるから,

$$I_1 = \iint_{\mathrm{R}_1} e^{-a(x^2+y^2)}\mathrm{d}x\mathrm{d}y < I(b) < I_2 = \iint_{\mathrm{R}_2} e^{-a(x^2+y^2)}\mathrm{d}x\mathrm{d}y$$

である。

積分 I_1 を2次元極座標を用いて計算する。$\dfrac{\partial(x, y)}{\partial(r, \phi)} = r$ より，

$$I_1 = \int_0^{\pi/2} \mathrm{d}\theta \int_0^b e^{-ar^2} r \mathrm{d}r$$

ここで，$r^2 = R$ とおいて，

$$\int_0^b e^{-ar^2} r \mathrm{d}r = \frac{1}{2}\int_0^{b^2} e^{-aR} \mathrm{d}R = \frac{1}{2a}\left(1 - e^{-ab^2}\right)$$

となることより，

$$I_1 = \frac{\pi}{4a}\left(1 - e^{-ab^2}\right)$$

同様に，$I_2 = \dfrac{\pi}{4a}\left(1 - e^{-2ab^2}\right)$ であるから（I_1，で $b \to \sqrt{2}\, b$ とした），

$$\frac{\pi}{4a}\left(1 - e^{-ab^2}\right) < I(b) < \frac{\pi}{4a}\left(1 - e^{-2ab^2}\right)$$

となる。ここで，$b \to \infty$ とすると，$e^{-ab^2} \to 0$，$e^{-2ab^2} \to 0$ より，

$$I = \lim_{b \to \infty} \sqrt{I(b)} = \sqrt{\frac{\pi}{4a}} = \underline{\frac{1}{2}\sqrt{\frac{\pi}{a}}} \tag{3.33}$$

を得る。■

例題3.9　球体の質量

中心Oからの距離を R として，質量密度（単位体積あたりの質量）が $\rho(R) = \dfrac{\sigma_0}{R}$（$\sigma_0$ は定数）と表される半径 a の球の全質量を求めよ。

解　3次元極座標 (R, θ, ϕ) を用いる。ヤコビアン $\dfrac{\partial(x, y, z)}{\partial(R, \theta, \phi)} = R^2 \sin\theta$ より，領域を $0 \leqq R \leqq a$，$0 \leqq \theta \leqq \pi$，$0 \leqq \phi < 2\pi$ ととって，求める全質量は，

$$\begin{aligned} M &= \iiint \rho(R) \mathrm{d}x\mathrm{d}y\mathrm{d}z \\ &= \int_0^{2\pi} \mathrm{d}\phi \int_0^{\pi} \mathrm{d}\theta \int_0^{a} \frac{\sigma_0}{R} R^2 \sin\theta \,\mathrm{d}R \\ &= 2\pi\sigma_0 \int_0^{\pi} \sin\theta \,\mathrm{d}\theta \int_0^{a} R \mathrm{d}R = \underline{2\pi\sigma_0 a^2} \end{aligned}$$

となる。■

重心（質量中心）と慣性モーメント

N 個の質点の重心の x 座標が

$$x_{\mathrm{G}} = \frac{\sum_{i=1}^{N} m_i x_i}{M} \quad \left(M = \sum_{i=1}^{N} m_i\right)$$

で与えられることを思い出せば，質量 M，密度 $\rho(x, y, z)$ の物体 W の重心座標 $(x_{\mathrm{G}}, y_{\mathrm{G}}, z_{\mathrm{G}})$ は，

$$\begin{aligned} x_{\mathrm{G}} &= \frac{1}{M}\iiint_{\mathrm{W}} \rho(x, y, z)\, x\, \mathrm{d}x\mathrm{d}y\mathrm{d}z \\ y_{\mathrm{G}} &= \frac{1}{M}\iiint_{\mathrm{W}} \rho(x, y, z)\, y\, \mathrm{d}x\mathrm{d}y\mathrm{d}z \\ z_{\mathrm{G}} &= \frac{1}{M}\iiint_{\mathrm{W}} \rho(x, y, z)\, z\, \mathrm{d}x\mathrm{d}y\mathrm{d}z \end{aligned} \tag{3.34}$$

で与えられることがわかる。

また，N 個の質点の z 軸のまわりの慣性モーメント[1]が，$I_z = \sum_{i=1}^{N} m_i(x^2 + y^2)$ で与えられることから，物体 W の z 軸のまわりの慣性モーメントは，

$$I_z = \iiint_{\mathrm{W}} \rho(x, y, z)(x^2 + y^2)\, \mathrm{d}x\mathrm{d}y\mathrm{d}z \tag{3.35}$$

となる。

例題3.10　**半球の重心**

図 3.14 のように，一様な密度の半球（半径 a）が球の中心を原点にして，x-y 平面上に置かれている。半球の重心の z 座標を求めよ。

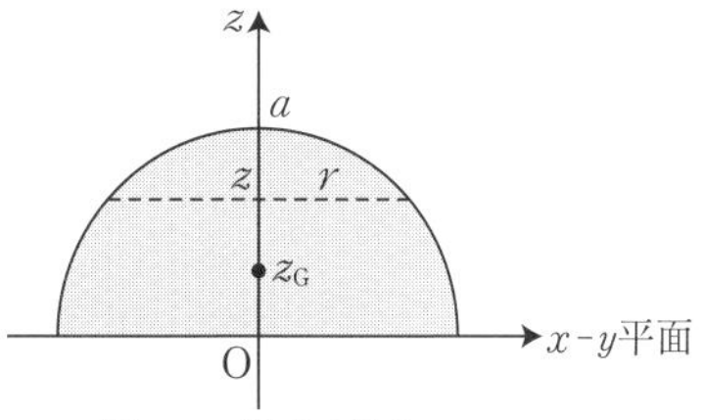

図3.14　半球の重心

解　半球の平面 z での切断面の円の半径を r とすると，球の方程式 $x^2 + y^2 + z^2 = a^2$ を用いて，円の面積は，

$$S(z) = \pi r^2 = \pi(x^2 + y^2) = \pi(a^2 - z^2)$$

となる。ここで，$S(z)$ は，z を固定したときの重積分 $\iint \mathrm{d}x\mathrm{d}y$ に相当する。

1)　慣性モーメントについては，第 1 巻『力学』第 11 章参照。

したがって，求める半球の重心の z 座標は，半球の質量を M，密度を ρ とすると，

$$z_{\mathrm{G}} = \frac{1}{M}\int_0^a \rho z S(z)\,\mathrm{d}z = \frac{\pi\rho}{M}\int_0^a z(a^2 - z^2)\,\mathrm{d}z$$
$$= \frac{\pi\rho}{M}\left[\frac{a^2}{2}z^2 - \frac{z^4}{4}\right]_0^a = \frac{\pi\rho}{4M}a^4$$

ここで，$M = \rho\dfrac{2}{3}\pi a^3$ であるから，

$$z_{\mathrm{G}} = \underline{\frac{3}{8}a}$$

となる。■

10分補講

多重積分と面積素，ヤコビアン

多重積分において，積分変数の変換には，なぜヤコビアンが用いられるのであろうか。以下で 2 重積分の場合について考えてみよう。3 重以上の多重積分の場合も同様である。

1.　2 次元極座標

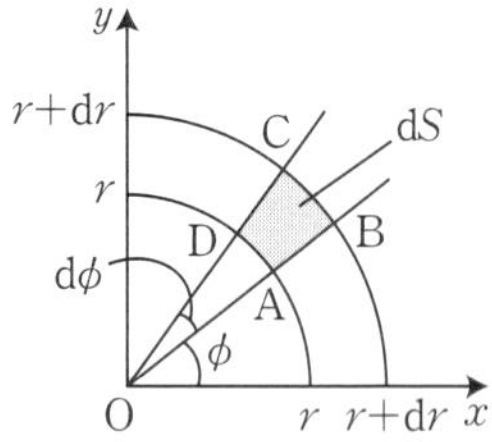

図3.15　2次元極座標の面積素

2 次元極座標を用いて表される 4 点 $\mathrm{A}(r, \phi)$，$\mathrm{B}(r + \mathrm{d}r, \phi)$，$\mathrm{C}(r + \mathrm{d}r, \phi + \mathrm{d}\phi)$，$\mathrm{D}(r, \phi + \mathrm{d}\phi)$ で囲まれた図形の面積（これを**面積素**という）$\mathrm{d}S$ を考える（図 3.15）。$\mathrm{d}r$, $\mathrm{d}\phi$ は微小量であるから，図形 ABCD は，長方形とみなすことができる。このとき，$\mathrm{AB} = \mathrm{d}r$, $\mathrm{AD} = r\mathrm{d}\phi$ と書けるから，

$$\mathrm{d}S = \mathrm{AB}\cdot\mathrm{AD} = r\mathrm{d}r\cdot\mathrm{d}\phi$$

となる。これより，2 次元極座標系で関数 $f(r, \phi)$ の 2 重積分 I は，

$$I = \iint f(r, \phi)\,r\mathrm{d}r\mathrm{d}\phi \tag{3.36}$$

となる。

2.　一般的な曲線座標

一般に，2 次元直交座標 (x, y) が曲線座標 (u, v) を用いて，$x=x(u, v)$，$y = y(u, v)$ と表されるとする（8.4 節参照）。2 次元極座標は 1 つの曲線座標であり，この場合，$u = r, v = \phi$ である。ここで，例題 3.7 に示したように，ヤコビアンを計算すると，

$$\frac{\partial(x, y)}{\partial(r, \phi)} = r$$

となり，関数 $f(r, \phi)$ の 2 重積分 I が (3.36) 式で与えられることがわかる。

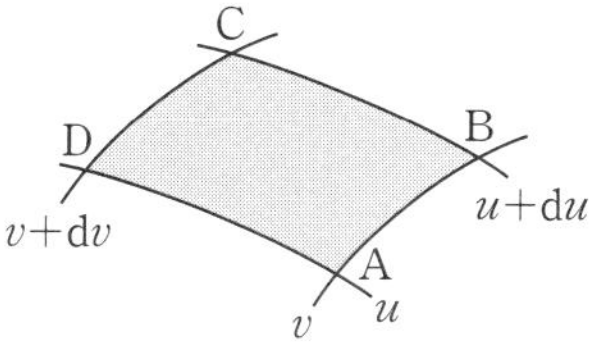

図3.16　曲線座標の面積素

図 3.16 のように，曲線座標 (u, v) 上の 4 点 $\mathrm{A}(u, v)$，$\mathrm{B}(u + \mathrm{d}u, v)$，$\mathrm{C}(u + \mathrm{d}u, v + \mathrm{d}v)$，$\mathrm{D}(u, v + \mathrm{d}v)$ で囲まれた平行四辺形の面積，すなわち面積素を考える。(x, y) 座標で点 A，B，D をそれぞれ (x, y)，$(x + \mathrm{d}x_1, y + \mathrm{d}y_1)$，$(x + \mathrm{d}x_2, y + \mathrm{d}y_2)$ と書くと，A → B では u のみが変化し，A → D では v のみが変化するから，$\mathrm{d}x_1 = \dfrac{\partial x}{\partial u}\mathrm{d}u$，　$\mathrm{d}y_1 = \dfrac{\partial y}{\partial u}\mathrm{d}u$，　$\mathrm{d}x_2 = \dfrac{\partial x}{\partial v}\mathrm{d}v$, $\mathrm{d}y_2 = \dfrac{\partial y}{\partial v}\mathrm{d}v$ と書ける。ベクトル $\overrightarrow{\mathrm{AB}} = (\mathrm{d}x_1, \mathrm{d}y_1)$，$\overrightarrow{\mathrm{AD}} = (\mathrm{d}x_2, \mathrm{d}y_2)$ を隣り合う2辺とする平行四辺形の面積は，ベクトル $(\mathrm{d}x_1, \mathrm{d}y_1, 0)$ と $(\mathrm{d}x_2, \mathrm{d}y_2, 0)$ の外積の絶対値に等しいから，

$$\begin{aligned}\mathrm{d}S = |\mathrm{d}x_1\mathrm{d}y_2 - \mathrm{d}x_2\mathrm{d}y_1| &= \left|\frac{\partial x}{\partial u}\frac{\partial y}{\partial v} - \frac{\partial x}{\partial v}\frac{\partial y}{\partial u}\right|\mathrm{d}u\mathrm{d}v \\ &= \left|\frac{\partial(x, y)}{\partial(u, v)}\right|\mathrm{d}u\mathrm{d}v\end{aligned}$$

が得られる。こうして，2 重積分を (x, y) 直交座標から (u, v) 曲線座標へ変換するには，ヤコビアンの絶対値 $\left|\dfrac{\partial(x, y)}{\partial(u, v)}\right|$ を用いればよいことがわかる。

章末問題

3.1　(1)　積分 $I(\alpha) = \displaystyle\int_0^\infty e^{-\alpha x}\sin x\,\mathrm{d}x$ の値を求めよ。

(2)　フレネル積分 $\int_0^\infty \sin x^2 \,\mathrm{d}x = \int_0^\infty \cos x^2 \,\mathrm{d}x$ の値を求めよ。

ヒント

(1) の結果において，$\alpha = y^2$ とおき両辺を y に関して 0 から∞まで積分せよ。左辺の積分ではガウス積分 (3.33) を用い，右辺の積分では，部分分数展開

$$\frac{1}{y^4+1} = \frac{1}{2\sqrt{2}}\left(\frac{y+\sqrt{2}}{y^2+\sqrt{2}\,y+1} - \frac{y-\sqrt{2}}{y^2-\sqrt{2}\,y+1}\right)$$

を用いる。

3.2　図 3.17 のように，まっすぐな細い棒 OA が，端点 O を中心に一定の角速度 ω で回転している。その上を，質点 P が速さ v で点 O からもう 1 つの端点 A に向かって進んでいるとき，P の速度と加速度を求めよ。また，棒が十分長い場合，十分に時間がたったときの速度と加速度の向きを求めよ。ただし，時刻 $t=0$ のとき，質点は点 O にあったとする。

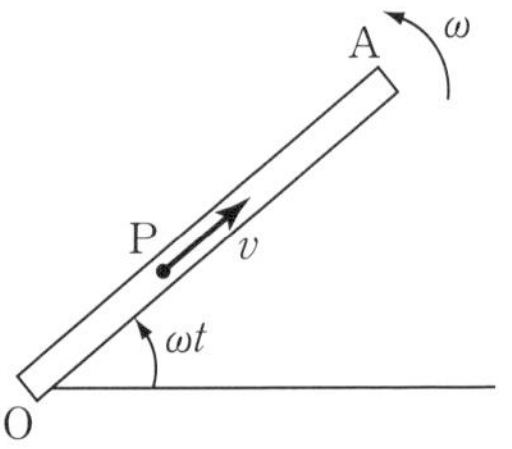

図3.17　回転する棒上の質点の運動

3.3　(1)　図 3.18 のような，断面の半径 a，長さ h の一様な円柱 (質量 M) の軸 (これを z 軸とする) のまわりの慣性モーメントを求めよ。また，円柱の中心 O を通り，円柱の軸に垂直な回転軸 (これを x 軸とする) のまわりの慣性モーメントを求めよ。

(2)　半径 a の一様な球 (質量 M) の中心を通る軸のまわりの慣性モーメントを求めよ。

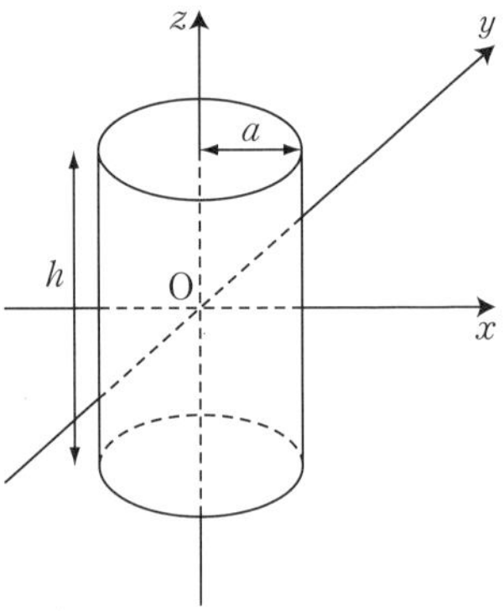

図3.18　円柱の慣性モーメント

第 4 章

独立変数を 1 つだけ含む常微分方程式を考える。まず，1 階微分方程式を扱い，変数分離型を除いて，同次型と 1 階線形微分方程式の解法を学ぶ。1 階線形微分方程式は，力学の中に多くの例がある。

常微分方程式 I
── 力学で役立つ数学

独立変数が 1 つの微分方程式，すなわち，常微分のみを含む微分方程式を**常微分方程式**という。これに対し，独立変数が 2 つ以上あり，偏微分を含む微分方程式を**偏微分方程式**という。ここでは常微分方程式のみを扱い，偏微分方程式は第 12 章と第 13 章で扱う。

4.1　1 階微分方程式

2.5 節で説明した変数分離型微分方程式も 1 階常微分方程式であるが，ここではもう少しいろいろな形の 1 階常微分方程式を考えてみよう。

同次型微分方程式

$$\frac{\mathrm{d}y}{\mathrm{d}x} = f\left(\frac{y}{x}\right) \tag{4.1}$$

と表すことのできる微分方程式を，**同次型微分方程式**という。(4.1) 式は，$u(x) = \dfrac{y}{x}$ とおくと，関数 $u(x)$ に関する変数分離型微分方程式に帰着させることができる。

$y = xu(x)$ より，積の微分を用いて，$\dfrac{\mathrm{d}y}{\mathrm{d}x} = u(x) + x\dfrac{\mathrm{d}u}{\mathrm{d}x}$ となるから，これを (4.1) 式へ代入すると，

$$u + x\frac{\mathrm{d}u}{\mathrm{d}x} = f(u) \quad \therefore \quad \frac{\mathrm{d}u}{\mathrm{d}x} = \frac{f(u) - u}{x}$$

となり，変数分離型となる。

例題4.1　同次型微分方程式を解く

微分方程式

$$\frac{\mathrm{d}y}{\mathrm{d}x} = \frac{x - y}{x + y} \tag{4.2}$$

を解け。

解　(4.2) 式の右辺は

$$\frac{x - y}{x + y} = \frac{1 - y/x}{1 + y/x}$$

となるから，これは同次型方程式である。そこで，$u = \dfrac{y}{x}$ とおいて，$y = xu$ と $\dfrac{\mathrm{d}y}{\mathrm{d}x} = u(x) + x\dfrac{\mathrm{d}u}{\mathrm{d}x}$ を (4.2) 式へ代入すると，

$$\frac{\mathrm{d}u}{\mathrm{d}x} = \frac{\dfrac{1 - u}{1 + u} - u}{x} = \frac{1 - 2u - u^2}{(1 + u)x} \quad \therefore \quad \frac{1 + u}{1 - 2u - u^2}\frac{\mathrm{d}u}{\mathrm{d}x} = \frac{1}{x}$$

となり，両辺を x で積分する。

$(1 - 2u - u^2)' = -2(1 + u)$ より，

$$-\frac{1}{2}\int\frac{(1 - 2u - u^2)'}{1 - 2u - u^2}\mathrm{d}u = \int\frac{\mathrm{d}x}{x}$$

$$\therefore \quad -\frac{1}{2}\log|1 - 2u - u^2| = \log|x| - C \quad (C：積分定数)$$

したがって，

$$|x|\sqrt{|1-2u-u^2|} = e^C$$

$$\therefore \quad x^2(1 - 2u - u^2) = B \quad (B = \pm e^{2C})$$

ここで，$xu = y$，$x^2u^2 = y^2$ を用いて，

$$\underline{x^2 - 2xy - y^2 = B}$$

を得る。■

1 階線形微分方程式

$P(x)$，$Q(x)$ をそれぞれ x の連続関数とするとき，

$$\frac{\mathrm{d}y}{\mathrm{d}x} + P(x)y = Q(x) \tag{4.3}$$

の形の微分方程式を，**1 階線形微分方程式**という。線形の意味は，独立変数 x の関数である $y(x)$，その 1 階導関数 $\frac{\mathrm{d}y}{\mathrm{d}x}$，2 階導関数などについて，1 次の項のみを含むということである。1 階線形微分方程式には，2 階以上の高階の導関数は含まれない。

(4.3) 式において，$Q(x)$ が恒等的に 0 である ($Q(x) \equiv 0$) 微分方程式

$$\frac{\mathrm{d}y}{\mathrm{d}x} + P(x)y = 0 \tag{4.4}$$

は，変数分離型であり，2.5 節の方法で解くことができる。(4.4) 式を，(4.3) 式の**斉次方程式**（あるいは**同次方程式**）という。それに対し，元の方程式 (4.3) を，**非斉次方程式**（あるいは**非同次方程式**）という。非斉次方程式 (4.3) 式の解は，その斉次方程式 (4.4) の一般解から得ることができる。

例題4.2　**斉次方程式の一般解**

斉次方程式

$$\frac{\mathrm{d}y}{\mathrm{d}x} + P(x)y = 0 \tag{4.4}$$

の一般解を求めよ。

解　$\frac{1}{y}\frac{\mathrm{d}y}{\mathrm{d}x} = -P(x)$ の両辺を x で積分して，

$$\log|y| = -\int P(x)\,\mathrm{d}x + C \quad (C：積分定数)$$

となるから，$C_0 = \pm e^C$ とおいて，

$$y = \underline{C_0 \exp\left[-\int P(x)\,\mathrm{d}x\right]} \tag{4.5}$$

を得る。ここで，$\exp[x] = e^x$ である。■

定数変化法

非斉次の 1 階線形微分方程式 (4.3) の解を，次のように求めよう。

斉次方程式の解 (4.5) の任意定数 C_0 を，x の未知関数 $C_0(x)$ とみなし，さらに，$v(x) = \exp\left[-\int P(x)\mathrm{d}x\right]$とおいて，$y = C_0(x)v(x)$ を微分すると，

$$\begin{aligned} y' &= C_0'(x)v(x) + C_0(x)v'(x) \\ &= C_0'(x)v(x) + C_0(x)(-P(x)v(x)) = C_0'(x)v(x) - P(x)y \end{aligned}$$

となる。ここで，微分と積分の逆定理 $\dfrac{\mathrm{d}}{\mathrm{d}x}\int P(x)\mathrm{d}x = P(x)$ を用いた。今，非斉次方程式 (4.3) を用いると，

$$\frac{\mathrm{d}C_0(x)}{\mathrm{d}x} = \frac{Q(x)}{v(x)}$$

$$\therefore \quad C_0(x) = \int \frac{Q(x)}{v(x)}\mathrm{d}x + C_1 \quad (C_1 : \text{任意定数})$$

となる。最後に，$v(x) = \exp\left[-\int P(x)\mathrm{d}x\right]$を代入し，(4.3) 式の一般解

$$y = \exp\left[-\int P(x)\mathrm{d}x\right]\left(\int Q(x)\exp\left[\int P(x)\mathrm{d}x\right]\mathrm{d}x + C_1\right) \quad (4.6)$$

を得る。

上のように，斉次方程式の任意定数を x の関数とみなして非斉次方程式の解を求める方法を**定数変化法**という。

例題4.3　定数変化法を用いる解法

1階線形微分方程式

$$\frac{\mathrm{d}y}{\mathrm{d}x} - y - 2x = 0 \quad (4.7)$$

を，定数変化法を用いて一般解を求め，さらに，初期条件「$x = 0$ のとき $y = 1$」を満たす特解を求めよ。

解　斉次方程式 $y' - y = 0$ の一般解は，簡単な変数分離型だから，

$$y = Ce^x \quad (C : \text{積分定数})$$

と求められる。$C \rightarrow C(x)$ として，$y = C(x)e^x$ を非斉次方程式 (4.7) へ代入する。$y' = \{C'(x) + C(x)\}e^x = C'(x)e^x + y$ より，

$$\frac{\mathrm{d}C(x)}{\mathrm{d}x} = 2xe^{-x}$$

を得る。ここで，部分積分により，

$$\int xe^{-x}\mathrm{d}x = -xe^{-x} + \int e^{-x}\mathrm{d}x$$

$$= -(x+1)e^{-x} + \frac{C_1}{2} \quad (C_1：積分定数)$$

となることから，

$$C(x) = -2(x+1)e^{-x} + C_1$$

これより，(4.7) 式の一般解

$$y = \underline{C_1 e^x - 2(x+1)}$$

を得る。

初期条件「$x=0$ のとき $y=1$」を用いると，$C_1 = 3$ となるから，求める特解は，

$$y = \underline{3e^x - 2(x+1)}$$

となる。■

4.2　2 階微分方程式

運動方程式は，加速度 $\ddot{\boldsymbol{r}}$ を含むので，一般に，時間 t に関する 2 階微分方程式である。しかし，それらは 1 階微分方程式へ変換できる場合が多い。たとえば，2.5 節の例題 2.8 で考えた，「速さに比例する抵抗力を受けた小球の落下」の運動方程式は，位置座標 x (速度は $v = \dot{x}$) を用いて表せば，2 階微分方程式である。この 2 階微分方程式を 1 階の式で書くことができたのは，運動方程式 (2 階微分方程式) の中に，位置 x が含まれていなかったからである。x が含まれていなければ，$\dot{x} = v$ とおくと，v の 1 階微分方程式になることは明らかであろう。

一方，運動方程式に時間 t が含まれていなければ，その場合も，1 階微分方程式に帰着させることができる。なぜなら，

$$\ddot{x} = \frac{\mathrm{d}\dot{x}}{\mathrm{d}t} = \frac{\mathrm{d}\dot{x}}{\mathrm{d}x}\frac{\mathrm{d}x}{\mathrm{d}t} = \dot{x}\frac{\mathrm{d}\dot{x}}{\mathrm{d}x}$$

となり，時間 t に関する 2 階微分が $\dot{x}$ の x による 1 階微分で表され，方程式は，x を独立変数とする従属変数 $\dot{x}$ の 1 階微分方程式になってしまうからである。

ここでは，力学でよく扱われる場合を例として考えてみよう。

エネルギー積分

2 階微分方程式

$$\frac{\mathrm{d}^2 y}{\mathrm{d}x^2} + p(y) = 0 \tag{4.8}$$

を考える。この式の両辺に $u = \dfrac{\mathrm{d}y}{\mathrm{d}x}$ をかけて x で積分する。この積分を**エネルギー積分**という。$\dfrac{\mathrm{d}^2 y}{\mathrm{d}x^2} = \dfrac{\mathrm{d}u}{\mathrm{d}x}$ であるから，

$$\int u \frac{\mathrm{d}u}{\mathrm{d}x}\,\mathrm{d}x + \int p(y)\frac{\mathrm{d}y}{\mathrm{d}x}\,\mathrm{d}x = C \quad \therefore \quad \int u\,\mathrm{d}u + \int p(y)\,\mathrm{d}y = C$$

したがって，$\displaystyle\int p(y)\,\mathrm{d}y = P(y)$ とおくと，

$$\frac{1}{2}u^2 = C - P(y) \quad \therefore \quad u = \frac{\mathrm{d}y}{\mathrm{d}x} = \pm\sqrt{2\{C - P(y)\}} \tag{4.9}$$

となり，(4.9) 式は，変数分離型微分方程式となり，積分して容易に解が求められる。

例題4.4　**万有引力を受けた質点の運動**

質量 m の質点が，中心から距離 r の点で万有引力 $-\dfrac{GMm}{r^2}$ (G：万有引力定数，M：中心にある質点の質量) を受けて運動している。この質点の運動方程式は，加速度の 2 次元極座標表現 (3.20)，(3.21) を用いて，

$$m(\ddot{r} - r\dot{\phi}^2) = -\frac{GMm}{r^2} \tag{4.10}$$

$$m\frac{1}{r}\frac{\mathrm{d}}{\mathrm{d}t}(r^2\dot{\phi}) = 0 \tag{4.11}$$

と書ける (図 4.1)。

(4.11) 式より，$r^2\dot{\phi} = h = $ 一定 が成り立つ。

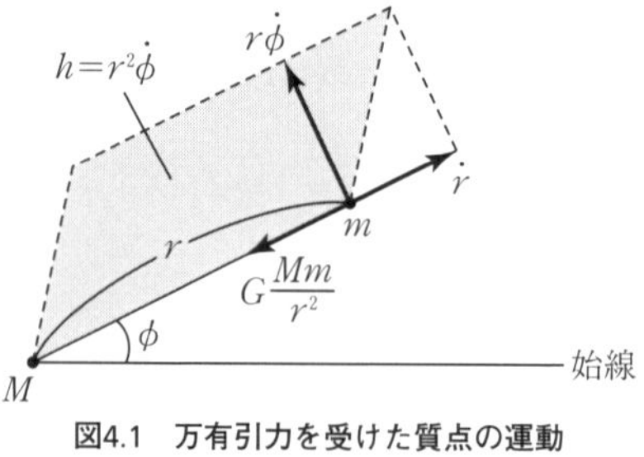

図4.1　万有引力を受けた質点の運動

(1) エネルギー積分を用いて，積分定数(単位質量の質点の力学的エネルギー) E を r と $\dot{r}$ を用いて表せ。また，有効ポテンシャル $V(r)$ を r の関数としてグラフに描け。ただし，$r \to \infty$ のとき $V(r) \to 0$ とする。

(2) $\dfrac{1}{r} = u$ とおくと，

$$\dot{r} = \frac{\mathrm{d}r}{\mathrm{d}t} = \frac{\mathrm{d}r}{\mathrm{d}u}\frac{\mathrm{d}u}{\mathrm{d}t} = -\frac{1}{u^2}\frac{\mathrm{d}u}{\mathrm{d}\phi}\frac{\mathrm{d}\phi}{\mathrm{d}t} = -h\frac{\mathrm{d}u}{\mathrm{d}\phi}$$

と書けることを用いて，質点の軌道の方程式を求めよ。ここで，$r^2\dot{\phi} = \dfrac{1}{u^2}\dfrac{\mathrm{d}\phi}{\mathrm{d}t} = h$ であることを用いた。ただし，$l = \dfrac{h^2}{GM}$，$e = \sqrt{1 + \dfrac{2Eh^2}{G^2M^2}}$ とおくこと。

(3) (2)で求めた軌道はどのような曲線か。$l = ec$ とおいて定数 c を定義することにより，$0 < e < 1$，$e = 1$，$e > 1$ の3通りの場合に分けて説明せよ。このとき，e を**離心率**という。また，軌道の式を x-y 直交座標系を用いて表せ。

解

(1) $r^2\dot{\phi} = h$ より，$\dot{\phi} = \dfrac{h}{r^2}$ と書けるから，これを(4.10)式へ代入すると，

$$\ddot{r} - \left(\frac{h^2}{r^3} - \frac{GM}{r^2}\right) = 0 \tag{4.12}$$

となる。この式の両辺に $\dot{r} = \dfrac{\mathrm{d}r}{\mathrm{d}t}$ をかけて t で積分し，積分定数を E として，

$$E = \frac{1}{2}\dot{r}^2 - \int\left(\frac{h^2}{r^3} - \frac{GM}{r^2}\right)\mathrm{d}r = \underline{\frac{1}{2}\dot{r}^2 + \frac{h^2}{2r^2} - \frac{GM}{r}} \tag{4.13}$$

を得る。(4.13)式の右辺は，r 軸方向の 1次元運動における運動エネルギー $\dfrac{1}{2}\dot{r}^2$ と**有効ポテンシャル**

$$V(r) = \frac{h^2}{2r^2} - \frac{GM}{r}$$

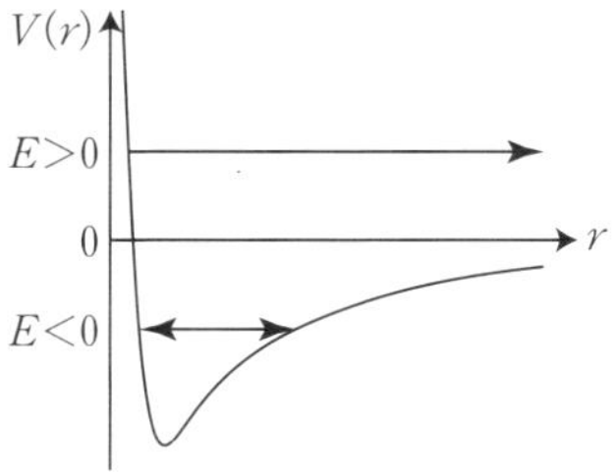

図4.2 有効ポテンシャル

の和とみなすことができ，E はエネルギーとしての意味をもつ。これより，図 4.2 を得る。

図 4.2 より，$E<0$ のとき r は有限にとどまり，**質点は無限遠に遠ざかることはできない**。$E \geqq 0$ のとき $r \to \infty$ となることができ，**質点は**いつかは**無限遠に遠ざかる**ことがわかる。

(2)　$u=\dfrac{1}{r}$ と $\dot{r}=-h\dfrac{\mathrm{d}u}{\mathrm{d}\phi}$ を (4.13) 式へ代入して，

$$\left(\frac{\mathrm{d}u}{\mathrm{d}\phi}\right)^2=\frac{2E}{h^2}+\frac{2GM}{h^2}u-u^2=\frac{2E}{h^2}+\frac{G^2M^2}{h^4}-\left(u-\frac{GM}{h^2}\right)^2$$

となる。ここで，$l=\dfrac{h^2}{GM}$，$e=\sqrt{1+\dfrac{2Eh^2}{G^2M^2}}$ を用いて，

$$\frac{\mathrm{d}u}{\mathrm{d}\phi}=\pm\sqrt{\left(\frac{2E}{h^2}+\frac{G^2M^2}{h^4}\right)-\left(u-\frac{GM}{h^2}\right)^2}$$
$$=\pm\sqrt{\frac{e^2}{l^2}-\left(u-\frac{1}{l}\right)^2}$$

を得る。これは変数分離型微分方程式であるから，両辺を $\sqrt{\dfrac{e^2}{l^2}-\left(u-\dfrac{1}{l}\right)^2}$ でわり，ϕ で積分すると，

$$\phi=\pm\int\frac{\mathrm{d}u}{\sqrt{\dfrac{e^2}{l^2}-\left(u-\dfrac{1}{l}\right)^2}}$$

と書ける。

ここで，$u-\dfrac{1}{l}=\dfrac{e}{l}\cos\theta$ とおくと，積分変数は，$\mathrm{d}u=-\dfrac{e}{l}\sin\theta\cdot\mathrm{d}\theta$ と置き換えられ，被積分関数は，

$$\frac{1}{\sqrt{\dfrac{e^2}{l^2}-\left(u-\dfrac{1}{l}\right)^2}}=\frac{l}{e}\frac{1}{\sqrt{1-\cos^2\theta}}=\frac{l}{e\sin\theta}$$

となることから，

$$\phi=\mp\int\mathrm{d}\theta=\mp\theta-\phi_0\quad(\phi_0：積分定数)$$

を得ることができる。これより，

$$\cos(\phi+\phi_0)=\cos(\mp\theta)=\cos\theta=\frac{l}{e}u-\frac{1}{e}=\frac{l}{e}\frac{1}{r}-\frac{1}{e}$$

$$\therefore \quad \frac{l}{r} = 1 + e\cos(\phi + \phi_0) \tag{4.14}$$

こうして，極座標表示での質点の軌道の式

$$\underline{r = \frac{l}{1 + e\cos(\phi + \phi_0)}} \tag{4.15}$$

を得ることができる。

(3)　$l = ec$ を (4.14) 式へ代入すると，

$$r = e\{c - r\cos(\phi + \phi_0)\} \tag{4.16}$$

と書ける。この式は，図 4.3 からわかるように，定点Oへの距離 r と，Oから距離 c だけ離れた直線Lへの距離 d の比が，$e:1$ の点Pの軌跡を表している。これは，楕円，放物線，双曲線（これらを **2 次曲線**という）の定義を与え，点Pの軌跡は，

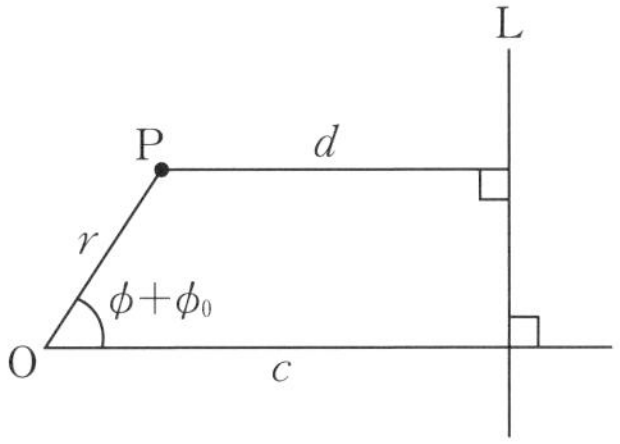

図4.3　2次曲線の定義

$0 < e < 1$ のとき楕円，$e = 1$ のとき放物線，$e > 1$ のとき双曲線

となる (図 4.4)。ここで，点Oを**焦点**という。このとき，離心率の定義 $e = \sqrt{1 + \dfrac{2Eh^2}{G^2M^2}}$ より，質点の軌道は，

$E < 0$ のとき楕円，$E = 0$ のとき放物線，$E > 0$ のとき双曲線

となる。

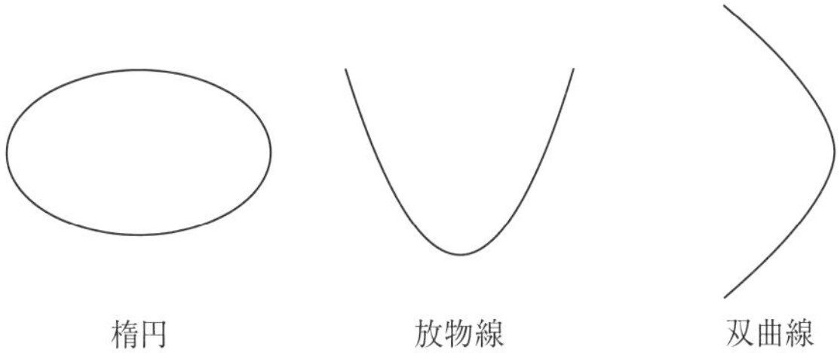

図4.4　楕円, 放物線, 双曲線

図 4.5 のように，偏角 $\phi = -\phi_0$ の向きに x 軸，x 軸と垂直に ϕ の増加する向きに y 軸をとると，

$$r^2 = x^2 + y^2,\ \ x = r\cos(\phi + \phi_0)$$

となるから，これらを (4.16) 式へ代入して，

$$\underline{(1-e^2)x^2+2e^2cx+y^2=e^2c^2} \qquad (4.17)$$

を得る。■

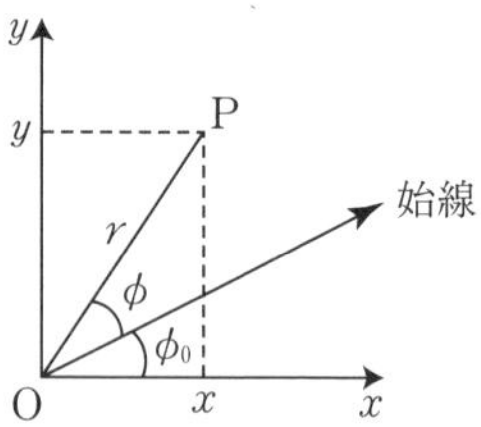

図4.5　2次元極座標系と x-y 直交座標系

（注）直交座標系での2次曲線の標準形

a，b，p をそれぞれ適当な定数とするとき，楕円，放物線，双曲線それぞれの x-y 直交座標系での標準形は，

楕円：$\dfrac{x^2}{a^2}+\dfrac{y^2}{b^2}=1$，放物線：$4px=y^2$，

双曲線：$\dfrac{x^2}{a^2}-\dfrac{y^2}{b^2}=\pm 1$

である。

(4.17) 式は，$e \neq 1$ のとき，x 軸方向へ $x_0=\dfrac{e^2c}{1-e^2}$ だけ平行移動すると，楕円あるいは双曲線の標準形になる。すなわち，$e<1$ のとき，x^2 と y^2 の係数の符号がともに正となるから楕円の標準形に，$e>1$ のとき，x^2 と y^2 の係数の符号が異なるから双曲線の標準形に変形できる。$e=1$ のとき，$x_1=-\dfrac{c}{2}$ だけ平行移動すると，放物線の標準形 $\left(p=-\dfrac{1}{2}c\right)$ になる。

章末問題

4.1　外力 $F_0\sin\omega t$ (F_0，ω：定数) を受けて振動する質量 m の質点に，速度 $v(t)$ に比例する抵抗力 $-\lambda v$ (λ：比例定数) がはたらくとき，その運動方程式は，

$$m\frac{\mathrm{d}v}{\mathrm{d}t}=-\lambda v+F_0\sin\omega t \qquad (4.18)$$

と表される。

(1)　定数変化法を用いて一般解 $v(t)$ を求めよ。

(2)　初期条件「$t=0$ のとき $v=0$」を満たす特解を求め，十分に時間がたったときの質点の運動を説明せよ。

4.2　(1)　楕円の長半径 (長軸の長さの半分) を a，離心率を e ($0<e<1$) とする。楕円の極座標表示 (4.15) を用いて，楕円軌道上で焦点Fから最も近い点 (**近点**) A までの距離 r_1 と，最も遠い点 (**遠点**) A′ ま

での距離 r_2 がそれぞれ,

$r_1 = a(1-e)$, $r_2 = a(1+e)$

で与えられることを示せ (図 4.6)。

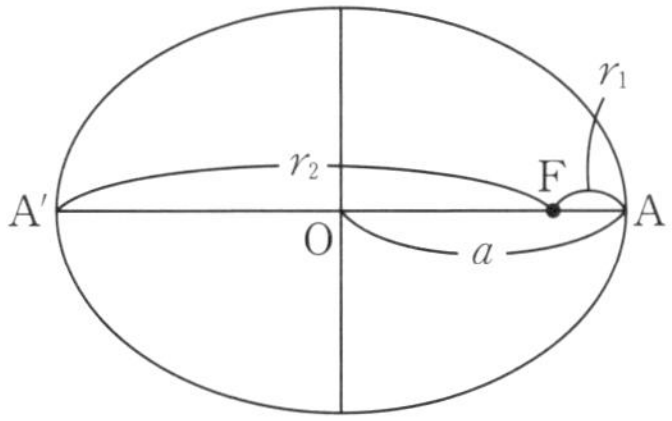

図4.6　楕円

(2)　図 4.7 のように, 中心 O を原点とし, 長半径 a, 短半径 (短軸の長さの半分) b の楕円の軌道上の点 P(x, y) を媒介変数 u により,

$$x = a\cos u,\ \ y = b\sin u \tag{4.19}$$

と表すと, 焦点 F から楕円軌道上の点 P までの距離 r が,

$$r = a(1 - e\cos u) \tag{4.20}$$

と表されることを示せ。ここで, 長半径 a の楕円は, 2 つの焦点 F, F′ からの距離の和が $2a$ である点の軌跡であることを用いよ。

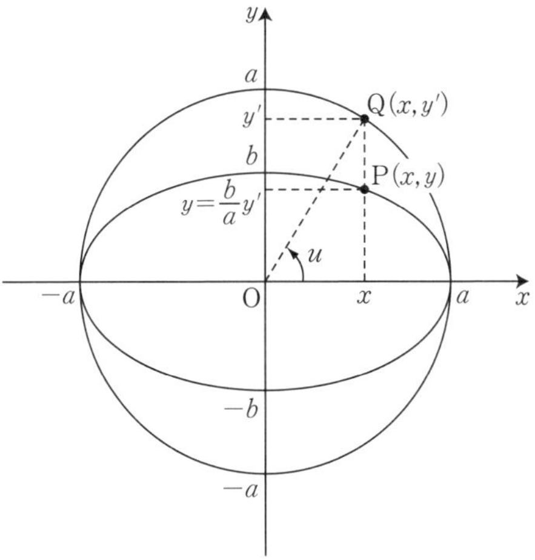

図4.7　楕円の媒介変数表示

(3)　万有引力を受けて質点 P が楕円軌道を運動するとき, 媒介変数 u の時間変化は, 初期条件を「$t=0$ のとき $u=0$」とすると,

$$\omega t = u - e\sin u \tag{4.21}$$

で与えられることを, (4.13) 式を用いて示せ。ここで, ω は平均の角速度であり, 質点の力学的エネルギー $E(<0)$, 楕円の長半径 a

を用いて,

$$\omega = \frac{\sqrt{2|E|}}{a}$$

で与えられる。

(4.21) 式を，**ケプラー方程式**という。これにより，楕円軌道上での質点の位置が，時間 t とともにどのように変化するかが求められたことになる。

第5章

減衰振動や強制振動など，力学計算でしばしば登場する2階線形定数係数微分方程式の解法を考える。この種の微分方程式を扱うには，指数関数の虚数乗を三角関数で表す「オイラーの公式」を頻繁に用いる。

常微分方程式Ⅱ
——力学で役立つ数学

5.1　2階線形微分方程式

最高の階数が2であり，y，$\dfrac{dy}{dx}$，$\dfrac{d^2y}{dx^2}$ について1次の項のみを含む微分方程式を**2階線形微分方程式**という。したがって，2階線形微分方程式は，x の任意関数 $P(x)$，$Q(x)$，$R(x)$ を用いて，

$$\frac{d^2y}{dx^2} + P(x)\frac{dy}{dx} + Q(x)y = R(x) \tag{5.1}$$

と表される。$R(x)$ が恒等的に0のとき，斉次な微分方程式であり，$R(x)$ が恒等的には0ではないとき，非斉次な微分方程式である。

1次独立な解と1次従属な解

斉次な2階線形微分方程式には2つの**1次独立**な解がある。2つの解 $y_1(x)$ と $y_2(x)$ の間に，C を定数として，

$$y_2(x) = Cy_1(x) \tag{5.2}$$

の関係が成り立つとき，$y_1(x)$ と $y_2(x)$ は**1次従属**であるといい，1次従属でないとき，**1次独立**であるという。このことは，次のように言い換えることもできる。同時に0にならない適当な定数 C_1, C_2 を用いて，

$$C_1y_1(x) + C_2y_2(x) = 0$$

が恒等的に成り立つとき，$y_1(x)$ と $y_2(x)$ は1次従属であり，これが恒等的に成り立つのが，$C_1 = C_2 = 0$ のときに限られるとき，1次独立という。

2階線形微分方程式の一般解は，1次独立な2つの解 $y_1(x)$ と $y_2(x)$ の1次結合（線形結合ともいう）

$$y(x) = C_1 y_1(x) + C_2 y_2(x) \tag{5.3}$$

によって与えられる。ここで，C_1 と C_2 は任意定数である。

2つの関数 $f(x)$ と $g(x)$ に対して，

$$W(f, g) = \begin{vmatrix} f & g \\ f' & g' \end{vmatrix} = f\frac{\mathrm{d}g}{\mathrm{d}x} - \frac{\mathrm{d}f}{\mathrm{d}x}g \tag{5.4}$$

で定義される行列式を**ロンスキアン**あるいは**ロンスキー行列**という。

2つの解 $y_1(x)$ と $y_2(x)$ が1次独立かどうかを判定するのに，このロンスキアンを用いることもできる。すなわち，$W(y_1, y_2) = 0$ ならば，$y_1(x)$ と $y_2(x)$ は1次従属であり，$W(y_1, y_2) \neq 0$ であれば1次独立である。

例題5.1　1次独立

2つの関数 $y_1(x)$，$y_2(x)$ に対して，ロンスキアンが $W(y_1,\ y_2) \neq 0$ であれば，$y_1(x)$ と $y_2(x)$ は1次独立であることを示せ。

解　定数 C_1，C_2 を用いて $y_1(x)$ と $y_2(x)$ の1次結合をつくり，恒等的に，

$$C_1 y_1(x) + C_2 y_2(x) = 0$$

が成り立つとする。この式の両辺を x で微分すると，

$$C_1 y_1'(x) + C_2 y_2'(x) = 0$$

となる。これらを C_1，C_2 の連立方程式と考えると，$W(y_1,\ y_2) \neq 0$ より，$C_1 = C_2 = 0$ となる。これは，$y_1(x)$ と $y_2(x)$ が1次独立であることを示している。■

オイラーの公式

実数 x，虚数 i $(i^2 = -1)$ を用いた指数関数 e^{ix} は，

$$e^{\pm ix} = \cos x \pm i \sin x \tag{5.5}$$

で与えられる。この関係式は**オイラーの公式**と呼ばれ，物理で非常によく使われる式であり，大変重要である（この公式の導出に関しては，章末問題5.1参照）。

5.2　2 階線形定数係数微分方程式の解法

p, q を定数，$R(x)$ を x の任意関数とした非斉次 2 階線形定数係数微分方程式

$$\frac{\mathrm{d}^2 y}{\mathrm{d}x^2} + 2p\frac{\mathrm{d}y}{\mathrm{d}x} + q \cdot y = R(x) \tag{5.6}$$

の解を考えよう。非斉次方程式の解は，斉次方程式

$$\frac{\mathrm{d}^2 y}{\mathrm{d}x^2} + 2p\frac{\mathrm{d}y}{\mathrm{d}x} + q \cdot y = 0 \tag{5.7}$$

の一般解から求めることができる。

斉次微分方程式の解法

斉次微分方程式 (5.7) の一般解を求めるために，まず，(5.7) 式の 2 つの特解を求める。α を複素数として，解を $y = e^{\alpha x}$ とおいて (5.7) 式へ代入すると，α が満たすべき 2 次方程式

$$\alpha^2 + 2p\alpha + q = 0 \tag{5.8}$$

を得る。(5.8) 式を (5.7) 式の**特性方程式**という。

(i)　$p^2 - q > 0$ のとき，2 つの実数解を，

$$\alpha = -p \pm \sqrt{p^2 - q} = \alpha_+,\ \alpha_-$$

とおくと，2 つの特解 $y = e^{\alpha_+ x}, e^{\alpha_- x}$ が得られる。これより，斉次方程式 (5.7) の一般解は，C_+, C_- を任意定数として，

$$y(x) = C_+ e^{\alpha_+ x} + C_- e^{\alpha_- x}$$

となる。

(ii)　$p^2 - q < 0$ のとき，$\sqrt{q - p^2} = \omega_1$（$\omega_1$：実数）とおくと 2 つの複素数解は，

$$\alpha = -p \pm i\omega_1$$

となり，2 つの特解 $y = e^{-px}e^{i\omega_1 x}, e^{-px}e^{-i\omega_1 x}$ が得られる。これより，斉次方程式 (5.7) の一般解は，C_1，C_2 を任意の複素定数として，

$$\begin{aligned} y(x) &= e^{-px}(C_1 e^{i\omega_1 x} + C_2 e^{-i\omega_1 x}) \\ &= e^{-px}(A\cos\omega_1 x + B\sin\omega_1 x) \end{aligned}$$

となる。ここで，$A = C_1 + C_2, B = i(C_1 - C_2)$ であり，オイラーの

公式 (5.5) を用いた。

(iii)　$p^2-q=0$ のとき，1つの重解 $\alpha=-p$ をもち，1つの特解 $y=e^{-px}$ が得られる。一般解は，1次独立な2つの特解の1次結合で与えられるから，一般解を得るには，もう1つ特解を求める必要がある。そこで，$y=C(x)e^{-px}$ とおいて (5.7) 式へ代入してみる。

$$y'=(C'-pC)e^{-px},\ \ y''=\{(C''-pC')-p(C'-pC)\}e^{-px}$$

を (5.7) 式に代入すると，

$$C''-(p^2-q)C=0$$

となり，上式の第2項は0となる。したがって，

$$C''(x)=0$$

であるから，上式を2回積分して，

$$C(x)=C_1+C_2x\quad (C_1,\ C_2：任意定数)$$

を得る。ここで，$C_1=0$，$C_2=1$ とすると，$y=xe^{-px}$ はもう1つの特解となる。こうして一般解は，2つの特解の1次結合として，

$$y(x)=(C_1+C_2x)e^{-px}$$

と書けることがわかる。

例題5.2　**斉次微分方程式の特解**

初期条件

$$x=0,\ \ y=1,\ \ \frac{\mathrm{d}y}{\mathrm{d}x}=2$$

を満たす斉次微分方程式

$$\frac{\mathrm{d}^2y}{\mathrm{d}x^2}+5\frac{\mathrm{d}y}{\mathrm{d}x}+6y=0$$

の特解を求めよ。

解　$y=e^{\alpha x}$ とおいて与式へ代入して特性方程式を求める。

$$\alpha^2+5\alpha+6=0\quad\therefore\quad(\alpha+2)(\alpha+3)=0$$

これより，$\alpha=-2,\ -3$ が得られ，一般解は，$C_1,\ C_2$ を任意定数として，

$$y(x)=C_1e^{-2x}+C_2e^{-3x}$$

となる。$y'=-2C_1e^{-2x}-3C_2e^{-3x}$ であるから，初期条件より，

$$1=C_1+C_2,\ \ 2=-2C_1-3C_2$$

$$\therefore\quad C_1=5,\ \ C_2=-4$$

よって，求める特解は，

$$y(x) = \underline{5e^{-2x} - 4e^{-3x}}$$ ■

例題5.3　**減衰振動**

ばね定数 k のばねにつけられた質量 m の質点が，速度に比例する抵抗力 (比例定数 λ) を受けて運動する場合を考えよう。ばねの伸びを x とすると，速度は $v = \dot{x}$，加速度は $\ddot{x}$ と書けるから，その運動方程式は，

$$m\ddot{x} = -kx - \lambda\dot{x} \iff m\ddot{x} + \lambda\dot{x} + kx = 0 \tag{5.9}$$

と表される。ここで，$\lambda > 0$ である。

(1)　抵抗力が (イ) 比較的に小さい場合と，(ロ) 大きい場合に分けて，(5.9) 式の一般解をそれぞれ求めよ。

(2)　(イ) と (ロ) のそれぞれの場合について，初期条件「時刻 $t = 0$ のとき，$x = 0, v = v_0$」のもとでの特解を求め，x-t グラフの概略を描け。

解

(1)　$\dfrac{\lambda}{m} = 2\mu$，$\dfrac{k}{m} = {\omega_0}^2$ とおくと，運動方程式 (5.9) は，

$$\ddot{x} + 2\mu\dot{x} + {\omega_0}^2 x = 0 \tag{5.10}$$

という斉次 2 階微分方程式で表される。(5.10) 式の特性方程式は，

$$\alpha^2 + 2\mu\alpha + {\omega_0}^2 = 0 \tag{5.11}$$

となる。

(イ)　$\mu^2 - {\omega_0}^2 < 0$ の場合

$\sqrt{{\omega_0}^2 - \mu^2} = \omega_1$ とおくと，(5.11) 式の 2 解は，$\alpha = -\mu \pm i\omega_1$ となるから，(5.10) 式の一般解は，A，B を任意定数とすると，

$$x = \underline{e^{-\mu t}(A\cos\omega_1 t + B\sin\omega_1 t)}$$

と書ける。この振動を**減衰振動**という。

(ロ)　$\mu^2 - {\omega_0}^2 > 0$ の場合

$\sqrt{\mu^2 - {\omega_0}^2} = b$ とおくと，(5.11) 式の 2 解は，$\alpha = -\mu \pm b$ となり，(5.10) 式の一般解は，C_1，C_2 を任意定数として，

$$x = \underline{e^{-\mu t}(C_1 e^{bt} + C_2 e^{-bt})}$$

と書ける。この場合を**過減衰**という。

(2)　(イ) の場合

初期条件「$t = 0,\ x = 0,\ \dot{x} = v_0$」より，$A = 0,\ B = \dfrac{v_0}{\omega_1}$ となり，

特解

$$x = \underline{\frac{v_0}{\omega_1} e^{-\mu t} \sin \omega_1 t}$$

を得る。$\omega_0 = 6\mu$ のときのグラフを描くと，図 5.1 となる。図 5.1 で，破線は振幅の減衰を表している。

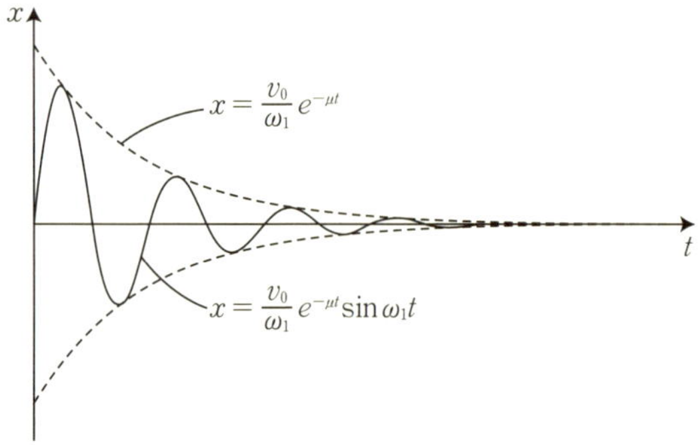

図5.1　減衰振動

（ロ）の場合

初期条件より，$C_1 = \frac{v_0}{2b}$，$C_2 = -\frac{v_0}{2b}$ となるから，特解

$$x = \underline{\frac{v_0}{2b} e^{-\mu t}(e^{bt} - e^{-bt})} = \underline{\frac{v_0}{b} e^{-\mu t} \sinh bt}$$

を得る。ここで, $\sinh x$ は，ハイパボリックサイン・エックスと読み，

$$\sinh x = \frac{e^x - e^{-x}}{2}$$

で定義される関数である。

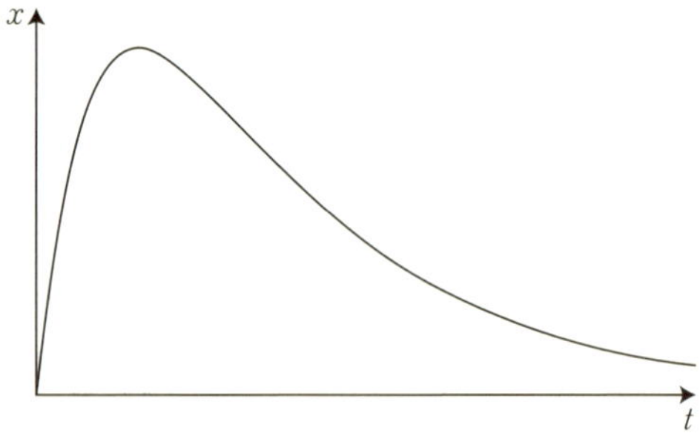

図5.2　過減衰

$\mu = 1.2\omega_0$ のときのグラフを描くと，図5.2となる。■

注

減衰振動の微分方程式 (5.9) は，自己インダクタンス L，電気容量 C，抵抗値 R の抵抗による図5.3のRLC回路で与えられる。回路に流れる電流を i，コンデンサーの電荷を q とすると，回路方程式（キルヒホッフの第2法則の式）は，

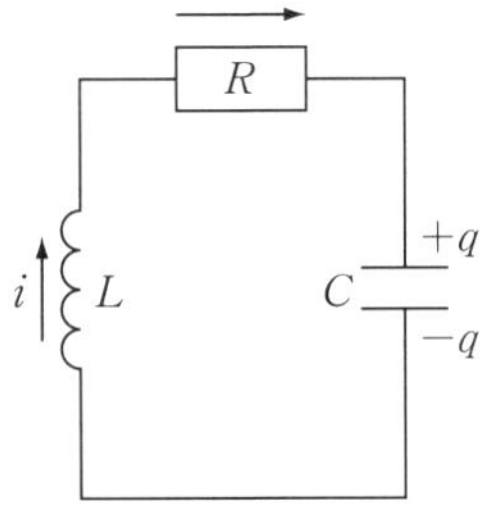

図5.3　RLC回路

$$L\frac{\mathrm{d}i}{\mathrm{d}t} + Ri + \frac{q}{C} = 0$$

と書けるから，$i = \dfrac{\mathrm{d}q}{\mathrm{d}t}$ を代入して，

$$L\frac{\mathrm{d}^2q}{\mathrm{d}t^2} + R\frac{\mathrm{d}q}{\mathrm{d}t} + \frac{q}{C} = 0 \tag{5.12}$$

となる。ここで，$q \leftrightarrow x$, $L \leftrightarrow m$, $R \leftrightarrow \lambda$, $\dfrac{1}{C} \leftrightarrow k$ を対応させると，(5.12) 式は (5.9) 式と同等である。

5.3　非斉次2階微分方程式の解法 I —— 定数変化法

非斉次2階線形定数係数微分方程式 (5.6) の一般解を求めるには，斉次方程式の一般解を利用して，定数変化法を用いればよい。

複素数 $\alpha_1 = -p + \sqrt{p^2 - q}$，$\alpha_2 = -p - \sqrt{p^2 - q}$（$p^2 - q \neq 0$ とする）を用いると，斉次微分方程式 (5.7) の一般解は，C_1, C_2 を任意定数として，

$$y(x) = C_1 e^{\alpha_1 x} + C_2 e^{\alpha_2 x}$$

と書けるから，$C_1 \to C_1(x)$，$C_2 \to C_2(x)$ として非斉次方程式 (5.6) へ代入する。ただし，2つの未知関数 $C_1(x)$，$C_2(x)$ を決める条件が (5.6) 式1つだけなので，さらに新たな条件をつけることができる。そこで，さらに条件

$$e^{\alpha_1 x}\frac{\mathrm{d}C_1}{\mathrm{d}x} + e^{\alpha_2 x}\frac{\mathrm{d}C_2}{\mathrm{d}x} = 0 \tag{5.13}$$

を課すことにする。

(5.13) 式を用いると，非斉次方程式の一般解は，

$$y(x) = Ae^{\alpha_1 x} + Be^{\alpha_2 x} + e^{\alpha_1 x}\int \frac{e^{\alpha_2 x}}{2\sqrt{p^2-q}}\, e^{2px}R(x)\,\mathrm{d}x - e^{\alpha_2 x}\int \frac{e^{\alpha_1 x}}{2\sqrt{p^2-q}}\, e^{2px}R(x)\,\mathrm{d}x \tag{5.14}$$

となる。(5.14) 式右辺のはじめの 2 項は，斉次方程式の一般解を表し，後の 2 項は，非斉次方程式の特解を表している。

例題5.4　(5.14) 式の導出

非斉次微分方程式 (5.6) に，

$$y(x) = C_1(x)e^{\alpha_1 x} + C_2(x)e^{\alpha_2 x} \tag{5.15}$$

を代入し，(5.13) 式を用いることにより，一般解 (5.14) を導け。

解

$$\begin{aligned} y' &= (C_1' + \alpha_1 C_1)e^{\alpha_1 x} + (C_2' + \alpha_2 C_2)e^{\alpha_2 x} \\ &= \alpha_1 C_1 e^{\alpha_1 x} + \alpha_2 C_2 e^{\alpha_2 x} \\ y'' &= \alpha_1(C_1' + \alpha_1 C_1)e^{\alpha_1 x} + \alpha_2(C_2' + \alpha_2 C_2)e^{\alpha_2 x} \end{aligned}$$

となるから，これらを (5.6) 式へ代入し，α_1，α_2 が特性方程式 (5.8) を満たすことを使って，

$$\alpha_1 e^{\alpha_1 x}\frac{\mathrm{d}C_1}{\mathrm{d}x} + \alpha_2 e^{\alpha_2 x}\frac{\mathrm{d}C_2}{\mathrm{d}x} = R(x) \tag{5.16}$$

を得る。

まず，(5.13)，(5.16) 式を連立方程式として解いて $\frac{\mathrm{d}C_1}{\mathrm{d}x}$，$\frac{\mathrm{d}C_2}{\mathrm{d}x}$ を求めよう。行列式

$$\begin{aligned} W &= \begin{vmatrix} e^{\alpha_1 x} & e^{\alpha_2 x} \\ \alpha_1 e^{\alpha_1 x} & \alpha_2 e^{\alpha_2 x} \end{vmatrix} = (\alpha_2 - \alpha_1)e^{-2px} \\ W_1 &= \begin{vmatrix} 0 & e^{\alpha_2 x} \\ R(x) & \alpha_2 e^{\alpha_2 x} \end{vmatrix} = -R(x)e^{\alpha_2 x} \\ W_2 &= \begin{vmatrix} e^{\alpha_1 x} & 0 \\ \alpha_1 e^{\alpha_1 x} & R(x) \end{vmatrix} = R(x)e^{\alpha_1 x} \end{aligned}$$

を用いると，クラメールの公式より，

$$\begin{aligned} \frac{\mathrm{d}C_1}{\mathrm{d}x} &= \frac{W_1}{W} = \frac{e^{\alpha_2 x}}{2\sqrt{p^2-q}}\, e^{2px}R(x) \\ \frac{\mathrm{d}C_2}{\mathrm{d}x} &= \frac{W_2}{W} = -\frac{e^{\alpha_1 x}}{2\sqrt{p^2-q}}\, e^{2px}R(x) \end{aligned}$$

となる。

こうして，$C_1(x)$，$C_2(x)$ は，A，B を積分定数として，

$$C_1(x) = \int \frac{e^{\alpha_2 x}}{2\sqrt{p^2-q}} e^{2px} R(x)\,\mathrm{d}x + A \tag{5.17}$$

$$C_2(x) = -\int \frac{e^{\alpha_1 x}}{2\sqrt{p^2-q}} e^{2px} R(x)\,\mathrm{d}x + B \tag{5.18}$$

と求められる。これを (5.15) 式へ代入して，(5.14) 式を得る。■

5.4　非斉次2階微分方程式の解法II —— 代入法(簡便法)

非斉次2階線形微分方程式 (5.1) の一般解 $y(x)$ は，斉次方程式

$$\frac{\mathrm{d}^2 y}{\mathrm{d}x^2} + P(x)\frac{\mathrm{d}y}{\mathrm{d}x} + Q(x)y = 0 \tag{5.19}$$

の一般解

$$y_0(x) = C_1 y_1(x) + C_2 y_2(x) \quad (C_1, C_2：任意定数)$$

と非斉次方程式 (5.1) の特解 $Y(x)$ の和

$$y(x) = y_0(x) + Y(x) \tag{5.20}$$

で与えられる。なぜなら，$y_0(x)$ が (5.19) 式を満たし，$Y(x)$ が (5.1) 式を満たすことから，(5.20) 式を非斉次方程式 (5.1) の左辺へ代入すると，

$$\left(\frac{\mathrm{d}^2 y_0}{\mathrm{d}x^2} + P(x)\frac{\mathrm{d}y_0}{\mathrm{d}x} + Q(x)y_0\right) + \left(\frac{\mathrm{d}^2 Y_0}{\mathrm{d}x^2} + P(x)\frac{\mathrm{d}Y_0}{\mathrm{d}x} + Q(x)Y_0\right) = R(x)$$

となり，$y(x)$ が (5.1) 式の解であることがわかる。$y(x)$ は (5.1) 式の解であり，2つの任意定数 C_1, C_2 を含むから，非斉次方程式 (5.1) 式の一般解である。

つまり，斉次方程式の一般解がわかっているとき，非斉次方程式の一般解を求めるには，その特解を見つければよい。その特解は，定数変化法を用いなくても，容易に見つけられる場合が多い。

たとえば，

$$y'' - 3y' + 2y = x \tag{5.21}$$

の特解を見つけるには，

$$y = ax + b \quad (a, b：任意定数)$$

とおいて，(5.21) 式へ代入してみる。

$$-3a + 2(ax + b) = x \quad \therefore \quad a = \frac{1}{2},\ b = \frac{3}{4}$$

これより，特解は $y = \frac{1}{2}x + \frac{3}{4}$ であることがわかる。

(5.21) 式の斉次方程式の特性方程式より，

$$\alpha^2 - 3\alpha + 2 = 0 \quad \therefore \quad \alpha = 1, 2$$

となるから，(5.21) 式の一般解は，C_1, C_2 を任意定数として，

$$y(x) = C_1 e^x + C_2 e^{2x} + \frac{1}{2}x + \frac{3}{4}$$

と求められる。

例題5.5　非斉次微分方程式の特解

次の微分方程式の特解を求めよ。

(1)　$y'' - 3y' + 2y = x^2$　　(2)　$y'' - 3y' + 2y = \cos x$

解

(1)　目視（大体こんな形だと予想すること）により，求める特解を $y = ax^2 + bx + c$ (a, b, c：任意定数) とおいて与式の左辺へ代入すると，

$$y'' - 3y' + 2y = 2ax^2 + 2(-3a + b)x + (2a - 3b + 2c)$$

$$\therefore \quad a = \frac{1}{2},\ b = \frac{3}{2},\ c = \frac{7}{4}$$

よって，特解は，　$\underline{y = \frac{1}{2}x^2 + \frac{3}{2}x + \frac{7}{4}}$

(2)　目視により，求める特解を $y = a\sin x + b\cos x$ (a, b：任意定数) とおいて与式の左辺へ代入すると，

$$y'' - 3y' + 2y = (a + 3b)\sin x + (-3a + b)\cos x$$

となり，$a = -\frac{3}{10}$，$b = \frac{1}{10}$ を得る。よって特解は，

$$\underline{y = -\frac{1}{10}(3\sin x - \cos x)}$$ ■

例題5.6　強制振動

位置 x で弾性力 $-kx$ ($k > 0$：弾性定数)，速度 $v = \dot{x}$ に比例する抵抗力 $-\lambda\dot{x}$ ($\lambda > 0$：比例定数) に加えて，外力 $F_0 \sin\omega t$ ($F_0 > 0$, $\omega > 0$：定数) を受けて運動する質量 m の質点の運動方程式は，

$$m\ddot{x} = -kx - \lambda\dot{x} + F_0 \sin\omega t \tag{5.22}$$

と表される。
(1)　一般解 $x(t)$ を求めよ。
(2)　十分に時間がたったときの質点の運動を説明せよ。とくに，抵抗力が十分小さい $(\lambda \approx 0)$ とき，質点の運動はどうなるか。

解

(1)　$\omega_0 = \sqrt{\dfrac{k}{m}}$，$2\mu = \dfrac{\lambda}{m}$，$f_0 = \dfrac{F_0}{m}$ とおくと，(5.22) 式は，

$$\ddot{x} + 2\mu\dot{x} + \omega_0{}^2 x = f_0 \sin \omega t \tag{5.23}$$

と書ける。ここで，ω_0 はこの系の**固有角振動数**と呼ばれる。

(5.23) 式の右辺を 0 とした斉次方程式は，例題 5.3 で扱った微分方程式であり，その一般解は，

$$x_0 = e^{-\mu t}(Ae^{\sqrt{\mu^2-\omega_0{}^2}\,t} + Be^{-\sqrt{\mu^2-\omega_0{}^2}\,t}) \tag{5.24}$$

となる。ここで，A，B は任意定数である。

非斉次方程式の特解を，

$$x_1 = a \sin \omega t + b \cos \omega t \tag{5.25}$$

とおいて，

$\dot{x}_1 = \omega(a \cos \omega t - b \sin \omega t)$，$\ddot{x}_1 = -\omega^2(a \sin \omega t + b \cos \omega t)$

を (5.23) 式の左辺へ代入する。こうして，

$$\ddot{x} + 2\mu\dot{x} + \omega_0{}^2 x = \{(\omega_0{}^2 - \omega^2)a - 2\mu\omega b\}\sin \omega t + \{(\omega_0{}^2 - \omega^2)b + 2\mu\omega a\}\cos \omega t$$

より，

$$a = \frac{\omega_0{}^2 - \omega^2}{(\omega_0{}^2 - \omega^2)^2 + 4\mu^2\omega^2} f_0,\quad b = -\frac{2\mu\omega}{(\omega_0{}^2 - \omega^2)^2 + 4\mu^2\omega^2} f_0 \tag{5.25a}$$

を得る。

以上より，非斉次方程式 (5.23) の一般解は，

$$x = \underline{x_0 + x_1}$$

で与えられる。

(2)　$t \to \infty$ のとき，$x_0 \to 0$ となるから，質点は，外力の<u>角振動数 ω で (5.25) 式の正弦関数にしたがって単振動する</u>。

とくに，$\lambda \approx 0$，すなわち $\mu \approx 0$ のとき，(5.25)，(5.25a) 式より，

$$x_1 \approx a \sin \omega t, \quad a \approx \frac{f_0}{{\omega_0}^2 - \omega^2}$$

となり，$\omega < \omega_0$ の場合，$a > 0$ で質点は外力と同位相で振動する。$\omega > \omega_0$ の場合，$a < 0$ で質点は外力と逆位相で振動する。■

10分補講

光の分散と強制振動

図5.4のように，太陽光などの白色光をプリズムにあてると，屈折角の小さい方から赤，黄，紫の色に分かれる。これを**光の分散**という。これはガラスの屈折率が，光の波長により異なるために起こる現象である。

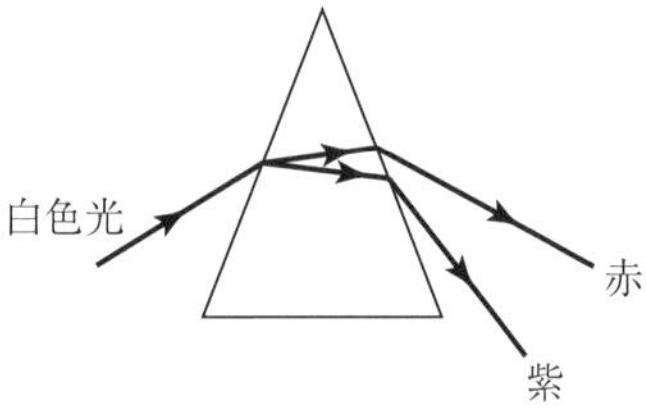

図5.4　プリズムによる光の分散

電磁気学によれば，物質の屈折率 n は，その物質の比誘電率 ε_r と比透磁率 μ_r により，$n = \sqrt{\varepsilon_\mathrm{r}\mu_\mathrm{r}}$ で与えられる。ところが，強磁性体と呼ばれる一部の物質を除いて，多くの物質では，比透磁率は $\mu_\mathrm{r} \approx 1$ であるため，$n \approx \sqrt{\varepsilon_\mathrm{r}}$ となる。

ガラス分子は，動かない原子核と負電荷をもつ小さな質量の電子からなり，電場をかけると，電子の中心がずれて分極 P が起きる。分極 P はかけられた電場に比例するので，その比例定数を χ とすると，比誘電率 ε_r は，

$$\varepsilon_\mathrm{r} = 1 + \chi$$

となる。ここで χ は電子の変位 x の振幅 a に比例する。

一方，物質に角振動数 ω の光を照射すると，物質内の質量 m の電子は変位 x に比例する復元力 $-m{\omega_0}^2 x$ (ω_0 は固有角振動数) を受けると同時に，振動電場から強制力 $F_0 \sin \omega t$ を受けて振動する。その際，電子には速度に比例する抵抗力 $-\lambda \dot{x}$ もはたらき，その運動方程式は，強制振動の方程式 (5.22) となる。したがって，十分時

間がたつと(実際には)，荷電粒子の位置 x は，$x \propto a\ \sin\omega t$，$a \propto \dfrac{1}{{\omega_0}^2 - \omega^2}$ となり，

$$n^2 - 1 \approx \varepsilon_{\mathrm{r}} - 1 = \chi \propto \frac{1}{{\omega_0}^2 - \omega^2}$$

となる。

可視光の角振動数 ω は，$\omega < \omega_0$ であるので，赤→紫と光の角振動数 ω が増加すると，ガラスの屈折率 n は増加する。

章末問題

5.1 指数関数，正弦関数，余弦関数のべき級数展開を用いて，オイラーの公式 (5.5) を導出せよ。

5.2 与えられた初期条件を満たす次の斉次微分方程式の特解を求めよ。

(1) $\dfrac{\mathrm{d}^2y}{\mathrm{d}x^2} - 2\dfrac{\mathrm{d}y}{\mathrm{d}x} + 2y = 0$ ($x = 0$ で，$y = 1$，$\dfrac{\mathrm{d}y}{\mathrm{d}x} = 3$)

(2) $\dfrac{\mathrm{d}^2y}{\mathrm{d}x^2} - 4\dfrac{\mathrm{d}y}{\mathrm{d}x} + 4y = 0$ ($x = 0$ で，$y = 1$，$\dfrac{\mathrm{d}y}{\mathrm{d}x} = -1$)

5.3 非斉次微分方程式

$$y'' - 3y' - 4y = x \tag{5.26}$$

の一般解を求めよ。

5.4 次の微分方程式の特解を求めよ。

(1) $y'' - 3y' + 2y = e^x$　　(2) $y'' - 3y' + 2y = x + \sin x$

5.5 例題 4.4 で求めた質点の軌道方程式を，エネルギー積分をすることなしに導いてみよう。

(1) $\dfrac{1}{r} = u$ とおき，(4.12) 式，および，$r^2\dot{\phi} = h$ を用いて，u の ϕ に関する 2 階微分方程式を導け。

(2) $\phi = 0$ で r が最小となる軌道の極座標表示を求めよ。

第6章

n 階線形定数係数微分方程式は，ラプラス変換と呼ばれる変換を利用することにより，代数的に解くことができる。ラプラス変換とその逆変換を説明し，それらを用いた微分方程式の解法を説明する。

常微分方程式Ⅲ
——力学で役立つ数学

6.1　ラプラス変換を用いる解法

一般に，初期条件の与えられた n 階定数係数線形微分方程式

$$y^{(n)} + a_{n-1}y^{(n-1)} + \cdots + a_1 y' + a_0 y = f(t) \tag{6.1}$$

は，ラプラス変換を利用すると，まったく代数的に解くことができる。この場合，一般解を求める必要はなく便利である。ここでは，この方法を学ぼう。

ラプラス変換

$x > 0$ の範囲で定義された関数 $f(x)$ に対して，s を複素数として，

$$F(s) = \mathscr{L}[f(x)] \equiv \int_0^{\infty} e^{-sx} f(x)\,\mathrm{d}x \tag{6.2}$$

が存在するとき，$F(s)$ を関数 $f(x)$ の**ラプラス変換**という。ラプラス変換が存在するためには，複素数 s は次の制限を受ける。

$0 \leqq x < \infty$ で連続な関数 $f(x)$ が適当な定数 M と a を用いて，$|f(x)| \leqq Me^{ax}$ と書けるとき，$\mathrm{Re}(s) > a$ でなければならない。ここで，$\mathrm{Re}(s)$ は s の実数部分を表す。

例題6.1 **ラプラス変換**

次のラプラス変換を，与えられた範囲の複素数sを用いて求めよ。

(1) $\mathscr{L}[1]$ $(\mathrm{Re}(s)>0)$ (2) $\mathscr{L}[x^n]\,(n=1,2,\cdots)$ $(\mathrm{Re}(s)>0)$

(3) $\mathscr{L}[e^{ax}]$ $(\mathrm{Re}(s)>a)$ (4) $\mathscr{L}[\cos bx]$ $(\mathrm{Re}(s)>0)$

(5) $\mathscr{L}[\sin bx]$ $(\mathrm{Re}(s)>0)$

解

(1) $\mathscr{L}[1]=\int_0^\infty e^{-sx}\mathrm{d}x=\left[-\frac{1}{s}e^{-sx}\right]_0^\infty=\underline{\frac{1}{s}}$

(2) $$\mathscr{L}[x^n]=\int_0^\infty e^{-sx}x^n\mathrm{d}x=\left[-\frac{1}{s}e^{-sx}x^n\right]_0^\infty+\frac{n}{s}\int_0^\infty e^{-sx}x^{n-1}\mathrm{d}x$$

$$=\frac{n}{s}\mathscr{L}[x^{n-1}]=\frac{n(n-1)}{s^2}\mathscr{L}[x^{n-2}]=\cdots$$

$$=\frac{n(n-1)\cdots 2}{s^{n-1}}\mathscr{L}[x]=\frac{n!}{s^n}\mathscr{L}[1]=\underline{\frac{n!}{s^{n+1}}}$$

参考 **ガンマ関数**

αを正の実数とするとき，積分

$$\Gamma(\alpha)=\int_0^\infty x^{\alpha-1}e^{-x}\mathrm{d}x \tag{6.3}$$

で定義されるαの関数を**ガンマ関数**という。一般に，ガンマ関数は複素数zに対して定義されるが，ここでは，正の実数に限っておく。

ガンマ関数を用いると，

$$\mathscr{L}[x^n]=\frac{\Gamma(n+1)}{s^{n+1}} \tag{6.4}$$

と表される。解答と同様の計算をすることにより，ガンマ関数には次のような性質があることがわかる。

$$\Gamma(\alpha+1)=\alpha\Gamma(\alpha),\ \Gamma(1)=1,\ \Gamma(n+1)=n!\ (n=1,2,\cdots) \tag{6.5}$$

(3) $$\mathscr{L}[e^{ax}]=\int_0^\infty e^{-sx}e^{ax}\mathrm{d}x=\int_0^\infty e^{-(s-a)x}\,\mathrm{d}x$$

$$=-\frac{1}{s-a}\left[e^{-(s-a)x}\right]_0^\infty=\underline{\frac{1}{s-a}}$$

(4) オイラーの公式より$\cos bx=\frac{1}{2}(e^{ibx}+e^{-ibx})$となることを用いて，

$$\mathscr{L}[\cos bx]=\mathscr{L}\left[\frac{1}{2}(e^{ibx}+e^{-ibx})\right]=\frac{1}{2}(\mathscr{L}[e^{ibx}]+\mathscr{L}[e^{-ibx}])$$

$$= \frac{1}{2}\left(\frac{1}{s-ib}+\frac{1}{s+ib}\right)=\underline{\frac{s}{s^2+b^2}}$$

(5)　オイラーの公式より $\sin bx = \dfrac{1}{2i}(e^{ibx}-e^{-ibx})$ となることを用いて,

$$\mathscr{L}[\sin bx] = \mathscr{L}\left[\frac{1}{2i}(e^{ibx}-e^{-ibx})\right] = \frac{1}{2i}(\mathscr{L}[e^{ibx}]-\mathscr{L}[e^{-ibx}])$$

$$= \frac{1}{2i}\left(\frac{1}{s-ib}-\frac{1}{s+ib}\right)=\underline{\frac{b}{s^2+b^2}}$$ ■

ラプラス変換の性質

$\mathscr{L}[f(x)] = F(s)$ とし，a，b を定数とすると，ラプラス変換の定義から以下の式が成り立つことがわかる（証明は章末問題 6.1 参照）。

(a)　$\mathscr{L}[af(x)+bg(x)] = a\mathscr{L}[f(x)]+b\mathscr{L}[g(x)]$

(b)　$\mathscr{L}[f(ax)] = \dfrac{1}{a}F\left(\dfrac{s}{a}\right)$

(c)　$\mathscr{L}[e^{ax}f(x)] = F(s-a)$

(d)　$f(x)$，$f'(x)$，…，$f^{(n-1)}(x)$ が連続ならば,

$\mathscr{L}[f^{(n)}(x)]$

$\quad = s^nF(s) - \{s^{n-1}f(0)+s^{(n-2)}f'(0)+\cdots+sf^{(n-2)}(0)+f^{(n-1)}(0)\}$

(e)　$\mathscr{L}\left[\displaystyle\int_0^x f(t)\,\mathrm{d}t\right] = \dfrac{F(s)}{s}$

(f)　$\mathscr{L}[xf(x)] = -\dfrac{\mathrm{d}}{\mathrm{d}s}F(s)$

(g)　$\mathscr{L}\left[\dfrac{f(x)}{x}\right] = \displaystyle\int_s^\infty F(s)\,\mathrm{d}s$

(h)　ステップ関数を $\theta(x) = \begin{cases} 0 & (x<0) \\ 1 & (x \geqq 0)\end{cases}$ とすると,

$$\mathscr{L}[\theta(x-a)] = \frac{e^{-as}}{s} \quad (\mathrm{Re}(s)>0,\ a>0)$$

$$\mathscr{L}[f(x-a)\theta(x-a)] = e^{-as}F(s)$$

(i)　関数 $f(x)$ と $g(x)$ に対して，積分

$$f*g(x) = \int_0^x f(t)g(x-t)\,\mathrm{d}t$$

を，$f(x)$ と $g(x)$ のたたみ込みという。このとき,

$$\mathscr{L}[f*g(x)] = (\mathscr{L}[f])(\mathscr{L}[g])$$

となる。

ラプラスの逆変換

複素変数 s の関数 $F(s)$ が与えられたとき，$\mathscr{L}[f(x)] = F(s)$ を満たす関数 $f(x)$ を，**ラプラスの逆変換**といい，$f(x) = \mathscr{L}^{-1}[F(s)]$ と表す。以下に示すラプラスの逆変換は，例題 6.1 で求めたラプラス変換の結果および，ラプラス変換の性質 (c) を用いて導かれる。

(a)　$\mathscr{L}^{-1}\left[\dfrac{1}{s^n}\right] = \dfrac{1}{(n-1)!}x^{n-1}$　$(n = 1, 2, \cdots)$

(b)　$\mathscr{L}^{-1}\left[\dfrac{1}{(s-a)^n}\right] = \dfrac{1}{(n-1)!}x^{n-1}e^{ax}$　$(n = 1, 2, \cdots)$

(c)　$\mathscr{L}^{-1}\left[\dfrac{b}{(s-a)^2+b^2}\right] = e^{ax}\sin bx$

(d)　$\mathscr{L}^{-1}\left[\dfrac{s-a}{(s-a)^2+b^2}\right] = e^{ax}\cos bx$

微分方程式の解法

2 階線形定数係数微分方程式

$$y'' + ay' + by = f(t) \tag{6.6}$$

を，初期条件「$x = 0$ のとき，$y = y_0$，$y' = y_1$」のもとに解くことを考えよう。

ラプラス変換の性質 (d) を用いて，(6.6) 式の両辺をラプラス変換する。$\mathscr{L}[y] = Y(s)$, $\mathscr{L}[f] = F(s)$ とおいて初期条件を用いると，

$$\mathscr{L}[y'] = sY(s) - y_0,\quad \mathscr{L}[y''] = s^2Y(s) - (sy_0 + y_1)$$

より，

$$(s^2Y(s) - sy_0 - y_1) + a(sY(s) - y_0) + bY(s) = F(s)$$

$$\therefore\quad Y(s) = \frac{(s+a)y_0 + y_1}{s^2 + as + b} + \frac{F(s)}{s^2 + as + b}$$

これより，求める解は，

$$y(x) = \mathscr{L}^{-1}\left[\frac{(s+a)y_0 + y_1}{s^2 + as + b}\right] + \mathscr{L}^{-1}\left[\frac{F(s)}{s^2 + as + b}\right] \tag{6.7}$$

となる。

(6.7) 式右辺の第 1 項は，斉次方程式

$$y'' + ay' + by = 0$$

の初期条件を満たす解を表し，第 2 項は，非斉次方程式 (6.6) で，特殊な初期条件「$x = 0$ のとき，$y = y' = 0$ $(y_0 = y_1 = 0)$」を満たす解を示している。

例題6.2　ラプラス変換を用いた微分方程式の解法

微分方程式

$$y'' - 3y' + 2y = \cos x \tag{6.8}$$

を，初期条件「$x = 0$ のとき，$y = 0$，$y' = 1$」を満たす解を求めよ。

解　$\mathscr{L}[y] = Y(s)$ とおいて，(6.8) 式の両辺を初期条件を用いてラプラス変換する。

$$\mathscr{L}[y'] = sY(s),\ \mathscr{L}[y''] = s^2Y(s) - 1,\ \mathscr{L}[\cos x] = \frac{s}{s^2+1}\ (\mathrm{Re}(s) > 0)$$

より，

$$(s^2 - 3s + 2)Y(s) - 1 = \frac{s}{s^2+1}$$

よって，

$$Y(s) = \frac{s^2+s+1}{(s-2)(s-1)(s^2+1)} = \frac{a}{s-2} + \frac{b}{s-1} + \frac{cs+d}{s^2+1}$$

とおくと，

$$a = \frac{7}{5},\ b = -\frac{3}{2},\ c = \frac{1}{10},\ d = -\frac{3}{10}$$

となる。ここで，

$$\mathscr{L}^{-1}\left[\frac{1}{s-2}\right] = e^{2x},\ \mathscr{L}^{-1}\left[\frac{1}{s-1}\right] = e^{x}$$

$$\mathscr{L}^{-1}\left[\frac{s}{s^2+1}\right] = \cos x,\ \mathscr{L}^{-1}\left[\frac{1}{s^2+1}\right] = \sin x$$

より，

$$y = \mathscr{L}^{-1}[Y(s)] = \underline{\frac{7}{5}e^{2x} - \frac{3}{2}e^{x} + \frac{1}{10}\cos x - \frac{3}{10}\sin x}$$

を得る。■

例題6.3　微分方程式を解く

次の微分方程式をラプラス変換を用いて，与えられた初期条件のもとに解け。

(1)　$y'' + y = 1$　($x = 0$ のとき，$y = 1, y' = 1$)

(2)　$y'' + \omega^2 y = x$　($x = 0$ のとき，$y = 0, y' = a$)

解

(1)　$\mathscr{L}[y] = Y(s)$ とおいて，両辺を初期条件を用いてラプラス変換すると，

$$(s^2Y - s - 1) + Y = \frac{1}{s} \quad \therefore \quad Y(s) = \frac{s^2 + s + 1}{s(s^2 + 1)} = \frac{1}{s} + \frac{1}{s^2 + 1}$$

よって，

$$y = \mathscr{L}^{-1}[Y] = \underline{1 + \sin x}$$

(2)　両辺を初期条件を用いてラプラス変換すると，

$$(s^2Y - a) + \omega^2 Y = \frac{1}{s^2}$$

$$\therefore \quad Y = \frac{as^2 + 1}{s^2(s^2 + \omega^2)} = \left(a - \frac{1}{\omega^2}\right)\frac{1}{s^2 + \omega^2} + \frac{1}{\omega^2}\frac{1}{s^2}$$

よって，

$$y = \mathscr{L}^{-1}[Y] = \underline{\frac{1}{\omega}\left(a - \frac{1}{\omega^2}\right)\sin \omega x + \frac{1}{\omega^2}x}$$

■

6.2　連立微分方程式

a_{11}，a_{12}，a_{22} を実数とした連立微分方程式

$$\begin{cases} \dfrac{\mathrm{d}y_1}{\mathrm{d}x} = a_{11}y_1 + a_{12}y_2 \\ \dfrac{\mathrm{d}y_2}{\mathrm{d}x} = a_{12}y_1 + a_{22}y_2 \end{cases}$$

を考えよう。このような連立微分方程式の解法において，1.5 節で説明した「行列の固有値と対角化」が大いに役立つことがわかるであろう。

上の連立微分方程式を行列を用いて表すと，

$$\begin{pmatrix} \dfrac{\mathrm{d}y_1}{\mathrm{d}x} \\ \dfrac{\mathrm{d}y_2}{\mathrm{d}x} \end{pmatrix} = \begin{pmatrix} a_{11} & a_{12} \\ a_{12} & a_{22} \end{pmatrix} \begin{pmatrix} y_1 \\ y_2 \end{pmatrix}$$

となる。ここで，行列 $A = \begin{pmatrix} a_{11} & a_{12} \\ a_{12} & a_{22} \end{pmatrix}$ は実数の対称行列であり，正規行列であるから，対角化することができる。

次に，A の固有値 λ_1，λ_2 に対する固有ベクトルを用いてユニタリー行列 U をつくり，$\begin{pmatrix} y_1 \\ y_2 \end{pmatrix} = U \begin{pmatrix} z_1 \\ z_2 \end{pmatrix}$ とおき，両辺を x で微分すると，

$\begin{pmatrix} \dfrac{\mathrm{d}y_1}{\mathrm{d}x} \\ \dfrac{\mathrm{d}y_2}{\mathrm{d}x} \end{pmatrix} = U \begin{pmatrix} \dfrac{\mathrm{d}z_1}{\mathrm{d}x} \\ \dfrac{\mathrm{d}z_2}{\mathrm{d}x} \end{pmatrix}$ となる。これより，

$$U \begin{pmatrix} \dfrac{\mathrm{d}z_1}{\mathrm{d}x} \\ \dfrac{\mathrm{d}z_2}{\mathrm{d}x} \end{pmatrix} = \begin{pmatrix} a_{11} & a_{12} \\ a_{12} & a_{22} \end{pmatrix} U \begin{pmatrix} z_1 \\ z_2 \end{pmatrix}$$

よって，

$$\begin{pmatrix} \dfrac{\mathrm{d}z_1}{\mathrm{d}x} \\ \dfrac{\mathrm{d}z_2}{\mathrm{d}x} \end{pmatrix} = U^{-1} \begin{pmatrix} a_{11} & a_{12} \\ a_{12} & a_{22} \end{pmatrix} U \begin{pmatrix} z_1 \\ z_2 \end{pmatrix} = \begin{pmatrix} \lambda_1 & 0 \\ 0 & \lambda_2 \end{pmatrix} \begin{pmatrix} z_1 \\ z_2 \end{pmatrix}$$

を得る。これは，独立な 2 つの微分方程式

$$\begin{cases} \dfrac{\mathrm{d}z_1}{\mathrm{d}x} = \lambda_1 z_1 \\ \dfrac{\mathrm{d}z_2}{\mathrm{d}x} = \lambda_2 z_2 \end{cases}$$

を表している。これより，任意定数を C_1，C_2 として，

$$z_1 = C_1 e^{\lambda_1 x},\quad z_2 = C_2 e^{\lambda_2 x}$$

を得る。こうして求める結果

$$\begin{pmatrix} y_1 \\ y_2 \end{pmatrix} = U \begin{pmatrix} z_1 \\ z_2 \end{pmatrix} = U \begin{pmatrix} C_1 e^{\lambda_1 x} \\ C_2 e^{\lambda_2 x} \end{pmatrix}$$

を得る。

例題6.4 連立微分方程式の解法

初期条件「$x = 0$ のとき，$y_1 = 3$，$y_2 = 1$」を用いて，次の連立微分方程式の解を求めよ。

$$\begin{cases} \dfrac{\mathrm{d}y_1}{\mathrm{d}x} = 2y_1 + 3y_2 \\ \dfrac{\mathrm{d}y_2}{\mathrm{d}x} = y_1 + 2y_2 \end{cases} \tag{6.9}$$

解 連立微分方程式 (6.9) の右辺の係数行列は，$B = \begin{pmatrix} 2 & 3 \\ 1 & 2 \end{pmatrix}$ と非対称である。そこで，$\sqrt{3}y_2 = y_2'$ と置き換えると，

$$\begin{cases} \dfrac{\mathrm{d}y_1}{\mathrm{d}x} = 2y_1 + \sqrt{3}y_2' \\ \dfrac{\mathrm{d}y_2'}{\mathrm{d}x} = \sqrt{3}y_1 + 2y_2' \end{cases}$$

となり，係数行列 $A = \begin{pmatrix} 2 & \sqrt{3} \\ \sqrt{3} & 2 \end{pmatrix}$ は対称行列となるから，直交行列を用いて対角化しよう[1)]。

固有値を λ とすると，

$$|A - \lambda I| = \begin{vmatrix} 2-\lambda & \sqrt{3} \\ \sqrt{3} & 2-\lambda \end{vmatrix} = \lambda^2 - 4\lambda + 1 = 0$$

より，$\lambda = 2 \pm \sqrt{3}$ となる。

$\lambda = 2 + \sqrt{3}$ のとき，c_1 を任意定数として固有ベクトルは，$c_1\begin{pmatrix} 1 \\ 1 \end{pmatrix}$

$\lambda = 2 - \sqrt{3}$ のとき，c_2 を任意定数として固有ベクトルは，$c_2\begin{pmatrix} 1 \\ -1 \end{pmatrix}$

となるから，直交行列 $U = \dfrac{1}{\sqrt{2}}\begin{pmatrix} 1 & 1 \\ 1 & -1 \end{pmatrix}$ を用いて，

$$U^{-1}AU = \begin{pmatrix} 2+\sqrt{3} & 0 \\ 0 & 2-\sqrt{3} \end{pmatrix}$$

---

1) 別解 参照。

と対角化される。したがって，$\begin{pmatrix} y_1 \\ y_2' \end{pmatrix} = U\begin{pmatrix} z_1 \\ z_2 \end{pmatrix}$ とおくと，z_1, z_2 に関する微分方程式は，

$$\begin{cases} \dfrac{\mathrm{d}z_1}{\mathrm{d}x} = (2+\sqrt{3})z_1 \\[2ex] \dfrac{\mathrm{d}z_2}{\mathrm{d}x} = (2-\sqrt{3})z_2 \end{cases}$$

となり，C_1，C_2 を任意定数として，$z_1 = C_1 e^{(2+\sqrt{3})x}$，$z_2 = C_2 e^{(2-\sqrt{3})x}$ を得る。これより，

$$\begin{pmatrix} y_1 \\ y_2' \end{pmatrix} = \frac{1}{\sqrt{2}}\begin{pmatrix} 1 & 1 \\ 1 & -1 \end{pmatrix}\begin{pmatrix} z_1 \\ z_2 \end{pmatrix} = \frac{1}{\sqrt{2}}\begin{pmatrix} C_1 e^{(2+\sqrt{3})x} + C_2 e^{(2-\sqrt{3})x} \\ C_1 e^{(2+\sqrt{3})x} - C_2 e^{(2-\sqrt{3})x} \end{pmatrix}$$

$$\therefore \quad \begin{pmatrix} y_1 \\ y_2 \end{pmatrix} = \frac{1}{\sqrt{2}}\begin{pmatrix} C_1 e^{(2+\sqrt{3})x} + C_2 e^{(2-\sqrt{3})x} \\ \dfrac{1}{\sqrt{3}}C_1 e^{(2+\sqrt{3})x} - \dfrac{1}{\sqrt{3}}C_2 e^{(2-\sqrt{3})x} \end{pmatrix}$$

となる。ここで，初期条件を用いると，

$$\begin{cases} 3 = \dfrac{1}{\sqrt{2}}(C_1 + C_2) \\[2ex] 1 = \dfrac{1}{\sqrt{6}}(C_1 - C_2) \end{cases} \quad \therefore \quad \begin{cases} C_1 = \dfrac{3\sqrt{2}+\sqrt{6}}{2} \\[2ex] C_2 = \dfrac{3\sqrt{2}-\sqrt{6}}{2} \end{cases}$$

こうして，$\begin{pmatrix} y_1 \\ y_2 \end{pmatrix} = \underline{\begin{pmatrix} \dfrac{3+\sqrt{3}}{2}e^{(2+\sqrt{3})x} + \dfrac{3-\sqrt{3}}{2}e^{(2-\sqrt{3})x} \\ \dfrac{\sqrt{3}+1}{2}e^{(2+\sqrt{3})x} - \dfrac{\sqrt{3}-1}{2}e^{(2-\sqrt{3})x} \end{pmatrix}}$ を得る。

別解

1.5節の脚注で述べたように，正規行列でなくても，固有値がすべて相異なる正方行列は対角化できる。行列 $B = \begin{pmatrix} 2 & 3 \\ 1 & 2 \end{pmatrix}$ は正規行列ではない（すなわち，$BB^* \neq B^*B$）が，固有値は，$|B-\lambda I| = \begin{vmatrix} 2-\lambda & 3 \\ 1 & 2-\lambda \end{vmatrix} = 0$ より，$\lambda = 2 \pm \sqrt{3}$ となり相異なるから，正則行列を用いて対角化できる。

行列 B の固有値 $2 \pm \sqrt{3}$ に対する固有ベクトルはそれぞれ，

$c_1\begin{pmatrix} \sqrt{3} \\ 1 \end{pmatrix}$，$c_2\begin{pmatrix} \sqrt{3} \\ -1 \end{pmatrix}$　(c_1, c_2 は任意定数) となるから，正則行列

$P = \dfrac{1}{2}\begin{pmatrix} \sqrt{3} & \sqrt{3} \\ 1 & -1 \end{pmatrix}$ とその逆行列 $P^{-1} = \dfrac{1}{\sqrt{3}}\begin{pmatrix} 1 & \sqrt{3} \\ 1 & -\sqrt{3} \end{pmatrix}$ を用いて，

$P^{-1}BP = \begin{pmatrix} 2+\sqrt{3} & 0 \\ 0 & 2-\sqrt{3} \end{pmatrix}$ となる。

以下，直交行列 U の代わりに正則行列 P を用いて，解答と同じ解を得ることができる。■

6.3　連成振動

物理学での典型的な連立微分方程式の応用例に**連成振動**がある。連成振動とは，いくつかの粒子がばねでつながれているときの粒子の運動のことである。

粒子系の連成振動

図 6.1 のように，ばね定数 k_1, k_2, k_3 の 3 本のばねで結ばれた質量 m_1 と m_2 の小物体の運動を考えよう。これらの小物体のつり合いの位置からの変位をそれぞれ x_1，x_2 とすると，運動方程式は，

$$m_1\ddot{x}_1 = -k_1x_1 + k_2(x_2 - x_1) = -(k_1 + k_2)x_1 + k_2x_2$$
$$m_2\ddot{x}_2 = -k_2(x_2 - x_1) - k_3x_2 = k_2x_1 - (k_2 + k_3)x_2$$

ここで，$\sqrt{m_1}\,x_1 = X_1, \sqrt{m_2}\,x_2 = X_2$ とおくと，

$$\begin{cases} \ddot{X}_1 = -\kappa_1X_1 + \kappa'X_2 \\ \ddot{X}_2 = \kappa'X_1 - \kappa_2X_2 \end{cases} \tag{6.10}$$

となる。ここで，$\kappa_1 = \dfrac{k_1 + k_2}{m_1}$, $\kappa_2 = \dfrac{k_2 + k_3}{m_2}$, $\kappa' = \dfrac{k_2}{\sqrt{m_1m_2}}$ とおいた。

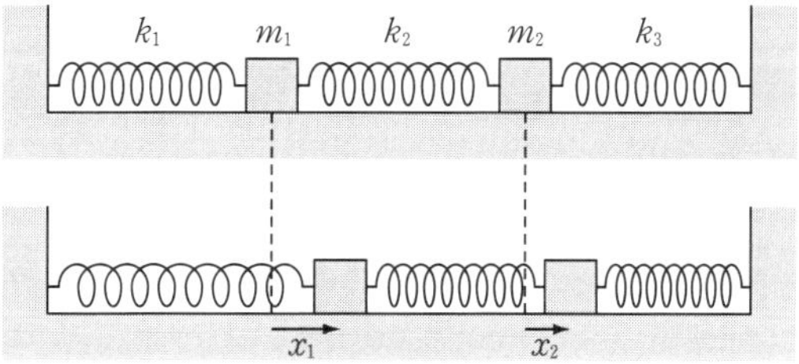

図6.1　連成振動

(6.10) 式右辺の係数行列 $A = \begin{pmatrix} -\kappa_1 & \kappa' \\ \kappa' & -\kappa_2 \end{pmatrix}$ は対称行列なので，直交行列により対角化できる。実際，A の固有値は，$|A - \lambda I| = 0$ より，

$$\lambda_{\pm} = \frac{1}{2}\left\{-(\kappa_1 + \kappa_2) \pm \sqrt{(\kappa_1 - \kappa_2)^2 + 4\kappa'^2}\right\} \tag{6.11}$$

となる。ここで，$\kappa'^2 + (\kappa_1 + \lambda_+)(\kappa_1 + \lambda_-) = 0$ より，対応する固有ベクトル

$$\boldsymbol{f}_1 = \begin{pmatrix} \kappa' \\ \kappa_1 + \lambda_+ \end{pmatrix},\ \boldsymbol{f}_2 = \begin{pmatrix} \kappa' \\ \kappa_1 + \lambda_- \end{pmatrix}$$

は，直交 $(\boldsymbol{f}_1 \cdot \boldsymbol{f}_2 = 0)$ することがわかるので，正規直交系をなす $\boldsymbol{e}_1 = \dfrac{\boldsymbol{f}_1}{|\boldsymbol{f}_1|}$, $\boldsymbol{e}_2 = \dfrac{\boldsymbol{f}_2}{|\boldsymbol{f}_2|}$ により直交行列 $U = (\boldsymbol{e}_1\ \ \boldsymbol{e}_2)$ をつくると，

$$U^{-1}AU = \begin{pmatrix} \lambda_+ & 0 \\ 0 & \lambda_- \end{pmatrix}$$

となって対角化できる。このとき，$\begin{pmatrix} X_1 \\ X_2 \end{pmatrix} = U\begin{pmatrix} Z_1 \\ Z_2 \end{pmatrix}$ で与えられる変数 Z_1, Z_2 は，

$$\begin{cases} \ddot{Z}_1 = \lambda_+ Z_1 \\ \ddot{Z}_2 = \lambda_- Z_2 \end{cases}$$

を満たす。ここで，$\lambda_+ < 0$, $\lambda_- < 0$ であることから，$\omega_+ = \sqrt{|\lambda_+|}$, $\omega_- = \sqrt{|\lambda_-|}$ とおくと，$\begin{cases} \ddot{Z}_1 = -\omega_+{}^2 Z_1 \\ \ddot{Z}_2 = -\omega_-{}^2 Z_2 \end{cases}$ となり，任意定数 C_1, C_1', C_2, C_2' を用いて，Z_1, Z_2 の一般解

$$\begin{cases} Z_1 = C_1 \sin \omega_+ t + C_1' \cos \omega_+ t \\ Z_2 = C_2 \sin \omega_- t + C_2' \cos \omega_- t \end{cases}$$

を得る。これより，X_1, X_2 を経て x_1, x_2 を得ることができる。このとき，ω_+ と ω_- を**固有角振動数**という。

例題6.5　**2 粒子系の振動**

等しい質量 m をもつ 2 つの粒子 1, 2 が，ばね定数 k と k' の 3 本のばね a, b, c で，図 6.2 のように直線状につながれている。

(1)　はじめ $t = 0$ のとき，粒子 2 がつり合いの位置に静止した状態で，粒子 1 がつり合いの位置から右向きに速さ v_0 で動き出した。その後の

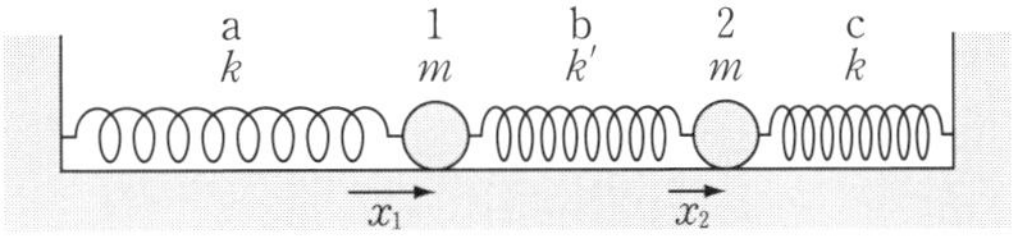

図6.2　2粒子系の振動

時刻 t における 2 粒子のつり合いの位置からの変位 x_1, x_2 を，固有角振動数 $\omega_\pm = \sqrt{|\lambda_\pm|}$ を用いて求めよ。ただし，$\lambda_\pm$ は (6.11) 式で与えられる固有値とする。

(2)　2 粒子をつないでいるばねが十分弱い ($k' \ll k$) 場合，粒子 1 と 2 の運動を考察せよ。その際，$\omega_+ = \omega_0 - \Delta\omega$, $\omega_- = \omega_0 + \Delta\omega$ とおいて，x_1, x_2 をそれぞれ三角関数の積の形に変形せよ。また，x_1, x_2 を縦軸に，t を横軸にとってグラフを描き，2 粒子の運動を説明せよ。

解

(1)　$m = m_1 = m_2, k = k_1 = k_3, k' = k_2$ より，$\kappa = \dfrac{k+k'}{m}$, $\kappa' = \dfrac{k'}{m}$

よって，$X_1 = \sqrt{m}x_1$, $X_2 = \sqrt{m}x_2$ に対する微分方程式は，

$$\begin{cases} \ddot{X}_1 = -\kappa X_1 + \kappa' X_2 \\ \ddot{X}_2 = \kappa' X_1 - \kappa X_2 \end{cases} \tag{6.12}$$

となる。係数行列 $A = \begin{pmatrix} -\kappa & \kappa' \\ \kappa' & -\kappa \end{pmatrix}$ の固有値は $\lambda_\pm = -\kappa \pm \kappa'$ となり，

対応する固有ベクトルは $\boldsymbol{f}_1 = \kappa' \begin{pmatrix} 1 \\ 1 \end{pmatrix}$, $\boldsymbol{f}_2 = \kappa' \begin{pmatrix} 1 \\ -1 \end{pmatrix}$ となり，直交行列は，

$$U = \frac{1}{\sqrt{2}} \begin{pmatrix} 1 & 1 \\ 1 & -1 \end{pmatrix}$$

で与えられる。したがって，$\begin{pmatrix} X_1 \\ X_2 \end{pmatrix} = U \begin{pmatrix} Z_1 \\ Z_2 \end{pmatrix}$ で与えられる Z_1, Z_2 の一般解は，$\omega_+ = \sqrt{|\lambda_+|}$, $\omega_- = \sqrt{|\lambda_-|}$ とおき，任意定数 C_1, C_1', C_2, C_2' を用いて，

$$\begin{cases} Z_1 = C_1 \sin \omega_+ t + C_1' \cos \omega_+ t \\ Z_2 = C_2 \sin \omega_- t + C_2' \cos \omega_- t \end{cases}$$

となる。これより，

$$\begin{cases} x_1 = \dfrac{1}{\sqrt{2m}}(C_1 \sin\omega_+ t + C_2 \sin\omega_- t + C_1' \cos\omega_+ t + C_2' \cos\omega_- t) \\ x_2 = \dfrac{1}{\sqrt{2m}}(C_1 \sin\omega_+ t - C_2 \sin\omega_- t + C_1' \cos\omega_+ t - C_2' \cos\omega_- t) \end{cases}$$

を得る。さらに微分すると，

$$\begin{cases} \dot{x}_1 = \dfrac{1}{\sqrt{2m}}(\omega_+ C_1 \cos\omega_+ t + \omega_- C_2 \cos\omega_- t - \omega_+ C_1' \sin\omega_+ t - \omega_- C_2' \sin\omega_- t) \\ \dot{x}_2 = \dfrac{1}{\sqrt{2m}}(\omega_+ C_1 \cos\omega_+ t - \omega_- C_2 \cos\omega_- t - \omega_+ C_1' \sin\omega_+ t + \omega_- C_2' \sin\omega_- t) \end{cases}$$

となるから，初期条件より，

$$0 = \frac{1}{\sqrt{2m}}(C_1' + C_2'),\ \ 0 = \frac{1}{\sqrt{2m}}(C_1' - C_2')$$

$$v_0 = \frac{1}{\sqrt{2m}}(\omega_+ C_1 + \omega_- C_2),\ \ 0 = \frac{1}{\sqrt{2m}}(\omega_+ C_1 - \omega_- C_2)$$

となる。よって，

$$C_1' = C_2' = 0,\ \ C_1 = \frac{v_0}{\omega_+}\sqrt{\frac{m}{2}},\ C_2 = \frac{v_0}{\omega_-}\sqrt{\frac{m}{2}}$$

を得る。こうして，

$$\begin{aligned} x_1 &= \underline{\frac{v_0}{2}\left(\frac{1}{\omega_+}\sin\omega_+ t + \frac{1}{\omega_-}\sin\omega_- t\right)} \\ x_2 &= \underline{\frac{v_0}{2}\left(\frac{1}{\omega_+}\sin\omega_+ t - \frac{1}{\omega_-}\sin\omega_- t\right)} \end{aligned} \qquad (6.13)$$

となる。

(2)　$k' \ll k$ のとき，$\kappa' \ll \kappa$ となるから，

$$\omega_\pm = \sqrt{\kappa \mp \kappa'} = \omega_0 \mp \Delta\omega$$

とおくと，$\Delta\omega \ll \omega_0$ となる。これらを (6.13) 式へ代入し，正弦関数の係数を $\dfrac{1}{\omega_\pm} \approx \dfrac{1}{\omega_0}$ と近似して，三角関数の和積公式を用いると，

$$\begin{aligned} x_1 &\approx \frac{v_0}{2\omega_0}\{\sin(\omega_0 - \Delta\omega)t + \sin(\omega_0 + \Delta\omega)t\} \\ &= \underline{\frac{v_0}{\omega_0}\cos(\Delta\omega \cdot t)\cdot\sin\omega_0 t} \end{aligned} \qquad (6.14)$$

同様にして，

$$x_2 \approx \underline{-\frac{v_0}{\omega_0}\sin(\Delta\omega \cdot t)\cdot\cos\omega_0 t} \qquad (6.15)$$

を得る。

(6.14), (6.15) 式において，$\cos(\Delta\omega \cdot t)$ と $\sin(\Delta\omega \cdot t)$ は，ゆっくりした振動を表し，$\sin\omega_0 t$ と $\cos\omega_0 t$ は，細かな振動の時間変化を表すことに注意すると，図 6.3 を描くことができる。これより，粒子 1 と 2 の振動は，次のようになることがわかる。

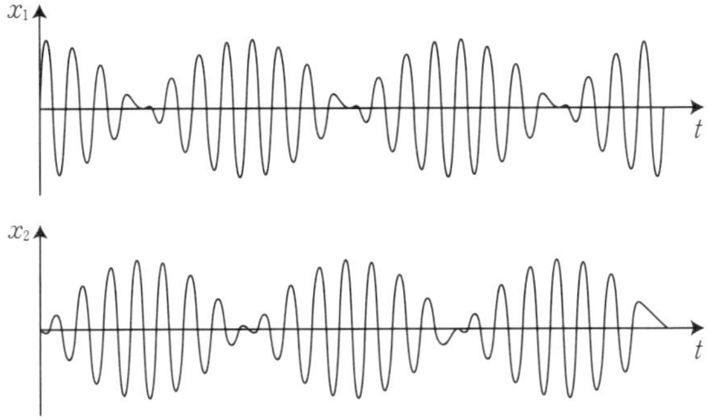

図6.3　うなり

まず粒子 1 が振動をはじめると，その振動がばね b を通して粒子 2 に伝えられ，粒子 2 は共鳴して大きな振幅で振動するようになる。そうすると，粒子 1 はエネルギーを失って振動の振幅は小さくなる。次にその逆が起こる。その結果，粒子 1 と 2 の振動により，交互に**うなり**現象が起きる。■

章末問題

6.1　6.1 節のラプラス変換の性質 (d) ($n = 2$ の場合)，および, (e) ~ (i) を証明せよ。

6.2　次の微分方程式をラプラス変換を用いて，与えられた初期条件のもとに解け。

(1)　$y'' + \omega^2 y = e^{ax}$　($x = 0$ のとき，$y = 0$，$y' = 0$)

(2)　$y'' - 2y' - 3y = e^{x}$　($x = 0$ のとき，$y = 1$，$y' = 1$)

6.3　電気容量 C の 3 個のコンデンサー，自己インダクタンス L の 2 個のコイルを用いて，図 6.4 に示す回路をつくり，コイルに流れる電流とコンデンサーに蓄えられる電荷を図 6.4 に示すようにとる。

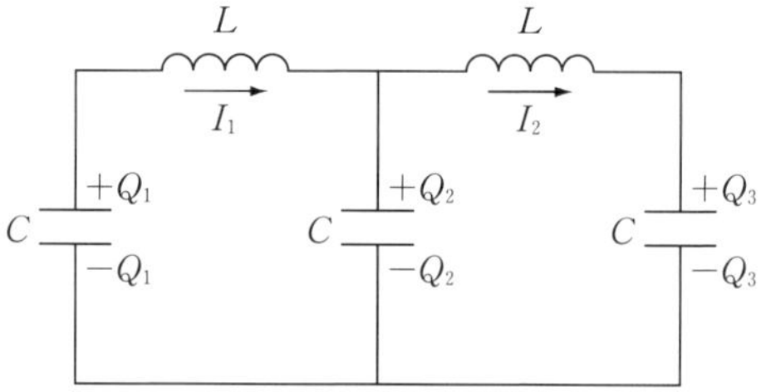

図6.4　自由度2のLC回路

(1)　この回路の回路方程式 (キルヒホッフの第 2 法則の式) をつくり，回路に生じる電気振動の固有角振動数 ω_1, ω_2 を求めよ。

(2)　初期条件を「$t = 0$ のとき, $Q_1 = Q_0, Q_2 = Q_3 = 0, I_1 = I_2 = 0$」として，時刻 t における I_1 と I_2 の表式を求めよ。

6.4　図 6.5 のように，等しい質量 m の 3 つの粒子が，等しいばね定数 k の 4 つのばねで直線的につながっている。このときの固有角振動数を求めよ。

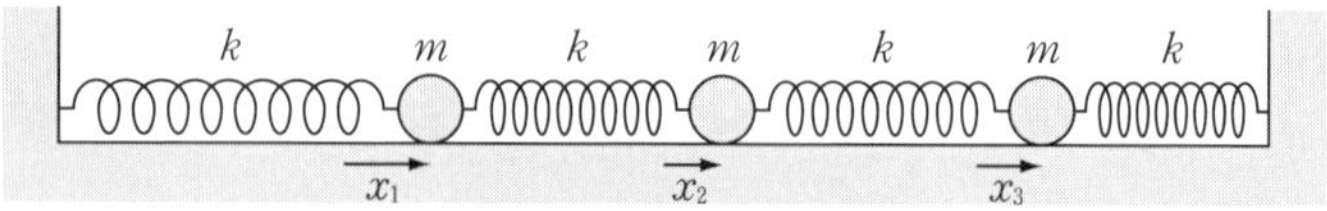

図6.5　自由度3の連成振動

第7章

電磁気学では，ベクトルの微分・積分が重要となる。そこで本章では，ベクトルの微分について丁寧に説明する。準備として，全微分に関して，熱力学を例に説明し，ベクトル関数の微分と偏微分について述べる。

ベクトルの微分
——電磁気学で役立つ数学

7.1 偏微分と全微分

全微分と合成関数の偏微分

3変数関数 $\varphi(x, y, z)$ において，

$$\mathrm{d}\varphi = \frac{\partial \varphi}{\partial x}\mathrm{d}x + \frac{\partial \varphi}{\partial y}\mathrm{d}y + \frac{\partial \varphi}{\partial z}\mathrm{d}x \tag{7.1}$$

を関数 $\varphi(x, y, z)$ の**全微分**という。全微分 $\mathrm{d}\varphi$ は，x, y, z の微小変化 $\mathrm{d}x$, $\mathrm{d}y$, $\mathrm{d}z$ に対する φ の微小変化を与えている。

例題7.1　合成関数の微分と偏微分

(1)　関数 $\varphi(x, y, z)$ において，x, y, z が変数 t に依存している場合，全微分の定義 (7.1) を用いて，合成関数の微分

$$\frac{\mathrm{d}\varphi}{\mathrm{d}t} = \frac{\partial \varphi}{\partial x}\frac{\mathrm{d}x}{\mathrm{d}t} + \frac{\partial \varphi}{\partial y}\frac{\mathrm{d}y}{\mathrm{d}t} + \frac{\partial \varphi}{\partial z}\frac{\mathrm{d}z}{\mathrm{d}t} \tag{7.2}$$

が成り立つことを示せ。

(2)　関数 $\varphi(x, y, z)$ において，x, y, z が2変数 u, v に依存して変化する場合，全微分の定義 (7.1) を用いて，合成関数の偏微分

$$\frac{\partial \varphi}{\partial u} = \frac{\partial \varphi}{\partial x}\frac{\partial x}{\partial u} + \frac{\partial \varphi}{\partial y}\frac{\partial y}{\partial u} + \frac{\partial \varphi}{\partial z}\frac{\partial z}{\partial u} \tag{7.3}$$

$$\frac{\partial\varphi}{\partial v}=\frac{\partial\varphi}{\partial x}\frac{\partial x}{\partial v}+\frac{\partial\varphi}{\partial y}\frac{\partial y}{\partial v}+\frac{\partial\varphi}{\partial z}\frac{\partial z}{\partial v} \tag{7.4}$$

が成り立つことを示せ。

解

(1)　関数 $\varphi(x, y, z)$ の全微分の式 (7.1) に，変数変換の式 $\mathrm{d}x=\frac{\mathrm{d}x}{\mathrm{d}t}\mathrm{d}t$, $\mathrm{d}y=\frac{\mathrm{d}y}{\mathrm{d}t}\mathrm{d}t$，$\mathrm{d}z=\frac{\mathrm{d}z}{\mathrm{d}t}\mathrm{d}t$ を代入すると，

$$\begin{aligned}\mathrm{d}\varphi&=\frac{\partial\varphi}{\partial x}\frac{\mathrm{d}x}{\mathrm{d}t}\mathrm{d}t+\frac{\partial\varphi}{\partial y}\frac{\mathrm{d}y}{\mathrm{d}t}\mathrm{d}t+\frac{\partial\varphi}{\partial z}\frac{\mathrm{d}z}{\mathrm{d}t}\mathrm{d}t\\&=\left(\frac{\partial\varphi}{\partial x}\frac{\mathrm{d}x}{\mathrm{d}t}+\frac{\partial\varphi}{\partial y}\frac{\mathrm{d}y}{\mathrm{d}t}+\frac{\partial\varphi}{\partial z}\frac{\mathrm{d}z}{\mathrm{d}t}\right)\mathrm{d}t\end{aligned}$$

となる。一方，関数 φ は変数 t の関数だから，$\mathrm{d}\varphi=\frac{\mathrm{d}\varphi}{\mathrm{d}t}\mathrm{d}t$ と表される。これより (7.2) 式を得る。

(2)　関数 $\varphi(x, y, z)$，$x(u, v)$，$y(u, v)$，$z(u, v)$ に全微分の式 (7.1) を用いると，

$$\mathrm{d}\varphi=\frac{\partial\varphi}{\partial x}\mathrm{d}x+\frac{\partial\varphi}{\partial y}\mathrm{d}y+\frac{\partial\varphi}{\partial z}\mathrm{d}z$$

$$\mathrm{d}x=\frac{\partial x}{\partial u}\mathrm{d}u+\frac{\partial x}{\partial v}\mathrm{d}v,\quad \mathrm{d}y=\frac{\partial y}{\partial u}\mathrm{d}u+\frac{\partial y}{\partial v}\mathrm{d}v,\quad \mathrm{d}z=\frac{\partial z}{\partial u}\mathrm{d}u+\frac{\partial z}{\partial v}\mathrm{d}v$$

と書ける。ここで，後者3式を最初の式へ代入すると，

$$\begin{aligned}&\mathrm{d}\varphi\\&=\frac{\partial\varphi}{\partial x}\left(\frac{\partial x}{\partial u}\mathrm{d}u+\frac{\partial x}{\partial v}\mathrm{d}v\right)+\frac{\partial\varphi}{\partial y}\left(\frac{\partial y}{\partial u}\mathrm{d}u+\frac{\partial y}{\partial v}\mathrm{d}v\right)+\frac{\partial\varphi}{\partial z}\left(\frac{\partial z}{\partial u}\mathrm{d}u+\frac{\partial z}{\partial v}\mathrm{d}v\right)\\&=\left(\frac{\partial\varphi}{\partial x}\frac{\partial x}{\partial u}+\frac{\partial\varphi}{\partial y}\frac{\partial y}{\partial u}+\frac{\partial\varphi}{\partial z}\frac{\partial z}{\partial u}\right)\mathrm{d}u+\left(\frac{\partial\varphi}{\partial x}\frac{\partial x}{\partial v}+\frac{\partial\varphi}{\partial y}\frac{\partial y}{\partial v}+\frac{\partial\varphi}{\partial z}\frac{\partial z}{\partial v}\right)\mathrm{d}v\end{aligned}$$

となるが，φ は変数 u, v の関数と考えられるから，

$$\mathrm{d}\varphi=\frac{\partial\varphi}{\partial u}\mathrm{d}u+\frac{\partial\varphi}{\partial v}\mathrm{d}v$$

と表される。これより，(7.3)，(7.4) 式が成り立つことがわかる。■

熱力学と偏微分

一般的に，ある決まった量の気体や液体の圧力 p，体積 V，絶対温度（以後，単に温度という）T の間には，関数関係

$$f(p, V, T)=0 \tag{7.5}$$

が成り立つ。p, V, T などは，気体や液体の状態を表す量であるから，**状態量**と呼ばれ，一般に，(7.5) 式を**状態方程式**という。そうすると，たとえば温度 T は，圧力 p と体積 V の 2 変数関数として，

$$T = T(p, V)$$

と表される。したがって，p と V がそれぞれ $\mathrm{d}p$，$\mathrm{d}V$ だけ微小変化したとき，T の変化量は，全微分

$$\mathrm{d}T = \left(\frac{\partial T}{\partial p}\right)_V \mathrm{d}p + \left(\frac{\partial T}{\partial V}\right)_p \mathrm{d}V$$

で表される。ここで，$\left(\frac{\partial T}{\partial p}\right)_V$ は，独立変数として p と V をとり，V を一定にして圧力 p を変化させたとき，従属変数としての温度 T の変化を表している。$\left(\frac{\partial T}{\partial V}\right)_p$ も同様に，p と V が独立変数であり，p を一定にして V を変化させたときの T の変化を表す。このように，熱力学では，何と何を独立変数としてとり，何を一定にしたときの変化であるかを明確にするために，下付きの添え字 V や p などをつけて表す。

例題7.2　熱力学第 1 法則と定積熱容量，定圧熱容量

気体や液体の内部エネルギーを U とする。2 つの独立な状態変数として温度 T と体積 V を選ぶと，$U = U(T, V)$ となる。また，外部から加えられる微小な熱量を $\mathrm{d}'Q$ と書く。ここで，$\mathrm{d}Q$ と書かないで $\mathrm{d}'Q$ と書くのは，外部から加えられる熱量は気体などの状態とは関係なしに自由に加えることのできる量であり，状態量の微小変化でないためである。このとき，熱力学第 1 法則は，

$$\mathrm{d}U = \mathrm{d}'Q - p\mathrm{d}V \tag{7.6}$$

と表される。

(1)　体積 V を一定に保って微小量の熱 $\mathrm{d}'Q$ を加えたら温度が $\mathrm{d}T$ だけ上昇したとするとき，これらの比を**定積熱容量**という。定積熱容量が，

$$C_V = \frac{\mathrm{d}'Q}{\mathrm{d}T} = \left(\frac{\partial U}{\partial T}\right)_V \tag{7.7}$$

で与えられることを導け。

(2)　圧力 p を一定に保って微小量の熱 $\mathrm{d}'Q$ を加えたら温度が $\mathrm{d}T$ だけ上昇したとするとき，これらの比を**定圧熱容量**という。定圧熱容量が，

$$C_p = \frac{\mathrm{d}'Q}{\mathrm{d}T} = \left(\frac{\partial U}{\partial T}\right)_V + \left\{\left(\frac{\partial U}{\partial V}\right)_T + p\right\}\left(\frac{\partial V}{\partial T}\right)_p \tag{7.8}$$

で与えられることを導け。

また，1 mol（モル）の理想気体の場合，C_p はどのように表されるか。気体定数を R とする。

解

(1)　内部エネルギー $U = U(T, V)$ の全微分

$$\mathrm{d}U = \left(\frac{\partial U}{\partial T}\right)_V \mathrm{d}T + \left(\frac{\partial U}{\partial V}\right)_T \mathrm{d}V$$

を，(7.6) 式へ代入すると，

$$\mathrm{d}'Q = \left(\frac{\partial U}{\partial T}\right)_V \mathrm{d}T + \left\{\left(\frac{\partial U}{\partial V}\right)_T + p\right\}\mathrm{d}V \tag{7.9}$$

となる。ここで，$V =$ 一定 であることから，(7.7) 式を得る。

(2)　V の全微分は，

$$\mathrm{d}V = \left(\frac{\partial V}{\partial T}\right)_p \mathrm{d}T + \left(\frac{\partial V}{\partial p}\right)_T \mathrm{d}p$$

と書けるから，$p =$ 一定のとき，$\mathrm{d}V = \left(\frac{\partial V}{\partial T}\right)_p \mathrm{d}T$ となる。これを (7.9) 式へ代入して，

$$\mathrm{d}'Q = \left[\left(\frac{\partial U}{\partial T}\right)_V + \left\{\left(\frac{\partial U}{\partial V}\right)_T + p\right\}\left(\frac{\partial V}{\partial T}\right)_p\right]\mathrm{d}T$$

となる。これより，(7.8) 式を得る。

理想気体では，内部エネルギーは温度 T のみで決まることから，$\left(\frac{\partial U}{\partial V}\right)_T = 0$ である。また，1 mol の理想気体の状態方程式 $pV = RT$ より，$\left(\frac{\partial V}{\partial T}\right)_p = \frac{R}{p}$ となるから，(7.7)，(7.8) 式を用いて，

$$C_p = \underline{C_V + R} \tag{7.10}$$

となる。(7.10) 式は，**マイヤーの関係式**と呼ばれている。■

7.2　ベクトル関数の微分

質点の位置は位置ベクトルで与えられるから，質点の運動を考察するには，時間 t の関数で表される位置ベクトル $\boldsymbol{r}(t)$ を調べる必要がある。位置ベクトルのように，独立変数 t の関数であるベクトルを**ベクトル関数**という。

基本ベクトル $\boldsymbol{i}$, $\boldsymbol{j}$, $\boldsymbol{k}$ を用いて，

$$\boldsymbol{a}(t) = a_x(t)\boldsymbol{i} + a_y(t)\boldsymbol{j} + a_z(t)\boldsymbol{k}$$

すなわち，

$$\boldsymbol{a}(t) = (a_x(t),\ a_y(t),\ a_z(t))$$

と表されるベクトル関数 $\boldsymbol{a}(t)$ を考えよう。

$\boldsymbol{a}(t)$ が独立変数 t に関して連続であるとは，各成分 $a_x(t)$，$a_y(t)$，$a_z(t)$ が連続であることである。ベクトル関数 $\boldsymbol{a}(t)$ の導関数は，

$$\frac{\mathrm{d}\boldsymbol{a}}{\mathrm{d}t} = \lim_{\Delta t \to 0}\frac{\boldsymbol{a}(t+\Delta t) - \boldsymbol{a}(t)}{\Delta t}$$

で定義され，$\dfrac{\mathrm{d}\boldsymbol{a}}{\mathrm{d}t}$ は $\boldsymbol{a}'$ とも表される。また，$\dfrac{\mathrm{d}\boldsymbol{a}}{\mathrm{d}t}$ は，

$$\frac{\mathrm{d}\boldsymbol{a}}{\mathrm{d}t} = \frac{\mathrm{d}a_x}{\mathrm{d}t}\boldsymbol{i} + \frac{\mathrm{d}a_y}{\mathrm{d}t}\boldsymbol{j} + \frac{\mathrm{d}a_z}{\mathrm{d}t}\boldsymbol{k}$$

となる。一般に n を自然数とするとき，n 階の導関数は，

$$\frac{\mathrm{d}^n\boldsymbol{a}}{\mathrm{d}t^n} = \frac{\mathrm{d}^n a_x}{\mathrm{d}t^n}\boldsymbol{i} + \frac{\mathrm{d}^n a_y}{\mathrm{d}t^n}\boldsymbol{j} + \frac{\mathrm{d}^n a_z}{\mathrm{d}t^n}\boldsymbol{k}$$

となる。すなわち，ベクトル関数を微分するとは，ベクトルの各成分を微分することである。

例題7.3　**内積と外積の微分**

次式が成り立つことを示せ。

(1)　$(\boldsymbol{a}\cdot\boldsymbol{b})' = \boldsymbol{a}'\cdot\boldsymbol{b} + \boldsymbol{a}\cdot\boldsymbol{b}'$　(7.11)

(2)　$(\boldsymbol{a}\times\boldsymbol{b})' = \boldsymbol{a}'\times\boldsymbol{b} + \boldsymbol{a}\times\boldsymbol{b}'$　(7.12)

解　$\boldsymbol{a} = (a_x, a_y, a_z)$，$\boldsymbol{b} = (b_x, b_y, b_z)$ とする。

(1)
$$\begin{aligned}(\boldsymbol{a}\cdot\boldsymbol{b})' &= (a_xb_x + a_yb_y + a_zb_z)' \\ &= (a_x'b_x + a_y'b_y + a_z'b_z) + (a_xb_x' + a_yb_y' + a_zb_z') \\ &= \boldsymbol{a}'\cdot\boldsymbol{b} + \boldsymbol{a}\cdot\boldsymbol{b}'\end{aligned}$$

(2)　$$(\boldsymbol{a}\times\boldsymbol{b})'=\left(\begin{vmatrix} a_y & a_z \\ b_y & b_z \end{vmatrix}\boldsymbol{i}+\begin{vmatrix} a_z & a_x \\ b_z & b_x \end{vmatrix}\boldsymbol{j}+\begin{vmatrix} a_x & a_y \\ b_x & b_y \end{vmatrix}\boldsymbol{k}\right)'$$
$$=\left(\begin{vmatrix} a_y' & a_z' \\ b_y & b_z \end{vmatrix}\boldsymbol{i}+\begin{vmatrix} a_z' & a_x' \\ b_z & b_x \end{vmatrix}\boldsymbol{j}+\begin{vmatrix} a_x' & a_y' \\ b_x & b_y \end{vmatrix}\boldsymbol{k}\right)$$
$$+\left(\begin{vmatrix} a_y & a_z \\ b_y' & b_z' \end{vmatrix}\boldsymbol{i}+\begin{vmatrix} a_z & a_x \\ b_z' & b_x' \end{vmatrix}\boldsymbol{j}+\begin{vmatrix} a_x & a_y \\ b_x' & b_y' \end{vmatrix}\boldsymbol{k}\right)$$
$$=\boldsymbol{a}'\times\boldsymbol{b}+\boldsymbol{a}\times\boldsymbol{b}'$$

となる。ここで,

$$\begin{vmatrix} a_y & a_z \\ b_y & b_z \end{vmatrix}'=(a_yb_z-a_zb_y)'=(a_y'b_z-a_z'b_y)+(a_yb_z'-a_zb_y')$$
$$=\begin{vmatrix} a_y' & a_z' \\ b_y & b_z \end{vmatrix}+\begin{vmatrix} a_y & a_z \\ b_y' & b_z' \end{vmatrix}$$

であることを用いた。■

ベクトル関数の偏微分

ベクトル関数 $\boldsymbol{a}$ が2変数 u と v の関数であるとき, $\boldsymbol{a}(u, v)$ の u に関する偏導関数は,

$$\frac{\partial\boldsymbol{a}}{\partial u}=\lim_{\Delta u\to 0}\frac{\boldsymbol{a}(u+\Delta u, v)-\boldsymbol{a}(u, v)}{\Delta u}$$

で定義され, v に関する偏導関数も同様である。$\boldsymbol{a}=(a_x, a_y, a_z)$ とすると, 1階の偏導関数は,

$$\frac{\partial\boldsymbol{a}}{\partial u}=\frac{\partial a_x}{\partial u}\boldsymbol{i}+\frac{\partial a_y}{\partial u}\boldsymbol{j}+\frac{\partial a_z}{\partial u}\boldsymbol{k}$$

2階の偏導関数は,

$$\frac{\partial^2\boldsymbol{a}}{\partial u^2}=\frac{\partial^2 a_x}{\partial u^2}\boldsymbol{i}+\frac{\partial^2 a_y}{\partial u^2}\boldsymbol{j}+\frac{\partial^2 a_z}{\partial u^2}\boldsymbol{k}$$
$$\frac{\partial^2\boldsymbol{a}}{\partial u\partial v}=\frac{\partial^2 a_x}{\partial u\partial v}\boldsymbol{i}+\frac{\partial^2 a_y}{\partial u\partial v}\boldsymbol{j}+\frac{\partial^2 a_z}{\partial u\partial v}\boldsymbol{k}$$

などと表される。すなわち, ベクトル関数を偏微分するとは, 各成分を偏微分することである。

また, $\dfrac{\partial^2\boldsymbol{a}}{\partial u\partial v}$ と $\dfrac{\partial^2\boldsymbol{a}}{\partial v\partial u}$ が連続ならば, 微分の順序を交換することができ,

$$\frac{\partial^2 \boldsymbol{a}}{\partial u \partial v} = \frac{\partial^2 \boldsymbol{a}}{\partial v \partial u}$$

となる。

スカラー場とベクトル場，スカラー場の勾配

空間内に，位置 (x, y, z) の関数としてスカラー関数 $\varphi(x, y, z)$ が与えられるとき，φ を**スカラー場**という。同様に，空間内に位置 (x, y, z) の関数としてベクトル関数 $\boldsymbol{A}(x, y, z)$ が与えられるとき，$\boldsymbol{A}$ を**ベクトル場**という。スカラー場 φ に対して，

$$\mathrm{grad}\varphi = \frac{\partial \varphi}{\partial x}\boldsymbol{i} + \frac{\partial \varphi}{\partial y}\boldsymbol{j} + \frac{\partial \varphi}{\partial z}\boldsymbol{k} \tag{7.13}$$

で定義されるベクトル場 $\mathrm{grad}\varphi$ をスカラー場 φ の勾配という。grad は，**グラディエント**と読む。$\mathrm{grad}\varphi$ は，φ に微分演算子

$$\nabla = \boldsymbol{i}\frac{\partial}{\partial x} + \boldsymbol{j}\frac{\partial}{\partial y} + \boldsymbol{k}\frac{\partial}{\partial z} \tag{7.14}$$

を施したものと考えることができる。すなわち，

$$\mathrm{grad}\varphi = \nabla\varphi = \frac{\partial \varphi}{\partial x}\boldsymbol{i} + \frac{\partial \varphi}{\partial y}\boldsymbol{j} + \frac{\partial \varphi}{\partial z}\boldsymbol{k}$$

である。∇はハミルトンの演算子と呼ばれ，**ナブラ**と読む。

例題7.4　**スカラー場の勾配**

$\boldsymbol{r} = x\boldsymbol{i} + y\boldsymbol{j} + z\boldsymbol{k}$，$|\boldsymbol{r}| = r = \sqrt{x^2+y^2+z^2}$ とおくとき，次のスカラー場 $\varphi(x, y, z)$ の勾配を求めよ。

(1)　$\varphi(x, y, z) = r^2$

(2)　$\varphi(x, y, z) = r$

解

(1)　$\nabla\varphi = 2x\boldsymbol{i} + 2y\boldsymbol{j} + 2z\boldsymbol{k} = \underline{2\boldsymbol{r}}$

(2)　合成関数の微分公式を用いて，

$$\frac{\partial r}{\partial x} = \frac{\partial}{\partial x}\sqrt{x^2+y^2+z^2} = \frac{1}{2}\frac{2x}{\sqrt{x^2+y^2+z^2}} = \frac{x}{r}$$

同様に，

$$\frac{\partial r}{\partial y} = \frac{y}{r},\quad \frac{\partial r}{\partial z} = \frac{z}{r}$$

となるから，

$$\nabla\varphi = \frac{\boldsymbol{r}}{r} \tag{7.15}$$

となる。■

スカラー場の方向微分係数

図7.1のように，スカラー場 φ をもつ空間内の点 $\mathrm{P}(x, y, z)$ における任意の単位ベクトル $\boldsymbol{u} = u_x\boldsymbol{i} + u_y\boldsymbol{j} + u_z\boldsymbol{k}$ に対して，$\boldsymbol{u}$ の方向への変化

$$\frac{\mathrm{d}\varphi}{\mathrm{d}u} = \lim_{s\to 0}\frac{\varphi(x+u_xs, y+u_ys, z+u_zs)-\varphi(x, y, z)}{s} \tag{7.16}$$

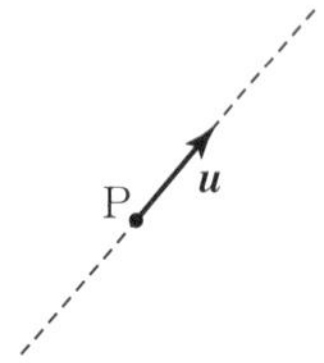

図7.1　方向微分係数

を，Pにおける $\boldsymbol{u}$ の方向への φ の**方向微分係数**という。(7.16) 式は，

$$\frac{\mathrm{d}\varphi}{\mathrm{d}u} = \lim_{s\to 0}\frac{\varphi(x+u_xs, y, z)-\varphi(x, y, z)}{s} + \lim_{s\to 0}\frac{\varphi(x+u_xs, y+u_ys, z)-\varphi(x+u_xs, y, z)}{s} + \lim_{s\to 0}\frac{\varphi(x+u_xs, y+u_ys, z+u_zs)-\varphi(x+u_xs, y+u_ys, z)}{s}$$

と書けるから，$u_xs = \Delta x$, $u_ys = \Delta y$, $u_zs = \Delta z$ とおくと，

$$\begin{aligned}\frac{\mathrm{d}\varphi}{\mathrm{d}u} &= u_x\cdot\lim_{\Delta x\to 0}\frac{\varphi(x+\Delta x, y, z)-\varphi(x, y, z)}{\Delta x} \\ &\quad + u_y\cdot\lim_{\Delta y\to 0}\frac{\varphi(x+\Delta x, y+\Delta y, z)-\varphi(x+\Delta x, y, z)}{\Delta y} \\ &\quad + u_z\cdot\lim_{\Delta z\to 0}\frac{\varphi(x+\Delta x, y+\Delta y, z+\Delta z)-\varphi(x+\Delta x, y+\Delta y, z)}{\Delta z} \\ &= u_x\frac{\partial\varphi}{\partial x} + u_y\frac{\partial\varphi}{\partial y} + u_z\frac{\partial\varphi}{\partial z} \\ &= \boldsymbol{u}\cdot\nabla\varphi \end{aligned} \tag{7.17}$$

となる。これより，方向微分係数 $\dfrac{\mathrm{d}\varphi}{\mathrm{d}u}$ は，$\mathrm{grad}\varphi = \nabla\varphi$ の $\boldsymbol{u}$ 方向成分であることがわかる。

スカラー場 φ において，

$$\varphi(x, y, z) = c \quad (\text{定数})$$

で表される図形は曲面であり，これを**等位面**という。

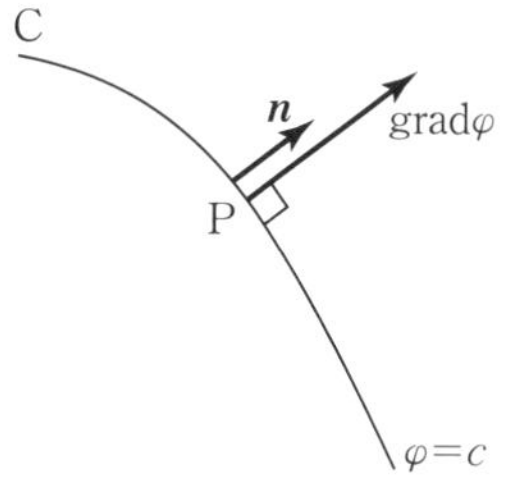

図7.2　スカラー場の勾配と等位面

例題7.5　**スカラー場の勾配と等位面**

図7.2のように，スカラー場φにおいて，$\mathrm{grad}\varphi \neq 0$である点$\mathrm{P}(x, y, z)$で，$\mathrm{grad}\varphi$は点Pを通る等位面に垂直であり，

$$\mathrm{grad}\varphi = \frac{\mathrm{d}\varphi}{\mathrm{d}n}\boldsymbol{n} \qquad (7.18)$$

と表されることを示せ。ここで，$\boldsymbol{n}$は等位面C上の点Pにおける単位法線ベクトルである。

解　点$\mathrm{P}(x, y, z)$を通る等位面$\varphi(x, y, z) = c$（cは定数）上の任意の曲線Cを，tをパラメーターとして$x = x(t)$, $y = y(t)$, $z = z(t)$と表すことにする。このとき，

$$\varphi(x(t), y(t), z(t)) = c \qquad (7.19)$$

である。(7.19)式の両辺をtで微分すると，

$$\frac{\mathrm{d}\varphi}{\mathrm{d}t} = \frac{\partial\varphi}{\partial x}\frac{\mathrm{d}x}{\mathrm{d}t} + \frac{\partial\varphi}{\partial y}\frac{\mathrm{d}y}{\mathrm{d}t} + \frac{\partial\varphi}{\partial z}\frac{\mathrm{d}z}{\mathrm{d}t} = 0 \qquad (7.20)$$

となる。ここで，$\boldsymbol{r} = x\boldsymbol{i} + y\boldsymbol{j} + z\boldsymbol{k}$として，$\dfrac{\mathrm{d}\boldsymbol{r}}{\mathrm{d}t} = \dfrac{\mathrm{d}x}{\mathrm{d}t}\boldsymbol{i} + \dfrac{\mathrm{d}y}{\mathrm{d}t}\boldsymbol{j} + \dfrac{\mathrm{d}z}{\mathrm{d}t}\boldsymbol{k}$は，曲線Cの接線ベクトルであり，等位面$\varphi(x, y, z) = c$の接ベクトルである。(7.20)式は，

$$\mathrm{grad}\varphi \cdot \frac{\mathrm{d}\boldsymbol{r}}{\mathrm{d}t} = 0$$

と表されるから，$\mathrm{grad}\varphi$は点Pを通る等位面に垂直である。

(7.17)式で$\boldsymbol{u}$を単位法線ベクトル$\boldsymbol{n}$とおくと，

$$\frac{\mathrm{d}\varphi}{\mathrm{d}n} = \boldsymbol{n}\cdot\mathrm{grad}\varphi = |\mathrm{grad}\varphi|$$

となる。$\dfrac{\mathrm{d}\varphi}{\mathrm{d}n}\boldsymbol{n}$は，単位法線ベクトル$\boldsymbol{n}$の向きの大きさ$|\mathrm{grad}\varphi|$のベクトルであることから，(7.18)式を得る。■

例題7.6　**方向微分係数**

スカラー場$\varphi(x, y, z) = 2xy^2z + xz^2$において，点$\mathrm{P}(1, 1, 1)$での単位ベクトル$\boldsymbol{u} = \dfrac{1}{2}\boldsymbol{i} + \dfrac{1}{2}\boldsymbol{j} - \dfrac{1}{\sqrt{2}}\boldsymbol{k}$方向への方向微分係数を求めよ。

解

$$\mathrm{grad}\varphi = \nabla\varphi = (2y^2 z + z^2)\boldsymbol{i} + 4xyz\boldsymbol{j} + (2xy^2 + 2xz)\boldsymbol{k}$$

より，点 P(1, 1, 1) では，

$$\nabla\varphi|_{\mathrm{P}} = 3\boldsymbol{i} + 4\boldsymbol{j} + 4\boldsymbol{k}$$

よって，

$$\left.\frac{\mathrm{d}\varphi}{\mathrm{d}u}\right|_{\mathrm{P}} = \boldsymbol{u}\cdot\nabla\varphi|_{\mathrm{P}} = \frac{3}{2} + 2 - 2\sqrt{2} = \underline{\frac{7}{2} - 2\sqrt{2}}$$

となる。■

静電場と静電ポテンシャル

今，ある点に単位電荷をおいたとき，それにはたらく静電気力をその点の**静電場**といい，その点で単位電荷がもつポテンシャルエネルギーを**静電ポテンシャル**（あるいは**電位**）という。ある点での静電場 $\boldsymbol{E}(x, y, z)$ と静電ポテンシャル $\phi(x, y, z)$ の間には，

$$\boldsymbol{E} = -\mathrm{grad}\phi \tag{7.21}$$

の関係が成り立つ。

例題7.7　点電荷による静電場と静電ポテンシャル

原点に点電荷 Q が静止しているとき（図 7.3），位置ベクトル $\boldsymbol{r} = x\boldsymbol{i} + y\boldsymbol{j} + z\boldsymbol{k}$ の点 P の静電ポテンシャルは，

$$\phi(x, y, z) = \frac{1}{4\pi\varepsilon_0}\frac{Q}{r}$$

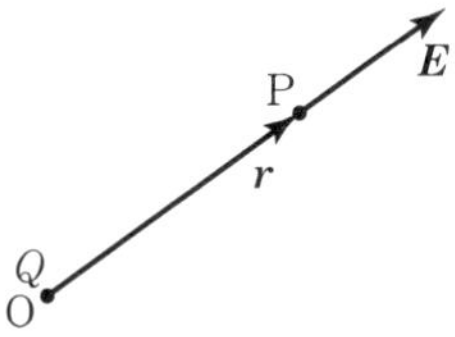

図7.3　点電荷による静電場と静電ポテンシャル

で与えられる。ここで，$r = |\boldsymbol{r}| = \sqrt{x^2+y^2+z^2}$ であり，ε_0 は真空の誘電率である。これより，点 P での静電場 $\boldsymbol{E}(x, y, z)$ を求めよ。

解　合成関数の微分公式を用いて，

$$\frac{\partial}{\partial x}\left(\frac{1}{r}\right) = \frac{\partial r}{\partial x}\cdot\frac{\partial}{\partial r}\left(\frac{1}{r}\right)$$

$$= \frac{1}{2}\frac{2x}{\sqrt{x^2+y^2+z^2}}\left(-\frac{1}{r^2}\right)$$

$$= -\frac{x}{r^3}$$

同様に，

$$\frac{\partial}{\partial y}\left(\frac{1}{r}\right) = -\frac{y}{r^3},\ \frac{\partial}{\partial z}\left(\frac{1}{r}\right) = -\frac{z}{r^3}$$

となるから，

$$\boldsymbol{E}(x, y, z) = -\mathrm{grad}\phi = \underline{\frac{1}{4\pi\varepsilon_0}\frac{Q}{r^3}\boldsymbol{r}} \tag{7.22}$$

となる。■

静電場の表式 (7.22) は，次のように，クーロンの法則から導くこともできる。

図 7.4 のように，距離 r だけ離れた 2 点 O，P に静止している点電荷 Q, q の間には，

$$F = \frac{1}{4\pi\varepsilon_0}\frac{Qq}{r^2} \tag{7.23}$$

の力がはたらく。ここで，$F > 0$ のとき斥力であり，$F < 0$ のとき引力である。これを静電気に関する**クーロンの法則**という。今，点 O を基準とした点 P の位置ベクトルを $\boldsymbol{r}(|\boldsymbol{r}| = r)$ とすると，(7.23) 式は，

$$\boldsymbol{F} = \frac{1}{4\pi\varepsilon_0}\frac{Qq}{r^3}\boldsymbol{r} \tag{7.24}$$

と表される。

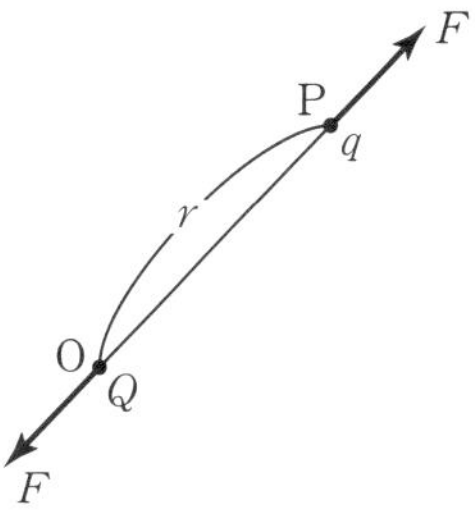

図7.4　クーロンの法則

点 P に静止している点電荷 q に静電気力 $\boldsymbol{F}$ がはたらくとき (図 7.5)，点 P の静電場は，

$$\boldsymbol{E} = \frac{\boldsymbol{F}}{q} \tag{7.25}$$

で定義される。(7.24)，(7.25) 式より，点 P の静電場の表式 (7.22) を得る。

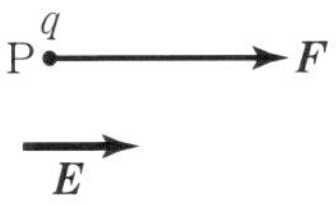

図7.5　静電場の定義

7.3　ベクトル場の発散と回転

図 7.6 のように，各点のベクトル場 $\boldsymbol{A}$ を，その向きにつないだ曲線を $\boldsymbol{A}$ の**流線**という。1 つの流線 C 上の各点のベクトル場は，C の接線の向きである。**流線の数密度は，ベクトル場の大きさ $|\boldsymbol{A}|$ に等しい**とする。し

たがって，点 $\mathrm{P}(x, y, z)$ のベクトル場を $\boldsymbol{A} = A_x\boldsymbol{i} + A_y\boldsymbol{j} + A_z\boldsymbol{k}$ とするとき，点 P で x, y, z 方向に垂直な面を貫く流線の数密度は，それぞれ A_x, A_y, A_z である。

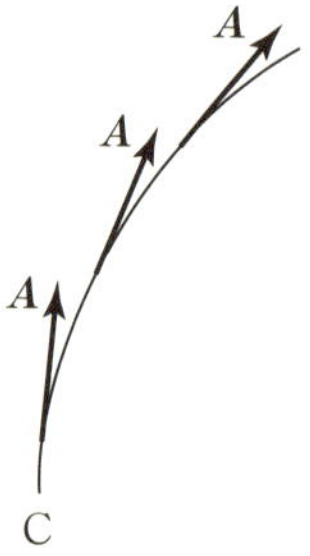

図7.6　ベクトル場と流線

ベクトル場の発散

ベクトル場 $\boldsymbol{A} = A_x\boldsymbol{i} + A_y\boldsymbol{j} + A_z\boldsymbol{k}$ に対して，

$$\mathrm{div}\boldsymbol{A} = \frac{\partial A_x}{\partial x} + \frac{\partial A_y}{\partial y} + \frac{\partial A_z}{\partial z} \qquad (7.26)$$

で定義されるスカラー場 $\mathrm{div}\boldsymbol{A}$ を $\boldsymbol{A}$ の**発散**という。div はダイバージェンスと読む。(7.26) 式は，ハミルトンの演算子∇を用いて，

$$\mathrm{div}\boldsymbol{A} = \nabla\cdot\boldsymbol{A}$$

とも表される。

図 7.7 のように，点 $\mathrm{P}(x, y, z)$ のベクトル場を，

$$\boldsymbol{A}(x, y, z) = A_x(x, y, z)\boldsymbol{i} + A_y(x, y, z)\boldsymbol{j} + A_z(x, y, z)\boldsymbol{k}$$

とし，点 $\mathrm{P}(x, y, z)$ を中心とした各稜の長さ Δx, Δy, Δz の平行六面体の各面の中心点を，

$$\mathrm{P}_1\left(x + \frac{1}{2}\Delta x, y, z\right),\ \mathrm{P}_2\left(x - \frac{1}{2}\Delta x, y, z\right),\ \mathrm{P}_3\left(x, y + \frac{1}{2}\Delta y, z\right)$$

$$\mathrm{P}_4\left(x, y - \frac{1}{2}\Delta y, z\right),\ \mathrm{P}_5\left(x, y, z + \frac{1}{2}\Delta z\right),\ \mathrm{P}_6\left(x, y, z - \frac{1}{2}\Delta z\right)$$

とする。このとき，通常の関数のべき級数展開と同様に，点 P_1, P_2 のベクトル場の x 成分は，Δx, Δy, Δz の 1 次の項までで，

$$A_x\left(x \pm \frac{1}{2}\Delta x, y, z\right) \approx A_x(x, y, z) \pm \frac{1}{2}\frac{\partial A_x}{\partial x}\Delta x \qquad (7.27)$$

点 P_3, P_4 のベクトル場の y 成分は，

$$A_y\left(x, y \pm \frac{1}{2}\Delta y, z\right) \approx A_y(x, y, z) \pm \frac{1}{2}\frac{\partial A_y}{\partial y}\Delta y \qquad (7.28)$$

点 P_5, P_6 のベクトル場の z 成分は，

$$A_z\left(x, y, z \pm \frac{1}{2}\Delta z\right) \approx A_z(x, y, z) \pm \frac{1}{2}\frac{\partial A_z}{\partial z}\Delta z \qquad (7.29)$$

と展開される。

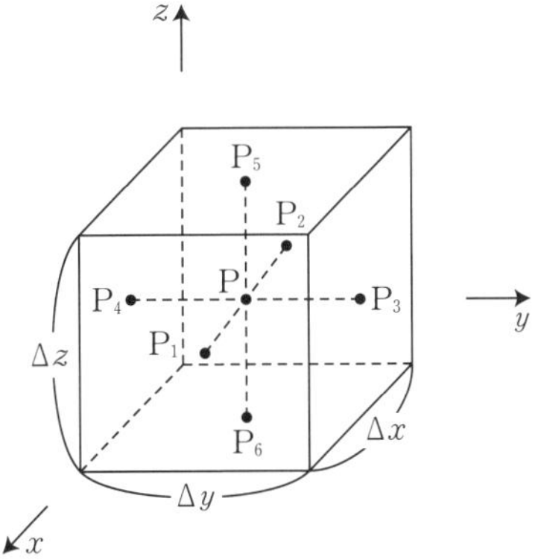

図7.7　平行六面体とベクトル場

例題7.8　**流線の湧き出し**

上で考えた平行六面体から湧き出る流線の数を求めることにより，点 $P(x, y, z)$ から湧き出すベクトル場 $\boldsymbol{A}(x, y, z)$ の流線の数が (7.26) 式で与えられることを示せ。

解　平行六面体から湧き出す流線の数は，

$$\Delta N \approx \left\{A_x\left(x+\frac{1}{2}\Delta x, y, z\right) - A_x\left(x-\frac{1}{2}\Delta x, y, z\right)\right\}\Delta y\Delta z$$
$$+\left\{A_y\left(x, y+\frac{1}{2}\Delta y, z\right) - A_y\left(x, y-\frac{1}{2}\Delta y, z\right)\right\}\Delta x\Delta z$$
$$+\left\{A_z\left(x, y, z+\frac{1}{2}\Delta z\right) - A_z\left(x, y, z-\frac{1}{2}\Delta z\right)\right\}\Delta x\Delta y$$

となる。ここで，展開式 (7.27) ～ (7.29) を用いると，

$$\Delta N \approx \left(\frac{\partial A_x}{\partial x}+\frac{\partial A_y}{\partial y}+\frac{\partial A_z}{\partial z}\right)\Delta x\Delta y\Delta z$$

となるから，点 $P(x, y, z)$ から湧き出すベクトル場 $\boldsymbol{A}(x, y, z)$ の流線の数は，

$$\lim_{\Delta x\Delta y\Delta z\to 0}\frac{\Delta N}{\Delta x\Delta y\Delta z} = \frac{\partial A_x}{\partial x}+\frac{\partial A_y}{\partial y}+\frac{\partial A_z}{\partial z} = \mathrm{div}\boldsymbol{A}$$

となる。■

スカラー場 φ に対して，

$$\mathrm{div}(\mathrm{grad}\varphi) = \nabla\cdot(\nabla\varphi) = \nabla^2\varphi$$

$$= \frac{\partial^2 \varphi}{\partial x^2} + \frac{\partial^2 \varphi}{\partial y^2} + \frac{\partial^2 \varphi}{\partial z^2}$$

となる。このとき，∇ が 2 回用いられる演算子

$$\nabla^2 = \frac{\partial^2}{\partial x^2} + \frac{\partial^2}{\partial y^2} + \frac{\partial^2}{\partial z^2}$$

を**ラプラス演算子**という。

例題7.9　静電場の発散

$\boldsymbol{r} = (x, y, z)$ とするとき，原点に置かれた点電荷 Q による静電場

$$\boldsymbol{E}(x, y, z) = \frac{1}{4\pi\varepsilon_0} \frac{Q}{r^3} \boldsymbol{r} \tag{7.30}$$

に対して，原点を除いて，

$$\mathrm{div}\boldsymbol{E} = 0 \tag{7.31}$$

が成り立つことを示せ。

解

$\mathrm{div}\left(\frac{\boldsymbol{r}}{r^3}\right) = \frac{\partial}{\partial x}\left(\frac{x}{r^3}\right) + \frac{\partial}{\partial y}\left(\frac{y}{r^3}\right) + \frac{\partial}{\partial z}\left(\frac{z}{r^3}\right)$ において，

$$\frac{\partial}{\partial x}\left(\frac{x}{r^3}\right) = \frac{1}{r^3} - \frac{x \cdot \frac{3}{2} \cdot 2x\sqrt{x^2+y^2+z^2}}{r^6} = \frac{1}{r^3} - \frac{3x^2}{r^5}$$

$$\frac{\partial}{\partial y}\left(\frac{y}{r^3}\right) = \frac{1}{r^3} - \frac{3y^2}{r^5},\quad \frac{\partial}{\partial z}\left(\frac{z}{r^3}\right) = \frac{1}{r^3} - \frac{3z^2}{r^5}$$

となるから，

$$\mathrm{div}\left(\frac{\boldsymbol{r}}{r^3}\right) = \left(\frac{1}{r^3} - \frac{3x^2}{r^5}\right) + \left(\frac{1}{r^3} - \frac{3y^2}{r^5}\right) + \left(\frac{1}{r^3} - \frac{3z^2}{r^5}\right)$$

$$= \frac{3}{r^3} - \frac{3(x^2+y^2+z^2)}{r^5} = \frac{3}{r^3} - \frac{3}{r^3} = 0$$

$$\therefore \quad \mathrm{div}\boldsymbol{E} = 0$$

となる。 ■

ベクトル場の回転

ベクトル場 $\boldsymbol{A} = A_x\boldsymbol{i} + A_y\boldsymbol{j} + A_z\boldsymbol{k}$ に対して，

$$\mathrm{rot}\boldsymbol{A} = \left(\frac{\partial A_z}{\partial y} - \frac{\partial A_y}{\partial z}\right)\boldsymbol{i} + \left(\frac{\partial A_x}{\partial z} - \frac{\partial A_z}{\partial x}\right)\boldsymbol{j} + \left(\frac{\partial A_y}{\partial x} - \frac{\partial A_x}{\partial y}\right)\boldsymbol{k}$$

$$= \begin{vmatrix} \boldsymbol{i} & \boldsymbol{j} & \boldsymbol{k} \\ \dfrac{\partial}{\partial x} & \dfrac{\partial}{\partial y} & \dfrac{\partial}{\partial z} \\ A_x & A_y & A_z \end{vmatrix} \tag{7.32}$$

で定義されるベクトル場 rot$\boldsymbol{A}$ を $\boldsymbol{A}$ の**回転**という。rot はローテーションと読む。(7.32) 式は，ハミルトンの演算子 ∇ を用いて，

$$\mathrm{rot}\boldsymbol{A} = \nabla \times \boldsymbol{A}$$

とも表される。さらに，rot$\boldsymbol{A}$ の各成分は，

$$\mathrm{rot}\boldsymbol{A} = \left((\mathrm{rot}\boldsymbol{A})_x,\ (\mathrm{rot}\boldsymbol{A})_y,\ (\mathrm{rot}\boldsymbol{A})_z\right)$$

と書くこともある。

例題7.10　静電場の回転

静電場 $\boldsymbol{E}$ は，静電ポテンシャル ϕ を用いて，(7.21) 式で与えられることを用いて，静電場の回転 rot$\boldsymbol{E}$ を計算せよ。

解

$$\mathrm{grad}\phi = \frac{\partial \phi}{\partial x}\boldsymbol{i} + \frac{\partial \phi}{\partial y}\boldsymbol{j} + \frac{\partial \phi}{\partial z}\boldsymbol{k}$$

より，rot$\boldsymbol{E}$ の x 成分は，

$$(\mathrm{rot}\boldsymbol{E})_x = -[\mathrm{rot}(\mathrm{grad}\phi)]_x = -\left[\frac{\partial}{\partial y}\left(\frac{\partial \phi}{\partial z}\right) - \frac{\partial}{\partial z}\left(\frac{\partial \phi}{\partial y}\right)\right] = 0$$

となる。y 成分，z 成分も同様にして 0 となる。よって，

$$\mathrm{rot}\boldsymbol{E} = \underline{0} \tag{7.33}$$

となる。■

このように，ベクトル場 $\boldsymbol{A}$ に対し，いたるところで rot$\boldsymbol{A} = 0$ が成り立つとき，$\boldsymbol{A}$ を**渦なしの場**という。静電場は渦なしの場である。一般に，渦なしの場 $\boldsymbol{A}$ は，適当なスカラーポテンシャル φ を用いて，

$$\boldsymbol{A} = -\mathrm{grad}\varphi \tag{7.34}$$

と表される。こうして，**渦なしの場は，スカラーポテンシャルの勾配で与えられる**ことがわかる。

7.4　微分演算子を含む重要な関係式

φ をスカラー場，$\boldsymbol{A}$, $\boldsymbol{B}$ をベクトル場とするとき，次の関係式が成り立つ (証明は，章末問題 7.5 を参照)。

(a)　$\mathrm{div\,grad}\varphi = \nabla\cdot\nabla\varphi = \nabla^2\varphi$

(b)　$\mathrm{rot\,grad}\varphi = \nabla\times\nabla\varphi = 0$

(c)　$\mathrm{div\,rot}\boldsymbol{A} = \nabla\cdot(\nabla\times\boldsymbol{A}) = 0$

(d)　$\mathrm{rot\,rot}\boldsymbol{A} = \nabla\times(\nabla\times\boldsymbol{A}) = \nabla(\nabla\cdot\boldsymbol{A}) - \nabla^2\boldsymbol{A}$
$= \mathrm{grad\,div}\boldsymbol{A} - \nabla^2\boldsymbol{A}$

(e)　$\mathrm{div}(\varphi\boldsymbol{A}) = \nabla\cdot(\varphi\boldsymbol{A}) = (\nabla\varphi)\cdot\boldsymbol{A} + \varphi(\nabla\cdot\boldsymbol{A})$
$= \boldsymbol{A}\cdot\mathrm{grad}\varphi + \varphi\mathrm{div}\boldsymbol{A}$

(f)　$\mathrm{rot}(\varphi\boldsymbol{A}) = \nabla\times(\varphi\boldsymbol{A}) = (\nabla\varphi)\times\boldsymbol{A} + \varphi(\nabla\times\boldsymbol{A})$
$= -\boldsymbol{A}\times\mathrm{grad}\varphi + \varphi\mathrm{rot}\boldsymbol{A}$

(g)　$\mathrm{div}(\boldsymbol{A}\times\boldsymbol{B}) = \nabla\cdot(\boldsymbol{A}\times\boldsymbol{B}) = (\nabla\times\boldsymbol{A})\cdot\boldsymbol{B} - \boldsymbol{A}\cdot(\nabla\times\boldsymbol{B})$
$= \boldsymbol{B}\cdot\mathrm{rot}\boldsymbol{A} - \boldsymbol{A}\cdot\mathrm{rot}\boldsymbol{B}$

(h)　$\mathrm{grad}(\boldsymbol{A}\cdot\boldsymbol{B}) = \nabla(\boldsymbol{A}\cdot\boldsymbol{B})$
$= (\boldsymbol{B}\cdot\nabla)\boldsymbol{A} + (\boldsymbol{A}\cdot\nabla)\boldsymbol{B} + \boldsymbol{B}\times(\nabla\times\boldsymbol{A}) + \boldsymbol{A}\times(\nabla\times\boldsymbol{B})$
$= (\boldsymbol{A}\cdot\nabla)\boldsymbol{B} + (\boldsymbol{B}\cdot\nabla)\boldsymbol{A} + \boldsymbol{A}\times\mathrm{rot}\boldsymbol{B} + \boldsymbol{B}\times\mathrm{rot}\boldsymbol{A}$

(i)　$\mathrm{rot}(\boldsymbol{A}\times\boldsymbol{B}) = \nabla\times(\boldsymbol{A}\times\boldsymbol{B})$
$= (\boldsymbol{B}\cdot\nabla)\boldsymbol{A} - (\boldsymbol{A}\cdot\nabla)\boldsymbol{B} + \boldsymbol{A}(\nabla\cdot\boldsymbol{B}) - \boldsymbol{B}(\nabla\cdot\boldsymbol{A})$
$= (\boldsymbol{B}\cdot\nabla)\boldsymbol{A} - (\boldsymbol{A}\cdot\nabla)\boldsymbol{B} + A\mathrm{div}\boldsymbol{B} - \boldsymbol{B}\mathrm{div}\boldsymbol{A}$

7.5　マクスウェル方程式

電磁気学で現れるベクトル場とその微分演算の方程式は，マクスウェル方程式である。$\boldsymbol{D}$ を電束密度，ρ を電荷密度，$\boldsymbol{B}$ を磁束密度，$\boldsymbol{E}$ を電場，$\boldsymbol{H}$ を磁場，$\boldsymbol{J}$ を電流密度，ε を誘電率，μ を透磁率とすると，マクスウェル方程式は,

$$\mathrm{div}\boldsymbol{D} = \rho \tag{7.35}$$

$$\mathrm{div}\boldsymbol{B} = 0 \tag{7.36}$$

$$\mathrm{rot}\boldsymbol{E}+\frac{\partial \boldsymbol{B}}{\partial t}=0 \tag{7.37}$$

$$\mathrm{rot}\boldsymbol{H}-\frac{\partial \boldsymbol{D}}{\partial t}=\boldsymbol{J} \tag{7.38}$$

$$\boldsymbol{D}=\varepsilon\boldsymbol{E} \tag{7.39}$$

$$\boldsymbol{B}=\mu\boldsymbol{H} \tag{7.40}$$

と表される。

例題7.11　電磁波

マクスウェル方程式において，$\rho=0, \boldsymbol{J}=0, \varepsilon=\varepsilon_0$($\varepsilon_0$ は真空の誘電率)，$\mu=\mu_0$(μ_0 は真空の透磁率) とおくことにより，真空中を伝わる電場の波動方程式 (波動方程式について，詳しくは第 13 章参照)

$$\nabla^2\boldsymbol{E}=\varepsilon_0\mu_0\frac{\partial^2\boldsymbol{E}}{\partial t^2} \tag{7.41}$$

および，磁場の波動方程式

$$\nabla^2\boldsymbol{B}=\varepsilon_0\mu_0\frac{\partial^2\boldsymbol{B}}{\partial t^2} \tag{7.42}$$

を導け。

解　$\rho=0$，$\boldsymbol{J}=0$ とおくと，(7.35)，(7.38) 式は，

$$\mathrm{div}\boldsymbol{E}=0 \tag{7.43}$$

$$\mathrm{rot}\boldsymbol{B}-\varepsilon_0\mu_0\frac{\partial \boldsymbol{E}}{\partial t}=0 \tag{7.44}$$

となる。ここで，(7.39)，(7.40) 式を用いた。

(7.37) 式の両辺の rot をとると，微分演算の関係式 (d) および (7.43)，(7.44) 式を用いて，

$$\mathrm{rot}\ \mathrm{rot}\boldsymbol{E}=\mathrm{grad}\ \mathrm{div}\boldsymbol{E}-\nabla^2\boldsymbol{E}=-\nabla^2\boldsymbol{E}$$

$$\mathrm{rot}\frac{\partial \boldsymbol{B}}{\partial t}=\frac{\partial}{\partial t}(\mathrm{rot}\boldsymbol{B})=\varepsilon_0\mu_0\frac{\partial^2\boldsymbol{E}}{\partial t^2}$$

となることから，電場に対する波動方程式 (7.41) を得る。同様に，(7.44) 式の両辺の rot をとると，

$$\mathrm{rot}\ \mathrm{rot}\boldsymbol{B}=-\nabla^2\boldsymbol{B}$$

$$\mathrm{rot}\left(\varepsilon_0\mu_0\frac{\partial \boldsymbol{E}}{\partial t}\right)=\varepsilon_0\mu_0\frac{\partial}{\partial t}(\mathrm{rot}\boldsymbol{E})=-\varepsilon_0\mu_0\frac{\partial^2\boldsymbol{B}}{\partial t^2}$$

となり，磁場 (磁束密度) に対する波動方程式 (7.42) を得る。ここで，

$c=\dfrac{1}{\sqrt{\varepsilon_0\mu_0}}$ は，真空中での電場および磁場の波（電磁波）の速さ，すなわち光速である。■

章末問題

7.1　温度 T と体積 V を独立変数とした，気体あるいは液体の内部エネルギー $U(T, V)$ の全微分の式，および，温度 T と圧力 p を独立変数とした $U(p, T)$ と $V(p, T)$ の全微分の式を用いて，偏微分に関する 2 つの関係式

$$\left(\frac{\partial U}{\partial T}\right)_p=\left(\frac{\partial U}{\partial T}\right)_V+\left(\frac{\partial U}{\partial V}\right)_T\left(\frac{\partial V}{\partial T}\right)_p$$

$$\left(\frac{\partial U}{\partial p}\right)_T=\left(\frac{\partial U}{\partial V}\right)_T\left(\frac{\partial V}{\partial p}\right)_T$$

を導け。上の第 1 式より，内部エネルギー U の温度 T に関する偏導関数は，何を独立変数にとるかによって，結果が異なることがわかる。

7.2　図 7.8 のように，原点 O を通る軸のまわりに大きさ ω の角速度で回転運動している剛体内の点 P の運動を考える。

(1)　点 P の位置ベクトルを $\boldsymbol{r}$ とするとき，速度ベクトル $\boldsymbol{v}=\dot{\boldsymbol{r}}$ は $\boldsymbol{r}$ と垂直になることを示せ。

(2)　剛体の回転する向きに回る右ねじの進む向きのベクトルで，その大きさが ω に等しいベクトルを**角速度ベクトル**と呼び，$\boldsymbol{\omega}$ で表す。

点 P の速度ベクトル $\boldsymbol{v}$ が，

$$\boldsymbol{v}=\boldsymbol{\omega}\times\boldsymbol{r}$$

と表されることを示せ。

(3)　rot $\boldsymbol{v}$ を $\boldsymbol{\omega}$ を用いて表せ。

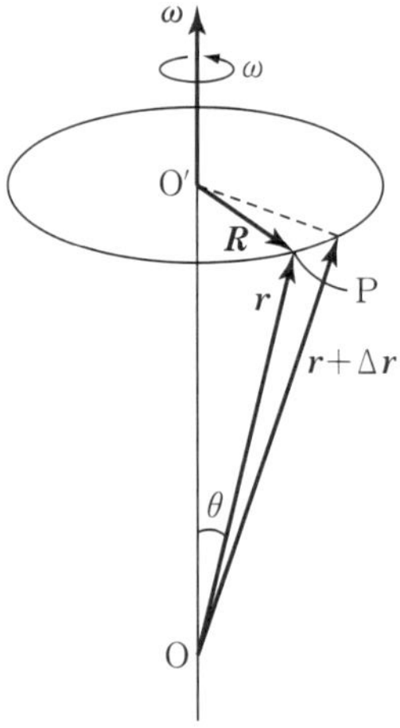

図7.8　剛体内の点Pの運動

7.3　スカラー場 $\varphi=2x^2yz-yz^2$，ベクトル場 $\boldsymbol{A}=xz\boldsymbol{i}+yz^2\boldsymbol{j}+x^2y\boldsymbol{k}$

に対して,

(1)　$\nabla^2\varphi$　　　(2)　$\mathrm{div}\boldsymbol{A}$　　　(3)　$\mathrm{grad}(\mathrm{div}\boldsymbol{A})$

を求めよ。

7.4　適当なベクトル場 $\boldsymbol{A}$ を用いて,

$$\boldsymbol{B} = \mathrm{rot}\boldsymbol{A}$$

と表されるベクトル場 $\boldsymbol{B}$ に対して,

$$\mathrm{div}\boldsymbol{B} = 0$$

となることを示せ。このときのベクトル場 $\boldsymbol{B}$ は**発散のない場**といわれ,ベクトル場 $\boldsymbol{A}$ を**ベクトルポテンシャル**という。

また,ベクトルポテンシャル $\boldsymbol{A}$ は一義的に決まらず,自由度が残る。どのような自由度が残るか求めよ。

7.5　7.4 節の微分演算子を含む関係式 (d) ～ (i) が成り立つことを証明せよ。

7.6　マクスウェル方程式を用いて,電荷保存則の式

$$\frac{\partial\rho}{\partial t} + \mathrm{div}\boldsymbol{J} = 0$$

を導け。

第8章

一般的なベクトル関数の積分からはじめ，スカラー場とベクトル場の線積分について述べる。スカラー場の線積分の物理例として，熱力学のエントロピー計算を説明する。次に，曲線座標を導入する。

ベクトルの積分
――電磁気学で役立つ数学

8.1　ベクトル関数の積分

ベクトル関数 $\boldsymbol{a}(t)$ が $\boldsymbol{d}(t)$ の導関数 ($\boldsymbol{d}'(t) = \boldsymbol{a}(t)$) であるとき，

$$\boldsymbol{d}(t) = \int \boldsymbol{a}(t)\mathrm{d}t$$

と書き，$\boldsymbol{d}(t)$ を $\boldsymbol{a}(t)$ の**不定積分**という。$\boldsymbol{a}$, $\boldsymbol{b}$ をベクトル関数，$\boldsymbol{c}$ を定ベクトルとするとき，

$$\int \boldsymbol{c}\cdot\boldsymbol{a}\mathrm{d}t = \boldsymbol{c}\cdot\int \boldsymbol{a}\mathrm{d}t \tag{8.1}$$

$$\int (\boldsymbol{c} \times \boldsymbol{a})\mathrm{d}t = \boldsymbol{c} \times \int \boldsymbol{a}\mathrm{d}t \tag{8.2}$$

が成り立つ。また，部分積分の公式

$$\int \boldsymbol{a}\cdot\frac{\mathrm{d}\boldsymbol{b}}{\mathrm{d}t}\mathrm{d}t = \boldsymbol{a}\cdot\boldsymbol{b} - \int \frac{\mathrm{d}\boldsymbol{a}}{\mathrm{d}t}\cdot\boldsymbol{b}\mathrm{d}t \tag{8.3}$$

$$\int \left(\boldsymbol{a} \times \frac{\mathrm{d}\boldsymbol{b}}{\mathrm{d}t}\right)\mathrm{d}t = \boldsymbol{a} \times \boldsymbol{b} - \int \left(\frac{\mathrm{d}\boldsymbol{a}}{\mathrm{d}t} \times \boldsymbol{b}\right)\mathrm{d}t \tag{8.4}$$

が成り立つ。

ベクトル関数 $\boldsymbol{a}$ の定積分は，$\boldsymbol{d}(t) = \int \boldsymbol{a}(t)\mathrm{d}t$ として，

$$\int_a^b \boldsymbol{a}(t)\,\mathrm{d}t = [\boldsymbol{d}(t)]_a^b = \boldsymbol{d}(b) - \boldsymbol{d}(a)$$

で与えられる。$\boldsymbol{a}(t) = a_x(t)\boldsymbol{i} + a_y(t)\boldsymbol{j} + a_z(t)\boldsymbol{k}$ のとき，

$$\int_a^b \boldsymbol{a}(t)\,\mathrm{d}t = \int_a^b a_x(t)\,\mathrm{d}t\,\boldsymbol{i} + \int_a^b a_y(t)\,\mathrm{d}t\,\boldsymbol{j} + \int_a^b a_z(t)\,\mathrm{d}t\,\boldsymbol{k}$$

である。

8.2 線積分

ある関数の経路に沿った積分を**線積分**という。

スカラー場の線積分

図 8.1 のように，スカラー場 $\varphi(x, y, z)$ 内の 2 点 A, B を結ぶ曲線 C の方程式を，

$$\boldsymbol{r}(s) = x(s)\boldsymbol{i} + y(s)\boldsymbol{j} + z(s)\boldsymbol{k} \qquad (8.5)$$

とし，C 上の $s = a$, $s = b$ で与えられる 2 点を，それぞれ A, B とする。ここで，s は曲線 C の弧長である。このとき，積分

$$\int_a^b \varphi(x(s),\, y(s),\, z(s))\,\mathrm{d}s$$

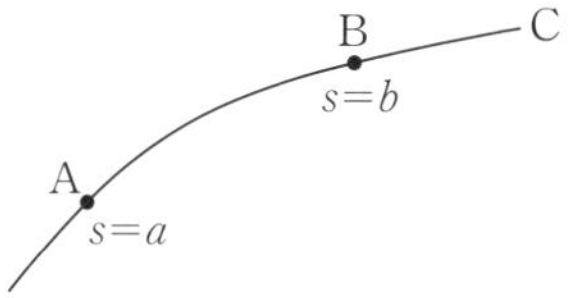

図8.1 スカラー場の線積分

を曲線 C に沿った φ の**線積分**といい，

$$\int_{\mathrm{C}} \varphi\,\mathrm{d}s, \quad \int_{\mathrm{A}\to\mathrm{B}} \varphi\,\mathrm{d}s$$

などと表す。このとき，

$$\mathrm{d}s = \sqrt{(\mathrm{d}x)^2 + (\mathrm{d}y)^2 + (\mathrm{d}z)^2} \quad \therefore \quad \sqrt{\left(\frac{\mathrm{d}x}{\mathrm{d}s}\right)^2 + \left(\frac{\mathrm{d}y}{\mathrm{d}s}\right)^2 + \left(\frac{\mathrm{d}z}{\mathrm{d}s}\right)^2} = 1$$

となるから，曲線Cの接線ベクトル $\boldsymbol{t}(s) = \boldsymbol{r}'(s) = \dfrac{\mathrm{d}x}{\mathrm{d}s}\boldsymbol{i} + \dfrac{\mathrm{d}y}{\mathrm{d}s}\boldsymbol{j} + \dfrac{\mathrm{d}z}{\mathrm{d}s}\boldsymbol{k}$ は，$|\boldsymbol{t}| = 1$ であり，単位ベクトルである。

例題8.1 **2 次元スカラー場の線積分**

2 次元スカラー場 $\varphi(x, y) = xy$ に対して，次のような各経路 (図 8.2) に沿った線積分を求めよ。

(1) 原点 O(0, 0) から点 A(1, 2) にいたる線分 C_1 に沿った線積分

(2)　原点 O(0, 0) から点 B(1, 0) を通り A(1, 2) にいたる折れ線 C_2 に沿った線積分

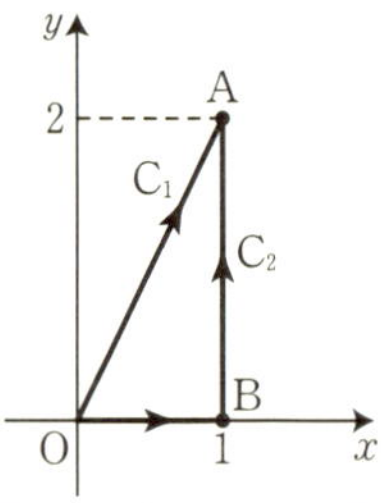

図8.2　2次元スカラー場の線積分

解

(1)　線分 OA の方程式は，$x = t,\ y = 2t\ (0 \leqq t \leqq 1)$ と表され，線分 OA 上の微小な弧長は，$\mathrm{d}s = \sqrt{(\mathrm{d}x)^2 + (\mathrm{d}y)^2} = \sqrt{5}\,\mathrm{d}t$ と書ける。これより，

$$\int_{C_1} \varphi \mathrm{d}s = \int_{C_1} xy \mathrm{d}s = \int_0^1 2t^2 \cdot \sqrt{5}\,\mathrm{d}t = \frac{2\sqrt{5}}{3}\left[t^3\right]_0^1$$
$$= \underline{\frac{2\sqrt{5}}{3}}$$

(2)　線分 OB の方程式は，$x = t,\ y = 0,\ \mathrm{d}s = \mathrm{d}x = \mathrm{d}t\ (0 \leqq t \leqq 1)$，線分 BA の方程式は，$x = 1,\ y = 2t\ (0 \leqq t \leqq 1)$，$\mathrm{d}s = \mathrm{d}y = 2\mathrm{d}t\ (\because \mathrm{d}x = 0)$ と表されるから，

$$\int_{C_2} \varphi \mathrm{d}s = \int_{O \to B} xy\,\mathrm{d}s + \int_{B \to A} xy\,\mathrm{d}s$$
$$= \int_0^1 t \cdot 0 \mathrm{d}t + \int_0^1 1 \cdot 2t \cdot 2\mathrm{d}t = 2\left[t^2\right]_0^1 = \underline{2}$$

別解

$$\int_{B \to A} xy\,\mathrm{d}s = \int_0^2 1 \cdot y\,\mathrm{d}y = 2$$ と求めてもよい。■

エントロピーと線積分

ある系が準静的に状態 A から状態 B へ変化するとき，途中の絶対温度 T の状態で，同じ温度の熱源から熱量 $\mathrm{d}'Q$ を吸収するとする。このとき，状態 A から B までの量 $\int_A^B \frac{\mathrm{d}'Q}{T}$ は，状態 A と状態 B だけで決まり，途中の道筋によらない。そこで，ある状態 O を標準状態とするとき，状態 P で決まる状態量

$$S = \int_O^P \frac{\mathrm{d}'Q}{T} + S_0$$

を，状態 P のエントロピーと呼び，S_0 を状態 O のエントロピーと呼ぶ (図 8.3)。

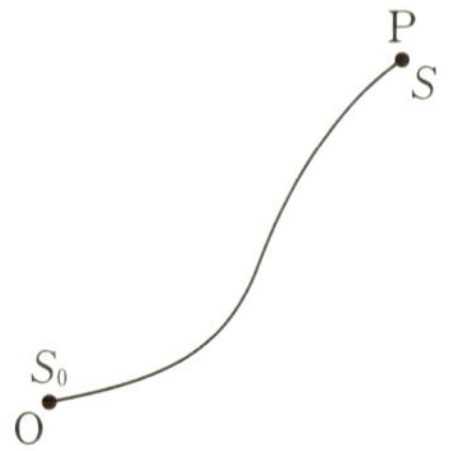

図8.3　エントロピー

とくに，状態 P と O が微小な差しかないとき，

エントロピーの微小変化は，

$$dS = \frac{d'Q}{T}$$

と表される。したがって，熱力学第1法則 (7.6) は，

$$TdS = dU + pdV \tag{8.6}$$

となる。

例題8.2　理想気体のエントロピー

1 mol の理想気体について考える。温度 T_0，体積 V_0 の標準状態 O のエントロピーを S_0 として，温度 T，体積 V の状態 P のエントロピー S を求めよ。ただし，(7.7) 式で与えられる定積熱容量 C_V は，温度，体積によらず一定であるとする。状態 O から P までの変化は，図 8.4 のように，はじめ体積を V_0 に固定して温度を T_0 から T まで変化させ，次に，温度を T に保ったまま体積を V_0 から V まで変化させるものとする。

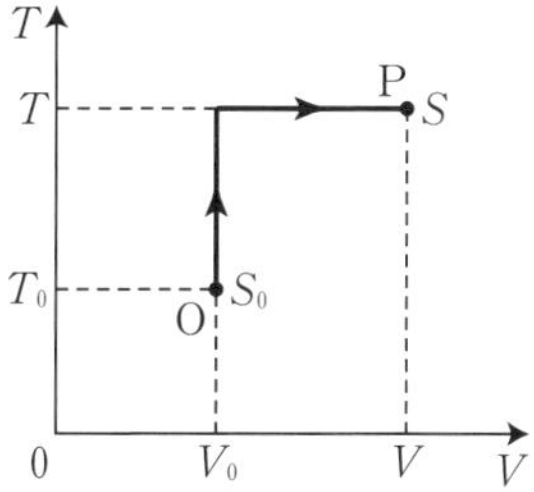

図8.4　理想気体のエントロピー

解　例題 7.2 の解答で述べたように，理想気体では，$\left(\dfrac{\partial U}{\partial V}\right)_T = 0$ であるから，(7.7) 式を用いて，

$$dU = \left(\frac{\partial U}{\partial T}\right)_V dT + \left(\frac{\partial U}{\partial V}\right)_T dV = \left(\frac{\partial U}{\partial T}\right)_V dT = C_V dT$$

となる。また，1 mol の理想気体の状態方程式 $pV = RT$ (R：気体定数) より (8.6) 式は，

$$dS = C_V \frac{dT}{T} + R\frac{dV}{V}$$

と書ける。C_V が一定であることに注意して，図 8.4 にしたがって状態を変化させて，

$$S = S_0 + C_V\int_{T_0}^{T}\frac{dT}{T} + R\int_{V_0}^{V}\frac{dV}{V} = \underline{S_0 + C_V \log\frac{T}{T_0} + R\log\frac{V}{V_0}}$$

を得る。■

ベクトル場の線積分

図8.5のように，ベクトル場 $\boldsymbol{A}(x, y, z)$ 内で，

$$\boldsymbol{r}(s) = x(s)\boldsymbol{i} + y(s)\boldsymbol{j} + z(s)\boldsymbol{k} \tag{8.5}$$

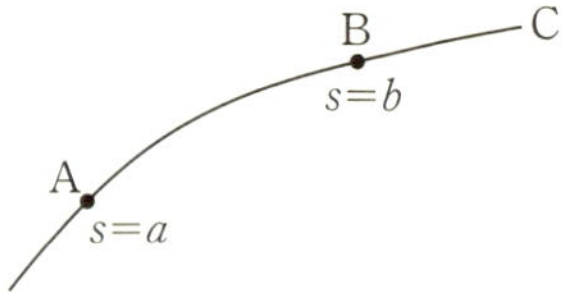

図8.5　ベクトル場の線積分

で表される曲線 C を考え，C 上の $s = a$，$s = b$ で与えられる任意の 2 点をそれぞれ A, B とする。ここで，s は曲線 C の弧長である。曲線 C の接線方向の単位ベクトルを $\boldsymbol{t}$ とする。$\boldsymbol{A} = A_x\boldsymbol{i} + A_y\boldsymbol{j} + A_z\boldsymbol{k}$ のとき，積分

$$\int_a^b \boldsymbol{A}(x(s), y(s), z(s))\cdot\boldsymbol{t}\mathrm{d}s = \int_a^b \left(A_x\frac{\mathrm{d}x}{\mathrm{d}s} + A_y\frac{\mathrm{d}y}{\mathrm{d}s} + A_z\frac{\mathrm{d}z}{\mathrm{d}s}\right)\mathrm{d}s$$

$$= \int_{\mathrm{C}} A_x\mathrm{d}x + \int_{\mathrm{C}} A_y\mathrm{d}y + \int_{\mathrm{C}} A_z\mathrm{d}z$$

を $\boldsymbol{A}$ の曲線 C に沿った**線積分**といい，

$$\int_{\mathrm{C}} \boldsymbol{A}\cdot\boldsymbol{t}\mathrm{d}s,\ \int_{\mathrm{C}} \boldsymbol{A}\cdot\mathrm{d}\boldsymbol{r}$$

と表す。

例題8.3　**ベクトル場の線積分**

ベクトル場 $\boldsymbol{A} = (x^2 + y)\boldsymbol{i} + (xy + z)\boldsymbol{j} - yz\boldsymbol{k}$ において，原点 (0, 0, 0) から点 (1, 1, 1) へ至る曲線 C を次のようにとるとき，線積分 $\int_{\mathrm{C}} \boldsymbol{A}\cdot\mathrm{d}\boldsymbol{r}$ を求めよ。

(1)　原点 (0, 0, 0) と点 (1, 1, 1) を結ぶ線分

(2)　原点 (0, 0, 0) から点 (1, 0, 0) までは x 軸上の線分，点 (1, 0, 0) から点 (1, 1, 1) までは $x = 1,\ y = t,\ z = t^2$ $(0 \leqq t \leqq 1)$ で与えられる曲線

解

(1)　原点 (0, 0, 0) と点 (1, 1, 1) を結ぶ線分は，$x = t,\ y = t,\ z = t$ $(0 \leqq t \leqq 1)$ と表されるから，

$$A_x = x^2 + y = t^2 + t,\ \ A_y = xy + z = t^2 + t,\ \ A_z = -yz = -t^2$$

$$\mathrm{d}x = \mathrm{d}t,\ \ \mathrm{d}y = \mathrm{d}t,\ \ \mathrm{d}z = \mathrm{d}t$$

より，

$$\int_C \boldsymbol{A}\cdot d\boldsymbol{r} = \int_C A_x dx + \int_C A_y dy + \int_C A_z dz$$
$$= \int_0^1 (t^2+t)dt + \int_0^1 (t^2+t)dt + \int_0^1 (-t^2)dt = \underline{\frac{4}{3}}$$

(2)　原点 $(0, 0, 0)$ から点 $(1, 0, 0)$ までの x 軸上の線分 C_1 は，$x = t$，$y = 0$, $z = 0$ $(0 \leqq t \leqq 1)$, $dx = dt$，$dy = dz = 0$ と表され，点 $(1, 0, 0)$ から点 $(1, 1, 1)$ までの曲線 C_2 は，$x = 1$, $y = t$, $z = t^2 (0 \leqq t \leqq 1)$, $dx = 0$, $dy = dt$, $dz = 2tdt$ と表されるから，

$$\int_C \boldsymbol{A}\cdot d\boldsymbol{r} = \int_{C_1} \boldsymbol{A}\cdot d\boldsymbol{r} + \int_{C_2} \boldsymbol{A}\cdot d\boldsymbol{r}$$
$$= \int_0^1 t^2 dt + \int_0^1 (t+t^2)dt + \int_0^1 (-t^3)\cdot 2t dt = \underline{\frac{23}{30}}$$

■

8.3　保存力とポテンシャルⅠ

例題7.8とその後の説明で述べたように，ベクトル場 $\boldsymbol{A}$ がスカラー場 φ の勾配で与えられるとき，$\boldsymbol{A}$ はポテンシャルをもつという。

力 $\boldsymbol{F}$ がポテンシャル ϕ をもつとき，

$$\boldsymbol{F}(x, y, z) = F_x \boldsymbol{i} + F_y \boldsymbol{j} + F_z \boldsymbol{k} \tag{8.7}$$

とおくと，

$$F_x = -\frac{\partial \phi}{\partial x},\ F_y = -\frac{\partial \phi}{\partial y},\ F_z = -\frac{\partial \phi}{\partial z}$$

すなわち，

$$\boldsymbol{F} = -\mathrm{grad}\phi \tag{8.8}$$

と表される。このようなポテンシャルをもつ力を**保存力**，保存力のはたらく空間を**保存力場**という。

例題8.4　**エネルギー保存則**

保存力場 $\boldsymbol{F}$ はポテンシャル ϕ をもち，(8.8) と表されるとする。質量 m の質点が保存力場 $\boldsymbol{F}$ 内で運動するとき，点AとBでのポテンシャルをそれぞれ ϕ_A，ϕ_B，質点の速さをそれぞれ v_A，v_B として，

$$\frac{1}{2}m{v_A}^2 + \phi_A = \frac{1}{2}m{v_B}^2 + \phi_B$$

を導け。

解　質量 m の質点の速度を $\boldsymbol{v}$ として，運動方程式 $m\dfrac{\mathrm{d}\boldsymbol{v}}{\mathrm{d}t} = \boldsymbol{F}$ の両辺と $\boldsymbol{v} = \dfrac{\mathrm{d}\boldsymbol{r}}{\mathrm{d}t}$ の内積をとると，

$$m\boldsymbol{v}\cdot\frac{\mathrm{d}\boldsymbol{v}}{\mathrm{d}t} = \boldsymbol{F}\cdot\boldsymbol{v}$$

となる。速さ v を用いて $\boldsymbol{v}\cdot\boldsymbol{v} = v^2$ と書けるから，

$$\frac{\mathrm{d}}{\mathrm{d}t}\left(\frac{1}{2}mv^2\right) = \boldsymbol{F}\cdot\frac{\mathrm{d}\boldsymbol{r}}{\mathrm{d}t}$$

となる。ここで，時刻 $t = a$, $t = b$ での質点の位置を点 A, B とし，時刻 t に関して a から b まで積分すると，

$$\begin{aligned}
\frac{1}{2}mv_{\mathrm{B}}^2 - \frac{1}{2}mv_{\mathrm{A}}^2 &= \int_a^b \boldsymbol{F}\cdot\frac{\mathrm{d}\boldsymbol{r}}{\mathrm{d}t}\,\mathrm{d}t = \int_{\mathrm{A}\to\mathrm{B}} \boldsymbol{F}\cdot\mathrm{d}\boldsymbol{r} \\
&= \int_{\mathrm{A}\to\mathrm{B}} (F_x\mathrm{d}x + F_y\mathrm{d}y + F_z\mathrm{d}z) \\
&= -\int_{\mathrm{A}\to\mathrm{B}} \left(\frac{\partial\phi}{\partial x}\mathrm{d}x + \frac{\partial\phi}{\partial y}\mathrm{d}y + \frac{\partial\phi}{\partial z}\mathrm{d}z\right) \\
&= -\int_{\mathrm{A}\to\mathrm{B}} \mathrm{d}\phi = -\phi_{\mathrm{B}} + \phi_{\mathrm{A}} \\
\therefore\quad \frac{1}{2}mv_{\mathrm{A}}^2 + \phi_{\mathrm{A}} &= \frac{1}{2}mv_{\mathrm{B}}^2 + \phi_{\mathrm{B}}
\end{aligned}$$

となる。 ■

以下の 8.4 節と 8.5 節では，物理の例が出てこない。これらは第 9 章以降で必要な数学的準備であるから，少しガマンして数学的理解を深めてもらいたい。

8.4　曲面

曲線座標

点 P の位置ベクトルが，2 変数 u, v の関数として $\boldsymbol{r}(u, v)$ と表されれば，u，v の変動にともなって点 P は 1 つの曲面 S を描く。このとき，変数 v を固定して u だけを変動させると，点 P は曲面 S 上で 1 つの曲線を描く。この曲線を **u 曲線**という。**v 曲線**も同様に定義される。また，曲面 S 上

の数の組 (u, v) を**曲線座標**という。

図 8.6 のように，曲面 S 上の点 $\mathrm{P}(u, v)$ の曲線座標が変数 t のみの関数であり，

$$u = u(t),\ v = v(t)$$

と表されるとき，点 P は，1 つの曲線 C を描く。このとき，曲線 C の**接線ベクトル**は，

$$\dot{\boldsymbol{r}} = \frac{\mathrm{d}\boldsymbol{r}}{\mathrm{d}t} = \frac{\mathrm{d}u}{\mathrm{d}t}\boldsymbol{r}_u + \frac{\mathrm{d}v}{\mathrm{d}t}\boldsymbol{r}_v \quad (8.9)$$

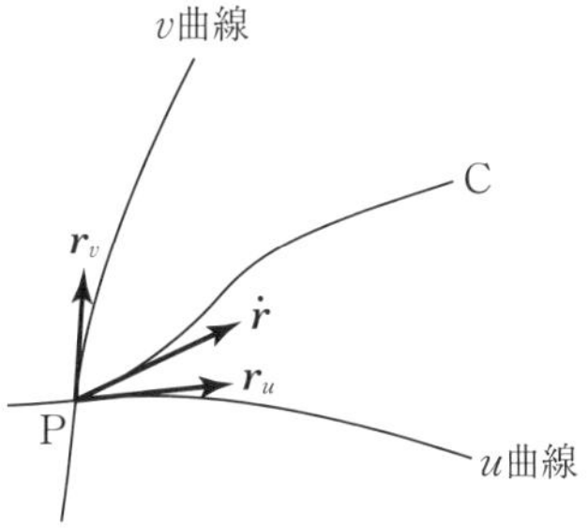

図8.6　曲線座標

と表される。ここで，$\boldsymbol{r}_u = \dfrac{\partial \boldsymbol{r}}{\partial u}$，$\boldsymbol{r}_v = \dfrac{\partial \boldsymbol{r}}{\partial v}$ は，それぞれ u 曲線，v 曲線の接線ベクトルである。$\boldsymbol{r}_u$ と $\boldsymbol{r}_v$ の 1 次結合でつくられる平面，すなわち，$\boldsymbol{r}_u$ と $\boldsymbol{r}_v$ で**張られる平面**を曲面 S の**接平面**という。

接平面に垂直なベクトル $\boldsymbol{r}_u \times \boldsymbol{r}_v$ を**法線ベクトル**といい，

$$\boldsymbol{n} = \frac{\boldsymbol{r}_u \times \boldsymbol{r}_v}{|\boldsymbol{r}_u \times \boldsymbol{r}_v|} \quad (8.10)$$

を**単位法線ベクトル**という。

第 1 基本量と面積素

曲面 S 上の曲線 $u = u(t)$，$v = v(t)$ の点 $\mathrm{O}(t = t_0)$ から点 $\mathrm{P}(t = t_1)$ までの弧の長さは，(8.9) 式を用いて，

$$s = \int_{t_0}^{t_1} |\dot{\boldsymbol{r}}|\mathrm{d}t = \int_{t_0}^{t_1} \sqrt{E\dot{u}^2 + 2F\dot{u}\dot{v} + G\dot{v}^2}\,\mathrm{d}t \quad (8.11)$$

と表される。ここで，

$$E = \boldsymbol{r}_u\cdot\boldsymbol{r}_u,\ F = \boldsymbol{r}_u\cdot\boldsymbol{r}_v,\ G = \boldsymbol{r}_v\cdot\boldsymbol{r}_v \quad (8.12)$$

を曲面 S の**第 1 基本量**という。

例題8.5　**平行四辺形の面積**

図 8.7 のように，ベクトル $\boldsymbol{a}$ と $\boldsymbol{b}$ を隣り合う 2 辺とする平行四辺形の面積 S は，

$$S = |\boldsymbol{a} \times \boldsymbol{b}| = \sqrt{|\boldsymbol{a}|^2|\boldsymbol{b}|^2 - (\boldsymbol{a}\cdot\boldsymbol{b})^2} \quad (8.13)$$

と書けることを示せ。

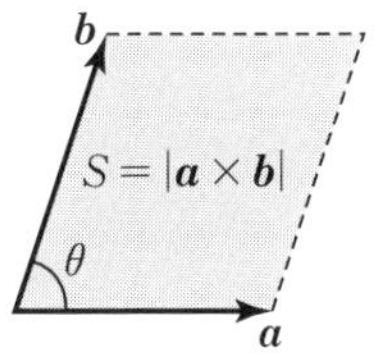

図8.7　平行四辺形の面積

解　ベクトルの外積の定義より，$S = |\boldsymbol{a} \times \boldsymbol{b}|$

は成り立つ。

ベクトル $\boldsymbol{a}$ と $\boldsymbol{b}$ のなす角を θ $(0 < \theta < \pi)$ とすると,

$$S = |\boldsymbol{a}||\boldsymbol{b}|\sin\theta = |\boldsymbol{a}||\boldsymbol{b}|\sqrt{1-\cos^2\theta}$$

$$= |\boldsymbol{a}||\boldsymbol{b}|\sqrt{1-\left(\frac{\boldsymbol{a}\cdot\boldsymbol{b}}{|\boldsymbol{a}||\boldsymbol{b}|}\right)^2} = \sqrt{|\boldsymbol{a}|^2|\boldsymbol{b}|^2-(\boldsymbol{a}\cdot\boldsymbol{b})^2} \qquad ■$$

図 8.8 のように，曲面 S 上で互いに近くにある 4 点 $\mathrm{P}(u, v)$，$\mathrm{Q}(u+\mathrm{d}u, v)$，$\mathrm{R}(u+\mathrm{d}u, v+\mathrm{d}v)$，$\mathrm{T}(u, v+\mathrm{d}v)$ を頂点とする微小面の面積 $\mathrm{d}S$ を考える。点 P から点 Q まで u 曲線に沿った長さは，$\mathrm{d}s = \left|\dfrac{\partial \boldsymbol{r}}{\partial u}\right|\mathrm{d}u = |\boldsymbol{r}_u|\mathrm{d}u$，点 P から点 T まで v 曲線に沿った長さは，$\mathrm{d}t = \left|\dfrac{\partial \boldsymbol{r}}{\partial v}\right|\mathrm{d}v = |\boldsymbol{r}_v|\mathrm{d}v$

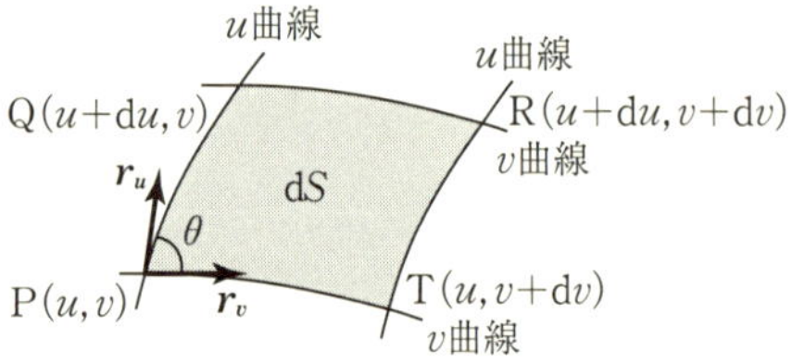

図8.8　面積素

と表されるから，u 曲線と v 曲線のなす角を θ とすると，

$$\mathrm{d}S = \mathrm{d}s\mathrm{d}t\sin\theta = |\boldsymbol{r}_u||\boldsymbol{r}_v|\sin\theta\cdot\mathrm{d}u\mathrm{d}v = |\boldsymbol{r}_u \times \boldsymbol{r}_v|\mathrm{d}u\mathrm{d}v$$

となる。一方，u 曲線と v 曲線の接線ベクトル $\boldsymbol{r}_u$, $\boldsymbol{r}_v$ を隣り合う 2 辺とする平行四辺形の面積は，(8.12) 式より，$|\boldsymbol{r}_u \times \boldsymbol{r}_v| = \sqrt{EG-F^2}$ で与えられるから,

$$\mathrm{d}S = |\boldsymbol{r}_u \times \boldsymbol{r}_v|\mathrm{d}u\mathrm{d}v = \sqrt{EG-F^2}\,\mathrm{d}u\mathrm{d}v \tag{8.14}$$

と表される。(8.14) 式で表される $\mathrm{d}S$ を曲面 S の**面積素**という。曲面 S 上の領域 D の面積は,

$$S = \iint_{\mathrm{D}} \sqrt{EG-F^2}\,\mathrm{d}u\mathrm{d}v \tag{8.15}$$

と書ける。また，点 P での曲面 S の単位法線ベクトルを $\boldsymbol{n}$ とするとき,

$$\mathrm{d}\boldsymbol{S} = \boldsymbol{n}\,\mathrm{d}S = \frac{\boldsymbol{r}_u \times \boldsymbol{r}_v}{|\boldsymbol{r}_u \times \boldsymbol{r}_v|}|\boldsymbol{r}_u \times \boldsymbol{r}_v|\mathrm{d}u\mathrm{d}v = (\boldsymbol{r}_u \times \boldsymbol{r}_v)\mathrm{d}u\mathrm{d}v \tag{8.16}$$

を**ベクトル面積素**という。

例題8.6　**面積素**

半径 r の球面

$$\boldsymbol{r} = r\sin\theta\cos\phi\boldsymbol{i} + r\sin\theta\sin\phi\boldsymbol{j} + r\cos\theta\boldsymbol{k}$$
$$(0 \leqq \theta \leqq \pi,\ 0 \leqq \phi < 2\pi)$$

の面積素 dS とベクトル面積素 d$\boldsymbol{S}$ を求めよ。

解

$$\boldsymbol{r}_\theta = r\cos\theta\cos\phi\boldsymbol{i} + r\cos\theta\sin\phi\boldsymbol{j} - r\sin\theta\boldsymbol{k}$$
$$\boldsymbol{r}_\phi = -r\sin\theta\sin\phi\boldsymbol{i} + r\sin\theta\cos\phi\boldsymbol{j}$$
$$\boldsymbol{r}_\theta \times \boldsymbol{r}_\phi = r^2\sin^2\theta\cos\phi\boldsymbol{i} + r^2\sin^2\theta\sin\phi\boldsymbol{j} + r^2\sin\theta\cos\theta\boldsymbol{k}$$
$$|\boldsymbol{r}_\theta \times \boldsymbol{r}_\phi| = r^2\sin\theta$$
$$\therefore\quad \boldsymbol{n} = \frac{\boldsymbol{r}_\theta \times \boldsymbol{r}_\phi}{|\boldsymbol{r}_\theta \times \boldsymbol{r}_\phi|} = \sin\theta\cos\phi\boldsymbol{i} + \sin\theta\sin\phi\boldsymbol{j} + \cos\theta\boldsymbol{k} = \frac{\boldsymbol{r}}{r}$$

これより，

$$\mathrm{d}S = \underline{r^2\sin\theta\mathrm{d}\theta\mathrm{d}\phi},\ \mathrm{d}\boldsymbol{S} = \underline{\boldsymbol{r}\,r\sin\theta\mathrm{d}\theta\mathrm{d}\phi}$$

を得る。

この結果を例題 3.7 で得た結果と比較すると，$|\boldsymbol{r}_\theta \times \boldsymbol{r}_\phi|$ が 3 次元極座標のヤコビアンの値に一致していることがわかる。■

8.5　面積分

スカラー面積分

スカラー場 $\varphi(x, y, z)$ 内の曲面 S(これを $\boldsymbol{r} = \boldsymbol{r}(u, v)$ と表す) 上で φ の**面積分** (**面積積分**ともいう) は，

$$\iint_{\mathrm{S}} \varphi\mathrm{d}S = \iint_{\mathrm{D}} \varphi|\boldsymbol{r}_u \times \boldsymbol{r}_v|\mathrm{d}u\mathrm{d}v = \iint_{\mathrm{D}} \varphi\sqrt{EG - F^2}\,\mathrm{d}u\mathrm{d}v \tag{8.17}$$

で与えられる。ここで，E, F, G は曲面 S の第 1 基本量であり，D は変数 (u, v) の S に対応する領域を表す。

例題8.7　**スカラー場の面積分**

$\iint_{\mathrm{S}} (xy + yz)\mathrm{d}S$, S : $x + y + z = 1, x \geqq 0, y \geqq 0, z \geqq 0$ を求めよ。

解　曲面 S を (x, y) を変数として，$\boldsymbol{r} = x\boldsymbol{i} + y\boldsymbol{j} + (1 - x - y)\boldsymbol{k}$ $(x \geqq 0,\ y \geqq 0, 1 - x - y \geqq 0)$ と書くと，

$$\boldsymbol{r}_x = \boldsymbol{i} - \boldsymbol{k},\ \boldsymbol{r}_y = \boldsymbol{j} - \boldsymbol{k},\ \boldsymbol{r}_x \times \boldsymbol{r}_y = \boldsymbol{i} + \boldsymbol{j} + \boldsymbol{k},\ |\boldsymbol{r}_x \times \boldsymbol{r}_y| = \sqrt{3}$$
(あるいは，$E = 2,\ F = 1, G = 2$ より $\sqrt{EG - F^2} = \sqrt{3}$)
$$\therefore\quad \mathrm{d}S = \sqrt{3}\,\mathrm{d}x\,\mathrm{d}y$$

$$\iint_S (xy+yz)\mathrm{d}S = \iint_S \{xy + y(1-x-y)\}\mathrm{d}S$$
$$= \sqrt{3}\int_0^1 \mathrm{d}y \int_0^{1-y} y(1-y)\mathrm{d}x$$
$$= \sqrt{3}\int_0^1 y(1-y)^2 \mathrm{d}y = \underline{\frac{\sqrt{3}}{12}}$$ ■

ベクトル面積分

ある曲面上で，単位法線ベクトル $\boldsymbol{n}$ の向きのとり方には2通りある。今，曲面上の各点で $\boldsymbol{n}$ を適当に選んで，曲面全域にわたり $\boldsymbol{n}$ が連続になるようにできるとき，その曲面は**向きのつけられる曲面**あるいは**裏表のある曲面**という。以下では，向きのつけられる曲面のみを扱うことにする。

ベクトル場 $\boldsymbol{A}$ 内の曲面S上で，

$$\iint_S \boldsymbol{A}\cdot\mathrm{d}\boldsymbol{S} = \iint_S \boldsymbol{A}\cdot\boldsymbol{n}\mathrm{d}S = \iint_S A_n \mathrm{d}S$$

を $\boldsymbol{A}$ のS上での面積分という。ここで，$\boldsymbol{n}$ はS上の単位法線ベクトルであり，A_n は $\boldsymbol{A}$ の法線成分である。今，$\boldsymbol{A}$ が電場であれば，$\iint_S \boldsymbol{A}\cdot\mathrm{d}\boldsymbol{S}$ は曲面Sを貫く電気力線の数であり，$\boldsymbol{A}$ が電流密度であれば，単位時間にSから流れ出る電気量となる。

曲面Sが，$\boldsymbol{r} = x(u, v)\boldsymbol{i} + y(u, v)\boldsymbol{j} + z(u, v)\boldsymbol{k}$ で与えられるとき，

$$\boldsymbol{r}_u \times \boldsymbol{r}_v = \left(\frac{\partial x}{\partial u}\boldsymbol{i} + \frac{\partial y}{\partial u}\boldsymbol{j} + \frac{\partial z}{\partial u}\boldsymbol{k}\right) \times \left(\frac{\partial x}{\partial v}\boldsymbol{i} + \frac{\partial y}{\partial v}\boldsymbol{j} + \frac{\partial z}{\partial v}\boldsymbol{k}\right)$$
$$= \frac{\partial(y, z)}{\partial(u, v)}\boldsymbol{i} + \frac{\partial(z, x)}{\partial(u, v)}\boldsymbol{j} + \frac{\partial(x, y)}{\partial(u, v)}\boldsymbol{k}$$

であるから，Dを変数 (u, v) のSに対応する領域として，

$$\iint_S \boldsymbol{A}\cdot\boldsymbol{n}\mathrm{d}S = \iint_D \boldsymbol{A}\cdot(\boldsymbol{r}_u \times \boldsymbol{r}_v)\mathrm{d}u\mathrm{d}v$$
$$= \iint_D \left\{A_x \frac{\partial(y, z)}{\partial(u, v)} + A_y \frac{\partial(z, x)}{\partial(u, v)} + A_z \frac{\partial(x, y)}{\partial(u, v)}\right\}\mathrm{d}u\mathrm{d}v$$

となる。また，それぞれ $(u, v) \to (y, z)$，$(u, v) \to (z, x)$，$(u, v) \to (x, y)$ とすることにより，

$$\iint_S \boldsymbol{A}\cdot\boldsymbol{n}\mathrm{d}S = \iint_S (A_x \mathrm{d}y\mathrm{d}z + A_y \mathrm{d}z\mathrm{d}x + A_z \mathrm{d}x\mathrm{d}y) \qquad (8.18)$$

とも表される。

例題8.8　**ベクトル場の面積分**

ベクトル場 $\boldsymbol{A} = 2xz\,\boldsymbol{i} + yz\,\boldsymbol{j} + xy\,\boldsymbol{k}$ に対する面積分

$$\iint_S \boldsymbol{A}\cdot\boldsymbol{n}\,\mathrm{d}S$$

を求めよ。ただし，曲面 S は，球面 $x^2 + y^2 + z^2 = 1$ の $z \geqq 0$ の部分 (図 8.9) とし，単位法線ベクトル $\boldsymbol{n}$ は，原点から球面の外部に向かう向きとする。

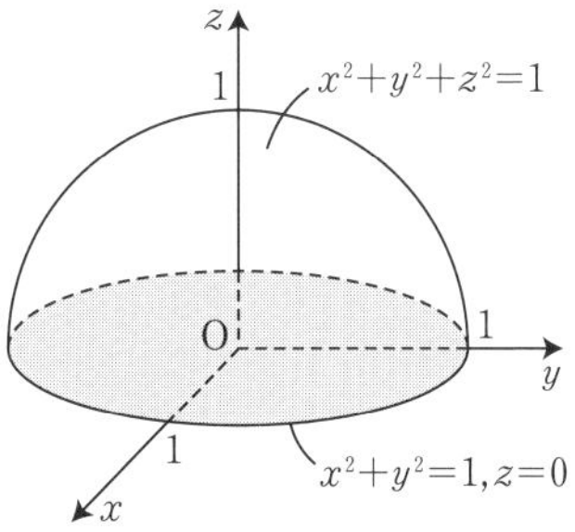

図8.9　ベクトル場の面積分

解　曲線座標として (θ, ϕ) をとり，

$$\begin{cases} x = \sin\theta\cos\phi \\ y = \sin\theta\sin\phi \quad (0 \leqq \theta \leqq \pi/2,\ 0 \leqq \phi < 2\pi) \\ z = \cos\theta \end{cases}$$

とおくと，$\boldsymbol{n}$ の向きは原点から球面の外部に向かう向きとなる。

$$\iint_S \boldsymbol{A}\cdot\boldsymbol{n}\mathrm{d}S = \iint_S (2xz\,\mathrm{d}y\mathrm{d}z + yz\,\mathrm{d}z\mathrm{d}x + xy\,\mathrm{d}x\mathrm{d}y)$$

において，

$$\mathrm{d}y\mathrm{d}z = \frac{\partial(y, z)}{\partial(\theta, \phi)}\mathrm{d}\theta\mathrm{d}\phi = \begin{vmatrix} \dfrac{\partial y}{\partial\theta} & \dfrac{\partial y}{\partial\phi} \\ \dfrac{\partial z}{\partial\theta} & \dfrac{\partial z}{\partial\phi} \end{vmatrix}\mathrm{d}\theta\mathrm{d}\phi$$

$$= \begin{vmatrix} \cos\theta\sin\phi & \sin\theta\cos\phi \\ -\sin\theta & 0 \end{vmatrix}\mathrm{d}\theta\mathrm{d}\phi = \sin^2\theta\cos\phi\,\mathrm{d}\theta\mathrm{d}\phi$$

$$\mathrm{d}z\mathrm{d}x = \frac{\partial(z, x)}{\partial(\theta, \phi)}\mathrm{d}\theta\mathrm{d}\phi = \begin{vmatrix} -\sin\theta & 0 \\ \cos\theta\cos\phi & -\sin\theta\sin\phi \end{vmatrix}\mathrm{d}\theta\mathrm{d}\phi$$

$$= \sin^2\theta\sin\phi\,\mathrm{d}\theta\mathrm{d}\phi$$

$$\mathrm{d}x\mathrm{d}y = \frac{\partial(x, y)}{\partial(\theta, \phi)}\mathrm{d}\theta\mathrm{d}\phi = \begin{vmatrix} \cos\theta\cos\phi & -\sin\theta\sin\phi \\ \cos\theta\sin\phi & \sin\theta\cos\phi \end{vmatrix}\mathrm{d}\theta\mathrm{d}\phi$$

$$= \sin\theta\cos\theta\,\mathrm{d}\theta\mathrm{d}\phi$$

より，

$$\iint_S 2xz \,\mathrm{d}y\mathrm{d}z = \int_0^{\pi/2} 2\sin^3\theta\cos\theta\,\mathrm{d}\theta \int_0^{2\pi}\cos^2\mathrm{d}\phi = \frac{\pi}{2}$$

$$\iint_S yz \,\mathrm{d}z\mathrm{d}x = \int_0^{\pi/2} \sin^3\theta\cos\theta\,\mathrm{d}\theta \int_0^{2\pi}\sin^2\phi\,\mathrm{d}\phi = \frac{\pi}{4}$$

$$\iint_S xy \,\mathrm{d}x\mathrm{d}y = \int_0^{\pi/2} \sin^3\theta\cos\theta\,\mathrm{d}\theta \int_0^{2\pi}\sin\phi\cos\phi\,\mathrm{d}\phi = 0$$

となり，

$$\iint_S \boldsymbol{A}\cdot\boldsymbol{n}\mathrm{d}S = \underline{\frac{3}{4}\pi}$$

を得る。■

別解

曲線座標として (x, y) を選ぶと，$\boldsymbol{n}$ の向きは原点から球面の外部に向かう向きとなる。$x^2+y^2+z^2=1$ において，z を x の関数と見て，両辺を x で偏微分することにより $\dfrac{\partial z}{\partial x} = -\dfrac{x}{z}$ となる。同様に，$\dfrac{\partial z}{\partial y} = -\dfrac{y}{z}$ となるから $\left(\dfrac{\partial y}{\partial x} = 0,\ \dfrac{\partial x}{\partial y} = 0\right)$，

$$\mathrm{d}y\mathrm{d}z = \frac{\partial(y, z)}{\partial(x, y)}\mathrm{d}x\mathrm{d}y = \begin{vmatrix} 0 & 1 \\ -\dfrac{x}{z} & -\dfrac{y}{z} \end{vmatrix}\mathrm{d}x\mathrm{d}y = \frac{x}{z}\mathrm{d}x\mathrm{d}y$$

$$\mathrm{d}z\mathrm{d}x = \frac{\partial(z, x)}{\partial(x, y)}\mathrm{d}x\mathrm{d}y = \begin{vmatrix} -\dfrac{x}{z} & -\dfrac{y}{z} \\ 1 & 0 \end{vmatrix}\mathrm{d}x\mathrm{d}y = \frac{y}{z}\mathrm{d}x\mathrm{d}y$$

となり，

$$\iint_S \boldsymbol{A}\cdot\boldsymbol{n}\,\mathrm{d}S = \iint_S (2xz\,\mathrm{d}y\mathrm{d}z + yz\,\mathrm{d}z\mathrm{d}x + xy\,\mathrm{d}x\mathrm{d}y)$$
$$= \iint_D (2x^2+y^2+xy)\mathrm{d}x\mathrm{d}y$$

となる。ここで，領域 D は，$x^2+y^2 \leqq 1$ である。そこで，$x = r\cos\theta$，$y = r\sin\theta\ (0 \leqq r \leqq 1,\ 0 \leqq \theta < 2\pi)$ とおくと，$\dfrac{\partial(x, y)}{\partial(r, \theta)} = r$ より，

$$\iint_S \boldsymbol{A}\cdot\boldsymbol{n}\mathrm{d}S = \int_0^1 r^3\mathrm{d}r\int_0^{2\pi}(1+\cos^2\theta+\sin\theta\cos\theta)\mathrm{d}\theta$$
$$= \frac{1}{4}\int_0^{2\pi}\left(\frac{3}{2}+\frac{1}{2}\cos 2\theta+\frac{1}{2}\sin 2\theta\right)\mathrm{d}\theta = \underline{\frac{3}{4}\pi}$$

となる。■

その他のベクトル面積分

スカラー場 φ のベクトル面積分は，

$$\iint_{\mathrm{S}} \varphi\, \mathrm{d}\boldsymbol{S} = \iint_{\mathrm{S}} \varphi\, \boldsymbol{n}\, \mathrm{d}S = \iint_{\mathrm{D}} \varphi(\boldsymbol{r}_u \times \boldsymbol{r}_v)\mathrm{d}u\mathrm{d}v$$

$$= \boldsymbol{i}\iint_{\mathrm{S}} \varphi\, \mathrm{d}y\mathrm{d}z + \boldsymbol{j}\iint_{\mathrm{S}} \varphi\, \mathrm{d}z\mathrm{d}x + \boldsymbol{k}\iint_{\mathrm{S}} \varphi\, \mathrm{d}x\mathrm{d}y$$

で与えられ，ベクトル場のベクトル面積分は，

$$\iint_{\mathrm{S}} \boldsymbol{A} \times \mathrm{d}\boldsymbol{S} = \iint_{\mathrm{S}} \boldsymbol{A} \times \boldsymbol{n}\, \mathrm{d}S = \iint_{\mathrm{D}} \boldsymbol{A} \times (\boldsymbol{r}_u \times \boldsymbol{r}_v)\mathrm{d}u\mathrm{d}v$$

$$\begin{aligned} &= \boldsymbol{i}\iint_{\mathrm{S}} (A_y \mathrm{d}x\mathrm{d}y - A_z \mathrm{d}z\mathrm{d}x) \\ &\quad + \boldsymbol{j}\iint_{\mathrm{S}} (A_z \mathrm{d}y\mathrm{d}z - A_x \mathrm{d}x\mathrm{d}y) \\ &\quad + \boldsymbol{k}\iint_{\mathrm{S}} (A_x \mathrm{d}z\mathrm{d}x - A_y \mathrm{d}y\mathrm{d}z) \end{aligned}$$

で与えられる。

章末問題

8.1 理想的な常磁性体の内部エネルギーは温度 T だけで決まり，単位体積あたり $\mathrm{d}U = C_m \mathrm{d}T$ と表される。ここで，C_m を温度によらない（磁化にもよらない）定数とする。また，外部磁場 H を変化させることにより磁性体の磁化を $\mathrm{d}M$ だけ変化させるとき，μ_0 を真空の透磁率として，磁場は磁性体に単位体積あたり $\mu_0 H \cdot \mathrm{d}M$ の仕事をする。常磁性体の磁化 M は，**キュリーの法則**

$$M = C\frac{H}{T}$$

で与えられる。ここで，C は**キュリー定数**と呼ばれる定数である。はじめ，温度 T_0 で，常磁性体に磁場 H_0 をかけておく。この状態から断熱状態で，磁場を H_0 から 0 まで準静的に変化させた後の磁性体の温度 T_1 を求めよ。ただし，磁性体の体積変化は無視できる。このようにして低温を実現する方法を**断熱消磁**という。

8.2 (1) $\boldsymbol{a}(t) = t^2\boldsymbol{i} + 2t\boldsymbol{j} + (t^2 - 3t)\boldsymbol{k}$ のとき，$\displaystyle\int_1^2 \boldsymbol{a}(t)\,\mathrm{d}t$ を求めよ。

(2) 質点の加速度ベクトルが $\boldsymbol{a}(t) = \ddot{\boldsymbol{r}} = 3\cos t\boldsymbol{i} + 4\sin 2t\boldsymbol{j} + 12t\boldsymbol{k}$ で与えられるとき，速度ベクトル $\boldsymbol{v}(t) = \dot{\boldsymbol{r}}$，位置ベクトル $\boldsymbol{r}(t)$ を求めよ。ただし，初期条件を $\boldsymbol{v}(0) = \boldsymbol{r}(0) = 0$ とする。

8.3 粒子にはたらく力が $\boldsymbol{F} = xy\,\boldsymbol{i} + (x + y)\boldsymbol{j} + (y + z)\boldsymbol{k}$ と表される力場において，粒子が曲線 $x = t, y = t^2, z = t^3$ に沿って点 $\mathrm{A}(t = 0)$ から点 $\mathrm{B}(t = 1)$ まで動くとき，粒子に力 $\boldsymbol{F}$ のする仕事

$$W = \int_{\mathrm{A}\to\mathrm{B}} \boldsymbol{F}\cdot \mathrm{d}\boldsymbol{r}$$

を求めよ。

8.4 ベクトル場 $\boldsymbol{A} = 2x\boldsymbol{i} + y\boldsymbol{j} + 2z\boldsymbol{k}$ に対する面積分

$$\iint_{\mathrm{S}} \boldsymbol{A}\cdot\boldsymbol{n}\,\mathrm{d}S$$

を求めよ。ただし，曲面Sは，平面 $\pi : x + y + z = 1$，$x \geqq 0$，$y \geqq 0$，$z \geqq 0$ (図8.10) とし，単位法線ベクトル $\boldsymbol{n}$ は，原点から平面 π へ引いた垂線の向かう向きとする。

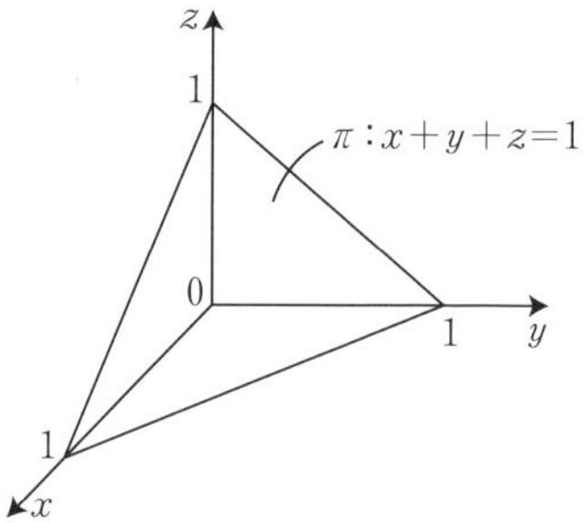

図8.10 ベクトル場の面積分の計算

8.5 スカラー場 φ の勾配，ベクトル場 $\boldsymbol{A}$ の発散，ベクトル場 $\boldsymbol{A}$ の回転が，次のように，積分の極限で表されることを証明せよ。ただし，Sは任意の閉曲面，V はSで囲まれた立体の体積を示す。また，単位法線ベクトル $\boldsymbol{n}$ は，立体の内部から外部へ向かう向きとする。

(1) $\mathrm{grad}\,\varphi = \lim_{V\to 0} \dfrac{\iint_{\mathrm{S}} \varphi\,\boldsymbol{n}\,\mathrm{d}S}{V}$　　(2) $\mathrm{div}\boldsymbol{A} = \lim_{V\to 0} \dfrac{\iint_{\mathrm{S}} \boldsymbol{A}\cdot\boldsymbol{n}\,\mathrm{d}S}{V}$

(3) $\mathrm{rot}\boldsymbol{A} = -\lim_{V\to 0} \dfrac{\iint_{\mathrm{S}} \boldsymbol{A}\times\boldsymbol{n}\,\mathrm{d}S}{V}$

第9章

本章と次章で，電磁気学を理解する上で大変重要な役割を果たす積分定理について考察する。まず，平面のグリーンの定理を考え，具体例により理解を深める。次に，ストークスの定理を考える。

いろいろな積分定理 I
── 電磁気学で役立つ数学

9.1　平面におけるグリーンの定理

x-y 平面において，図 9.1 のように，いくつかの閉曲線 C で囲まれた領域 D において，関数 $P(x, y), Q(x, y)$ とその偏導関数 $\dfrac{\partial P}{\partial y}, \dfrac{\partial Q}{\partial x}$ が連続であるとき，次の関係式が成り立つ。

$$\iint_{\mathrm{D}}\left(\frac{\partial Q}{\partial x}-\frac{\partial P}{\partial y}\right)\mathrm{d}x\mathrm{d}y=\int_{\mathrm{C}}(P\mathrm{d}x+Q\mathrm{d}y) \tag{9.1}$$

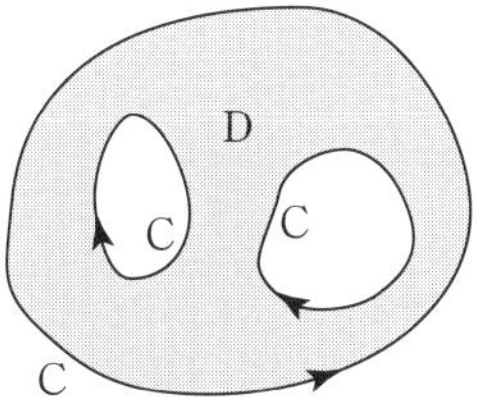

図9.1　平面におけるグリーンの定理

ただし，曲線の向きは，領域 D を左に見て進む向きにとるものとする。

これを**平面のグリーンの定理**という。

例題9.1　平面のグリーンの定理の証明

図 9.2 のように領域 D は 1 つの閉曲線 C で囲まれている。x 軸および y 軸に平行な直線と D がたかだか 2 点で交わる場合について，平面のグリーンの定理が成り立つことを証明せよ。

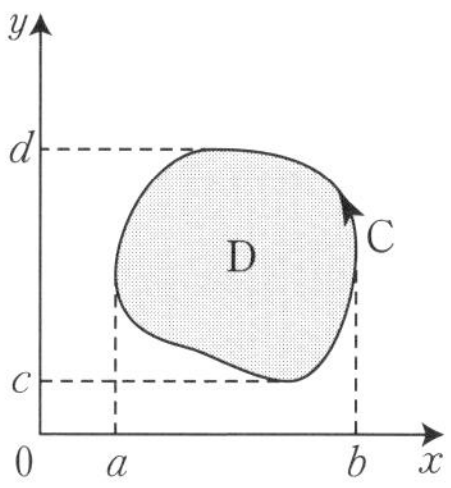

図9.2　定理の証明

解　このとき領域 D は，

$$a \leqq x \leqq b,\ \ y_1(x) \leqq y \leqq y_2(x) \tag{9.2}$$

あるいは，

$$c \leqq y \leqq d,\ \ x_1(y) \leqq x \leqq x_2(y) \tag{9.3}$$

のどちらでも表される。

$$\begin{aligned}\int_{\mathrm{D}} \frac{\partial Q}{\partial x}\,\mathrm{d}x\mathrm{d}y &= \int_c^d \mathrm{d}y \int_{x_1(y)}^{x_2(y)} \frac{\partial Q}{\partial x}\,\mathrm{d}x \\ &= \int_c^d [Q(x_2(y),\, y) - Q(x_1(y),\, y)]\mathrm{d}y \\ &= \int_c^d Q(x_2(y),\, y)\mathrm{d}y + \int_d^c Q(x_1(y),\, y)\mathrm{d}y = \int_{\mathrm{C}} Q\,\mathrm{d}y\end{aligned}$$

$$\begin{aligned}-\iint_{\mathrm{D}} \frac{\partial P}{\partial y}\,\mathrm{d}x\,\mathrm{d}y &= -\int_a^b \mathrm{d}x \int_{y_1(x)}^{y_2(x)} \frac{\partial P}{\partial y}\,\mathrm{d}y \\ &= -\int_a^b [P(x,\, y_2(x)) - P(x,\, y_1(x))]\mathrm{d}x \\ &= \int_a^b P(x,\, y_1(x))\mathrm{d}x + \int_b^a P(x,\, y_2(x))\mathrm{d}x = \int_{\mathrm{C}} P\mathrm{d}x\end{aligned}$$

これより，(9.1) 式が成り立つ。 ■

領域 D が一般的な場合，図 9.3 のように，領域 D を表式 (9.2)，(9.3) のどちらも成り立つ各部分領域 $\mathrm{D_1}$, $\mathrm{D_2}$, $\mathrm{D_3}$, …に分ける。そうすると，各部分領域に対して，$\mathrm{D} \to \mathrm{D_1}$, $\mathrm{D} \to \mathrm{D_2}$, $\mathrm{D} \to \mathrm{D_3}$, $\mathrm{D} \to \mathrm{D_4}$ と置き換えた (9.1) 式が成り立つから，各辺の和をとると，その左辺は (9.1) 式の左辺の面積分となり，その右辺は，各部分領域の接する部分の線積分は互いに打ち消し合う。その結果，領域 D($\mathrm{D_1}$, $\mathrm{D_2}$, $\mathrm{D_3}$, $\mathrm{D_4}$ の和の領域) の境界の線積分のみが残り，(9.1) 式の右辺に一致する。こうして，一般的な領域について，平面のグリーンの定理が成り立つことがわかる。

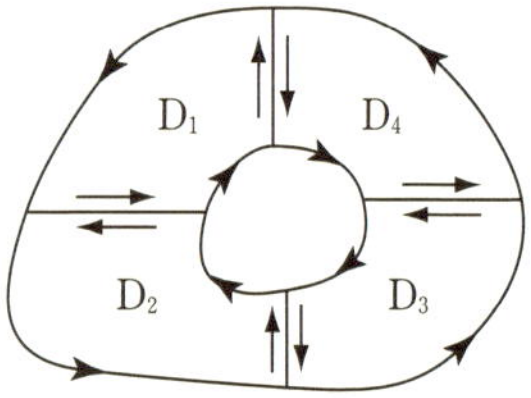

図9.3　領域Dが一般の場合

例題9.2　**平面のグリーンの定理の具体例**

図 9.4 に示されるように，領域 D が，

$$0 \leqq x \leqq 1,\ \ x^2 \leqq y \leqq x$$

と表されるとき，

$$P(x, y) = xy - y,\ \ Q(x, y) = x^2 + y^2$$

に対して，平面のグリーンの定理 (9.1) が成り立つことを示せ。

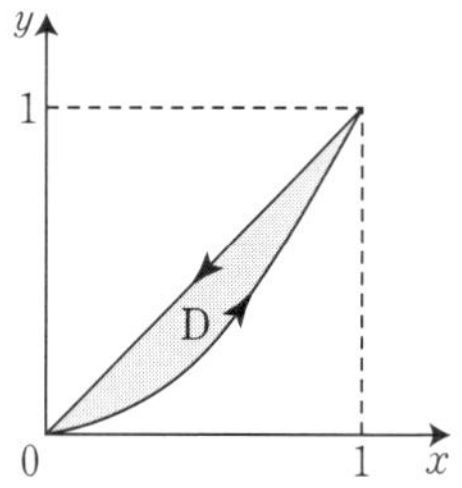

図9.4　グリーンの定理の計算

解

$$\frac{\partial Q}{\partial x} - \frac{\partial P}{\partial y} = 2x - (x - 1) = x + 1$$

より，

$$\iint_{\mathrm{D}} \left(\frac{\partial Q}{\partial x} - \frac{\partial P}{\partial y} \right) \mathrm{d}x\,\mathrm{d}y$$
$$= \int_0^1 (x + 1)\,\mathrm{d}x \int_{x^2}^{x} \mathrm{d}y$$
$$= \int_0^1 (-x^3 + x)\,\mathrm{d}x = \frac{1}{4}$$

曲線 $\mathrm{C}_1 : y = x^2$ に沿った $x = 0 \to 1$ の線積分は，$\mathrm{d}y = 2x\mathrm{d}x$ であることを用いて，

$$\int_{\mathrm{C}_1} (P\mathrm{d}x + Q\mathrm{d}y) = \int_0^1 (x \cdot x^2 - x^2)\,\mathrm{d}x + \int_0^1 (x^2 + (x^2)^2)(2x)\,\mathrm{d}x$$
$$= \int_0^1 (2x^5 + 3x^3 - x^2)\,\mathrm{d}x = \frac{3}{4}$$

直線 $\mathrm{C}_2 : y = x$ に沿った $x = 1 \to 0$ の線積分は，$\mathrm{d}y = \mathrm{d}x$ であることを用いて，

$$\int_{\mathrm{C}_2} (P\mathrm{d}x + Q\mathrm{d}y) = \int_1^0 (x \cdot x - x)\,\mathrm{d}x + \int_1^0 (x^2 + x^2)\,\mathrm{d}x = -\frac{1}{2}$$

$$\therefore\ \ \int_{\mathrm{C}} (P\mathrm{d}x + Q\mathrm{d}y) = \int_{\mathrm{C}_1} (P\mathrm{d}x + Q\mathrm{d}y) + \int_{\mathrm{C}_2} (P\mathrm{d}x + Q\mathrm{d}y)$$
$$= \frac{3}{4} - \frac{1}{2} = \frac{1}{4}$$

となり，(9.1) 式が成り立つことが示された。 ■

9.2　　ストークスの定理

図 9.5 のように，曲面 S は，いくつかの曲線 C で囲まれているとし，

各曲線の向きは，Sの単位法線ベクトル $\boldsymbol{n}$ を左に見て進む向きにとるものとする。

ベクトル場 $\boldsymbol{A}$ が連続な偏導関数をもつとすると，

$$\iint_{\mathrm{S}}(\mathrm{rot}\boldsymbol{A})\cdot \mathrm{d}\boldsymbol{S}=\iint_{\mathrm{S}}(\mathrm{rot}\boldsymbol{A})\cdot\boldsymbol{n}\,\mathrm{d}S$$
$$=\int_{\mathrm{C}}\boldsymbol{A}\cdot\mathrm{d}\boldsymbol{r} \qquad (9.4)$$

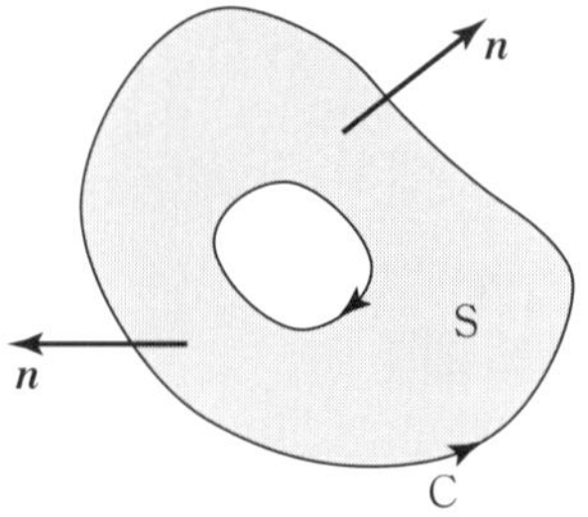

図9.5　ストークスの定理

が成り立つ。これを**ストークスの定理**という（証明は章末問題9.1参照）。

例題9.3　**ストークスの定理と平面のグリーンの定理**

ストークスの定理において，ベクトル場を，

$$\boldsymbol{A}=A_x\boldsymbol{i}+A_y\boldsymbol{j}$$

とおき，閉曲面Sを x-y 平面の領域Dととれば，平面のグリーンの定理を導くことができることを示せ。

解　$\mathrm{rot}\boldsymbol{A}=\left(\dfrac{\partial A_y}{\partial x}-\dfrac{\partial A_x}{\partial y}\right)\boldsymbol{k}$ であり，領域Dの単位法線ベクトルを $\boldsymbol{n}=\boldsymbol{k}$ ととれば，

$$\iint_{\mathrm{S}}(\mathrm{rot}\boldsymbol{A})\cdot\mathrm{d}\boldsymbol{S}=\iint_{\mathrm{S}}(\mathrm{rot}\boldsymbol{A})\cdot\boldsymbol{n}\,\mathrm{d}S=\iint_{\mathrm{D}}\left(\frac{\partial A_y}{\partial x}-\frac{\partial A_x}{\partial y}\right)\mathrm{d}x\mathrm{d}y$$

$$\int_{\mathrm{C}}\boldsymbol{A}\cdot\mathrm{d}\boldsymbol{r}=\int_{\mathrm{C}}(A_x\mathrm{d}x+A_y\mathrm{d}y)$$

ただし，Dを囲む閉曲線をCとし，Cの向きはDの $\boldsymbol{n}$ を左に見て進む向きにとるものとする。このとき，

$$\iint_{\mathrm{D}}\left(\frac{\partial A_y}{\partial x}-\frac{\partial A_x}{\partial y}\right)\mathrm{d}x\mathrm{d}y=\int_{\mathrm{C}}(A_x\mathrm{d}x+A_y\mathrm{d}y)$$

となり，平面のグリーンの定理が導かれる。■

アンペールの法則

「任意の閉曲線Cに沿って磁場を線積分した量は，Cで囲まれた曲面Sを貫いて流れる全電流に等しい。ただし，電流の向きは，閉曲線Cの向きに回る右ねじの進む向きとする」

これを**アンペールの法則**という。

電流密度（単位断面積あたりに流れる電流）を $\boldsymbol{J}$ とすると，曲面 $\mathrm{d}\boldsymbol{S}$ を流れる電流は，$\boldsymbol{J}\cdot\mathrm{d}\boldsymbol{S}$ と表される。図9.6のように，閉曲線をC，Cで囲まれた曲面をS，磁束密度（以後，これを単に磁場と呼ぶ）を $\boldsymbol{B}$，透磁率を μ とすると，積分形のアンペールの法則は，

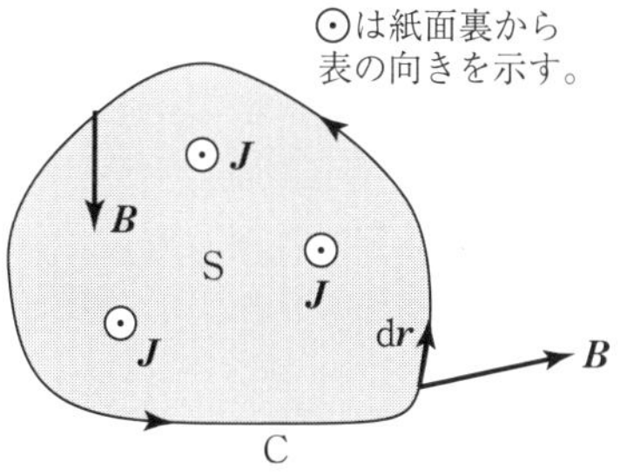

図9.6　アンペールの法則

$$\int_{\mathrm{C}} \boldsymbol{B}\cdot\mathrm{d}\boldsymbol{r} = \mu\iint_{\mathrm{S}} \boldsymbol{J}\cdot\mathrm{d}\boldsymbol{S} \tag{9.5}$$

と表される。ここで，曲線Cの向きは，曲面Sの単位法線ベクトル $\boldsymbol{n}$ を左に見て進む向きである。

磁場 $\boldsymbol{B}$ に対してストークスの定理

$$\int_{\mathrm{C}} \boldsymbol{B}\cdot\mathrm{d}\boldsymbol{r} = \iint_{\mathrm{S}} (\mathrm{rot}\boldsymbol{B})\cdot\mathrm{d}\boldsymbol{S}$$

を用いると，積分形のアンペールの法則 (9.5) より，微分形のアンペールの法則

$$\mathrm{rot}\boldsymbol{B} = \mu\boldsymbol{J} \tag{9.6}$$

を得る。

例題9.4　アンペールの法則と直線電流

図9.7のように，直線電流 I は，I を中心に同心円上の磁場 $\boldsymbol{B}$ をつくる。微分形のアンペールの法則 (9.6) を用いて，直線電流 I から距離 r だけ離れた点にできる磁場の強さ B を求めよ。

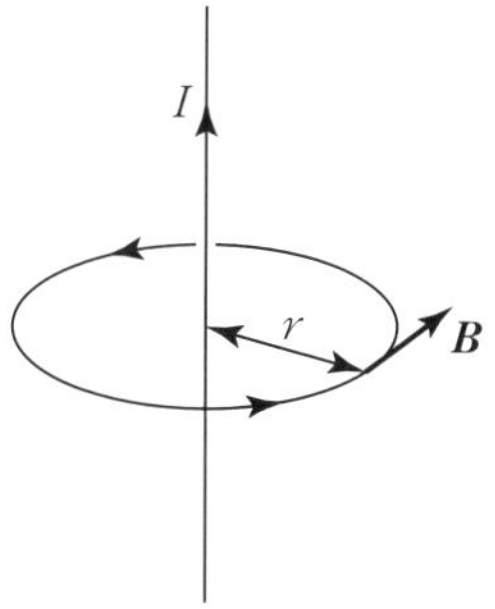

図9.7　直線電流のつくる磁場

解　直線電流 I を中心にした半径 r の円をC，Cで囲まれた曲面をSとする。(9.6) 式およびストークスの定理を用いると，

$$\mu I = \mu\iint_{\mathrm{S}} \boldsymbol{J}\cdot\mathrm{d}\boldsymbol{S} = \iint_{\mathrm{S}} (\mathrm{rot}\boldsymbol{B})\cdot\mathrm{d}\boldsymbol{S} = \int_{\mathrm{C}} \boldsymbol{B}\cdot\mathrm{d}\boldsymbol{r} = 2\pi rB$$

$$\therefore\quad B = \underline{\frac{\mu I}{2\pi r}}$$

■

例題9.5 **電磁誘導の法則**

図9.8のように，「任意の閉曲線Cに沿って電場 $\boldsymbol{E}$ を線積分した量は，閉曲線で囲まれた曲面Sを貫く磁束 Φ の時間変化に負号をつけたものに等しい。ただし，磁束の向きは，閉曲線Cの向きに回る右ねじの進む向きとする」

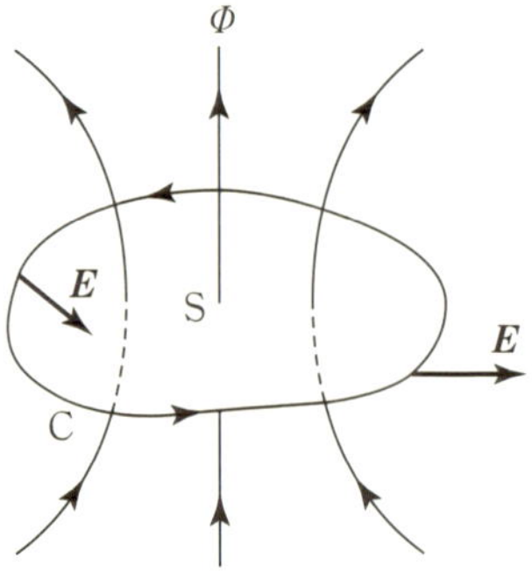

図9.8 電磁誘導の法則

これを，**ファラデーの電磁誘導の法則**という。ここで，閉曲線に沿って電場を線積分した量は，閉曲線1周に生じる誘導起電力に等しい。

この法則を積分形で表し，その上で，微分形を求めよ。

解 曲面 $\mathrm{d}\boldsymbol{S}$ を貫く磁束は，$\boldsymbol{B}\cdot\mathrm{d}\boldsymbol{S}$ と表されるから，積分形の電磁誘導の法則は，

$$\int_{\mathrm{C}} \boldsymbol{E}\cdot\mathrm{d}\boldsymbol{r} = -\frac{\partial}{\partial t}\iint_{\mathrm{S}} \boldsymbol{B}\cdot\mathrm{d}\boldsymbol{S} \tag{9.7}$$

と表される。ここで，ストークスの定理

$$\int_{\mathrm{C}} \boldsymbol{E}\cdot\mathrm{d}\boldsymbol{r} = \iint_{\mathrm{S}} (\mathrm{rot}\boldsymbol{E})\cdot\mathrm{d}\boldsymbol{S}$$

を用いて，微分形の電磁誘導の法則

$$\mathrm{rot}\boldsymbol{E} = -\frac{\partial \boldsymbol{B}}{\partial t} \tag{9.8}$$

を得る。 ■

9.3 保存力とポテンシャルⅡ

8.3節で学んだ保存力とポテンシャルの関係をさらに詳しく考察してみよう。

例題9.6 **保存力の条件**

力 $\boldsymbol{F}$ の作用する領域Dが保存力場となる，すなわち，スカラー場 ϕ を用いて $\boldsymbol{F} = -\mathrm{grad}\phi$ と表されるための必要十分条件は，D内の2点A,

B 間を結ぶ任意の曲線 C

$$\boldsymbol{r}(t) = x(t)\boldsymbol{i} + y(t)\boldsymbol{j} + z(t)\boldsymbol{k}$$

に沿った線積分

$$\int_{A\to B}\boldsymbol{F}\cdot d\boldsymbol{r} = \int_{A\to B}(F_x dx + F_y dy + F_z dz)$$

が途中の経路によらないことであることを示せ（図 9.9）。

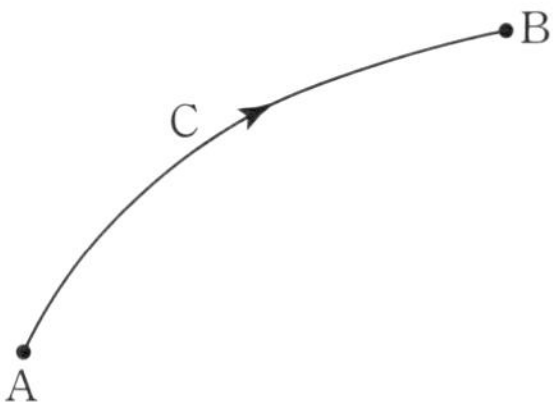

図9.9　保存力の条件

解

(a)　領域Dが保存力場であり，力 $\boldsymbol{F}$ がスカラーポテンシャル $\phi(t)$ をもち，

$$F_x = -\frac{\partial\phi}{\partial x},\ F_y = -\frac{\partial\phi}{\partial y},\ F_z = -\frac{\partial\phi}{\partial z}$$

と表され，D 内の 2 点 A, B が $t = t_A$, $t = t_B$ で表されるとする。このとき，

$$\int_{A\to B}\boldsymbol{F}\cdot d\boldsymbol{r} = -\int_{A\to B}\left(\frac{\partial\phi}{\partial x}dx + \frac{\partial\phi}{\partial y}dy + \frac{\partial\phi}{\partial z}dz\right)$$

$$= -\int_{A\to B}d\phi = -[\phi(t)]_{t_A}^{t_B} = \phi(t_A) - \phi(t_B)$$

となり，線積分 $\int_{A\to B}\boldsymbol{F}\cdot d\boldsymbol{r}$ は経路に無関係に点 A, B だけで決まる。

(b)　逆に，領域 D 内で線積分 $\int_{A\to B}\boldsymbol{F}\cdot d\boldsymbol{r}$ が経路に無関係であるとする。定点 $A_0(x_0, y_0, z_0)$ をとり，点 $A(x,\ y,\ z)$ と A_0 を曲線で結ぶ。このとき，線積分 $\int_{A\to A_0}\boldsymbol{F}\cdot d\boldsymbol{r}$ の値は点 A のみで定まるから，

$$\int_{A\to A_0}\boldsymbol{F}\cdot d\boldsymbol{r} = \phi_A = \phi(x, y, z)$$

とおく。

$\boldsymbol{F} = F_x\boldsymbol{i} + F_y\boldsymbol{j} + F_z\boldsymbol{k}$ とし，図 9.10 のように，D 内の点 A の近くに点 $P(x + \Delta x, y, z)$ をとる。このとき，

$$\phi_P = \phi(x + \Delta x, y, z) = \int_{P\to A_0}\boldsymbol{F}\cdot d\boldsymbol{r} = \int_{A\to A_0}\boldsymbol{F}\cdot d\boldsymbol{r} + \int_{P\to A}\boldsymbol{F}\cdot d\boldsymbol{r}$$

よって，積分の平均値の定理（後述の **注** を参照）を用いて，

$$\phi(x + \Delta x, y, z) - \phi(x, y, z) = \int_{P\to A}\boldsymbol{F}\cdot d\boldsymbol{r} = -\int_{A\to P}\boldsymbol{F}\cdot d\boldsymbol{r}$$

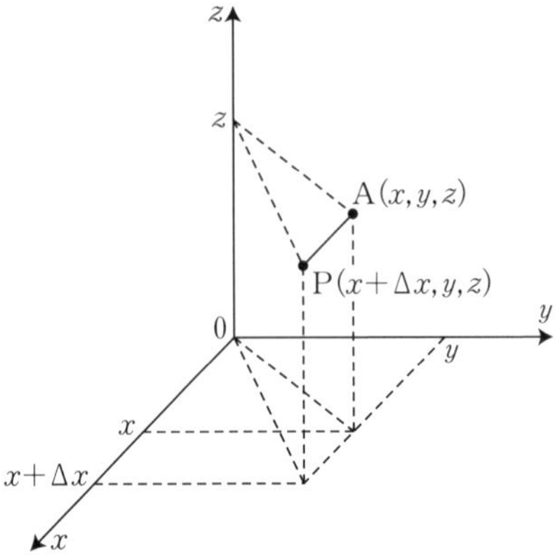

図9.10　点Aの近くの点P

$$= -\int_x^{x+\Delta x} F_x \mathrm{d}x = -F_x(\xi_x,\, y,\, z)\ \Delta x$$

$$\xi_x = x + \theta_x \cdot \Delta x,\ \ 0 < \theta_x < 1$$

となる。ここで，$\Delta x \to 0$ で $F_x(\xi_x,\, y,\, z) \to F_x(x,\, y,\, z)$ であるから，

$$F_x = -\lim_{\Delta x \to 0} \frac{\phi(x+\Delta x,\, y,\, z) - \phi(x,\, y,\, z)}{\Delta x} = -\frac{\partial \phi}{\partial x}$$

を得る。同様に，

$$F_y = -\frac{\partial \phi}{\partial y},\ \ F_z = -\frac{\partial \phi}{\partial z}$$

となるから，

$$\boldsymbol{F} = -\mathrm{grad}\phi$$

と表されることがわかる。■

注　積分の平均値の定理

$f(x)$ が連続関数ならば，

$$\int_a^b f(x)\mathrm{d}x = (b-a)f(c)$$

$$a<c<b$$

となる c が存在する（図 9.11）。

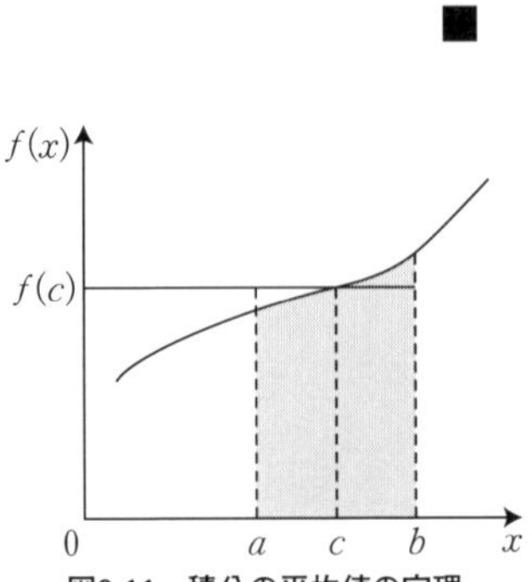

図9.11　積分の平均値の定理

ポテンシャルをもつ条件

領域 D 内のすべての閉曲線を D 内で連続的に変形して 1 点に収束できるとき，D を**単連結な領域**という。

単連結な領域におけるベクトル場 $\boldsymbol{A}$ がポテンシャル φ をもつ必要十分条件は，

$$\mathrm{rot}\boldsymbol{A} = 0$$

である。なぜならば，ベクトル場が $\boldsymbol{A} = \mathrm{grad}\varphi$ と表されるならば，$\mathrm{rot\ grad}\varphi = 0$ となることは明らかである。

逆に，$\mathrm{rot}\boldsymbol{A} = 0$ が成り立つとする。領域 D は単連結であるから，D 内の任意の曲面 S の境界は 1 つの閉曲線 C をもつ。ストークスの定理より，

$$\int_{\mathrm{C}} \boldsymbol{A}\cdot \mathrm{d}\boldsymbol{r} = \iint_{\mathrm{S}} (\mathrm{rot}\boldsymbol{A})\cdot \mathrm{d}\boldsymbol{S} = 0$$

となる。領域 D 内の任意の閉曲線 C に沿った線積分が 0 のとき，任意の 2 点 A, B 間の線積分 $\int_{\mathrm{A}\to\mathrm{B}} \boldsymbol{A}\cdot \mathrm{d}\boldsymbol{r}$ は経路によらず，A, B だけで決まる（章末問題 9.2 参照）。よって，$\boldsymbol{A}$ はポテンシャル φ をもつ。

ある領域 R 内の 1 つの閉曲線 C_1 に沿った線積分が 0 にならないとき，C_1 上の 2 点 $\mathrm{A}_1, \mathrm{B}_1$ 間の線積分は，点 $\mathrm{A}_1, \mathrm{B}_1$ だけでなく経路により異なる。このとき，R 内で与えられるベクトル場はポテンシャルをもたない。

ビオ-サバールの法則

図 9.12 のように，曲線 C に沿って強さ I の電流が流れるとき，透磁率を μ，C 上の任意の点 Q から点 P へ至るベクトルを $\boldsymbol{r}$ とすると，点 P には，

$$\boldsymbol{B} = \frac{\mu}{4\pi}\int_{\mathrm{C}} \frac{I\mathrm{d}\boldsymbol{r} \times \boldsymbol{r}}{r^3} \qquad (9.9)$$

で与えられる磁場が生じる。これを**ビオ-サバールの法則**という。

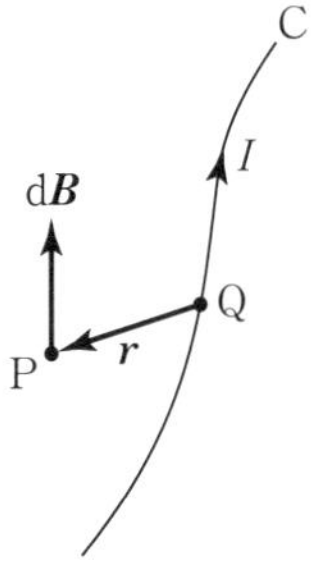

図9.12
ビオ-サバールの法則

一般に，いくつかの曲線 C_1, C_2, …に沿って電流 I_1, I_2, …が流れて磁場 $\boldsymbol{B}$ が生じているとき，曲線 C_1, C_2, …を**渦糸**（うずいと）といい，I_1, I_2, …を**渦糸の強さ**という。

例題9.7　**直線電流のつくる磁場**

(1)　図 9.13 のように，真空中で，z 軸上を強さ I の無限に長い直線電流が流れるとき，点 (x, y, z) にできる磁場 $\boldsymbol{B}$ を，ビオ-サバールの法則を用いて求めよ。ただし，透磁率を μ とする。

(2)　(1) で求めた磁場 $\boldsymbol{B}$ は，z 軸を除く全空間を考えるとスカラーポテンシャルをもたないことを，適当な閉曲線 C をとって線積分 $\int_{\mathrm{C}} \boldsymbol{B}\cdot \mathrm{d}\boldsymbol{r}$ を計算することにより示せ。

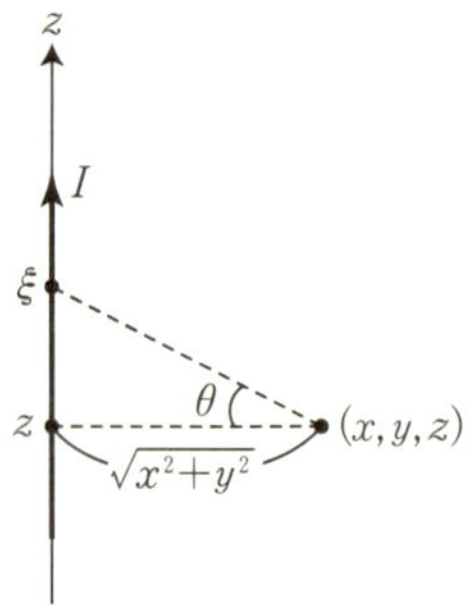

図9.13　ビオ-サバールの法則を用いた計算

(3)　z 軸上を除いて，$y > 0$ の半空間では，磁場 $\boldsymbol{B}$ は，

$$\phi = \frac{\mu I}{2\pi} \tan^{-1} \frac{y}{x} \quad (-\pi < \phi < \pi)$$

で表されるスカラーポテンシャルをもち，$\boldsymbol{B} = \mathrm{grad}\phi$ と表されることを示せ。

解

(1)　点 (x, y, z) における磁場 $\boldsymbol{B}$ は，(9.9) 式より，

$$\boldsymbol{B} = \frac{\mu}{4\pi}\int_{-\infty}^{\infty} \frac{I(\mathrm{d}\xi \boldsymbol{k}) \times [x\boldsymbol{i} + y\boldsymbol{j} + (z-\xi)\boldsymbol{k}]}{[x^2 + y^2 + (z-\xi)^2]^{3/2}}$$

$$= \frac{\mu I}{4\pi}(x\boldsymbol{j} - y\boldsymbol{i})\int_{-\infty}^{\infty} \frac{\mathrm{d}\xi}{[x^2 + y^2 + (z-\xi)^2]^{3/2}}$$

と書ける。ここで，$\xi - z = \sqrt{x^2+y^2}\tan\theta \left(-\frac{\pi}{2} < \theta < \frac{\pi}{2}\right)$ とおくと，

$$\frac{\mathrm{d}\xi}{\mathrm{d}\theta} = \sqrt{x^2+y^2}\,\frac{1}{\cos^2\theta} = \sqrt{x^2+y^2}\,(1+\tan^2\theta)$$

$$[x^2 + y^2 + (z-\xi)^2]^{3/2} = (x^2+y^2)^{3/2}(1+\tan^2\theta)^{3/2}$$

となるから，

$$\int_{-\infty}^{\infty} \frac{\mathrm{d}\xi}{[x^2 + y^2 + (z-\xi)^2]^{3/2}} = \frac{2}{x^2+y^2}\int_0^{\pi/2} \cos\theta\,\mathrm{d}\theta = \frac{2}{x^2+y^2}$$

となり，

$$\underline{\boldsymbol{B} = \frac{\mu I}{2\pi}\left(-\frac{y}{x^2+y^2}\boldsymbol{i} + \frac{x}{x^2+y^2}\boldsymbol{j}\right)}$$

を得る。

(2)　閉曲線をCとして x-y 平面上の単位円

$$x=\cos\theta,\ \ y=\sin\theta,\ \ z=0\quad (0\leqq\theta<2\pi))$$

をとると，$\dfrac{\mathrm{d}x}{\mathrm{d}\theta}=-\sin\theta,\ \dfrac{\mathrm{d}y}{\mathrm{d}\theta}=\cos\theta$ であるから，

$$\begin{aligned}\int_{\mathrm{C}}\boldsymbol{B}\cdot\mathrm{d}\boldsymbol{r}&=\frac{\mu I}{2\pi}\int_{\mathrm{C}}\left(-\frac{y}{x^2+y^2}\,\mathrm{d}x+\frac{x}{x^2+y^2}\,\mathrm{d}y\right)\\&=\frac{\mu I}{2\pi}\int_0^{2\pi}\left[-\sin\theta\frac{\mathrm{d}x}{\mathrm{d}\theta}+\cos\theta\frac{\mathrm{d}y}{\mathrm{d}\theta}\right]\mathrm{d}\theta\\&=\frac{\mu I}{2\pi}\int_0^{2\pi}\mathrm{d}\theta=\mu I\neq 0\end{aligned}$$

となるから，磁場 $\boldsymbol{B}$ はポテンシャルをもたない。

しかし，

$$\begin{aligned}\mathrm{rot}\boldsymbol{B}&=\frac{\mu I}{2\pi}\left[\frac{\partial}{\partial x}\left(\frac{x}{x^2+y^2}\right)-\frac{\partial}{\partial y}\left(-\frac{y}{x^2+y^2}\right)\right]\boldsymbol{k}\\&=\frac{\mu I}{2\pi}\left[\frac{x^2+y^2-x\cdot 2x}{(x^2+y^2)^2}+\frac{x^2+y^2-y\cdot 2y}{(x^2+y^2)^2}\right]\boldsymbol{k}=0\end{aligned}$$

$$\therefore\quad \iint_{\mathrm{S}}(\mathrm{rot}\boldsymbol{B})\cdot\mathrm{d}\boldsymbol{S}=0$$

となることに注意しよう。ここでSは，閉曲線Cで囲まれた曲面である。z 軸上 $(x=y=0)$ でベクトル場 $\boldsymbol{B}$ は発散するため，曲面Sは単連結ではなく，

$$\int_{\mathrm{C}}\boldsymbol{B}\cdot\mathrm{d}\boldsymbol{r}=\mu I\neq 0$$

となる。

(3)　$\dfrac{\mathrm{d}}{\mathrm{d}x}(\tan^{-1}x)=\dfrac{1}{1+x^2}$ より，

$$\frac{\partial}{\partial x}\left(\tan^{-1}\frac{y}{x}\right)=-\frac{y}{x^2+y^2},\quad \frac{\partial}{\partial y}\left(\tan^{-1}\frac{y}{x}\right)=\frac{x}{x^2+y^2}$$

よって，

$$\boldsymbol{B}=\mathrm{grad}\phi=\frac{\mu I}{2\pi}\left(-\frac{y}{x^2+y^2}\boldsymbol{i}+\frac{x}{x^2+y^2}\boldsymbol{j}\right)$$

となり，磁場 $\boldsymbol{B}$ はポテンシャル $\phi=\dfrac{\mu I}{2\pi}\tan^{-1}\dfrac{y}{x}$ $(-\pi<\phi<\pi)$ をもつことがわかる。■

章末問題

9.1　曲面 S を曲線座標 (u, v) により，

$$\boldsymbol{r} = x(u, v)\boldsymbol{i} + y(u, v)\boldsymbol{j} + z(u, v)\boldsymbol{k}$$

と表し，ベクトル場を，

$$\boldsymbol{A} = A_x\boldsymbol{i} + A_y\boldsymbol{j} + A_z\boldsymbol{k}$$

とおく。

(1)
$$\iint_{\mathrm{S}} (\mathrm{rot}\boldsymbol{A})\cdot \mathrm{d}\boldsymbol{S} = \iint_{\mathrm{D}} \left[\left(\frac{\partial A_x}{\partial u}\frac{\partial x}{\partial v} + \frac{\partial A_y}{\partial u}\frac{\partial y}{\partial v} + \frac{\partial A_z}{\partial u}\frac{\partial z}{\partial v} \right) - \left(\frac{\partial A_x}{\partial v}\frac{\partial x}{\partial u} + \frac{\partial A_y}{\partial v}\frac{\partial y}{\partial u} + \frac{\partial A_z}{\partial v}\frac{\partial z}{\partial u} \right) \right] \mathrm{d}u\,\mathrm{d}v \quad (9.10)$$

が成り立つことを示せ。

(2)　(u, v) で表される曲面 S に対しても平面のグリーンの定理が成り立つことを用いて，ストークスの定理 (9.4) を証明せよ。

9.2　領域 D において線積分 $\int \boldsymbol{F}\cdot \mathrm{d}\boldsymbol{r}$ が経路によらないことと，D 内の任意の閉曲線 C に沿った 1 周の線積分が 0 になること，すなわち，

$$\int_{\mathrm{C}} \boldsymbol{F}\cdot \mathrm{d}\boldsymbol{r} = 0$$

は同値であることを示せ。

第 10 章

本章では，まずガウスの発散定理，そして空間でのグリーンの定理を考える。ガウスの定理を用いると，電磁気学の重要法則であるガウスの法則の微分形を導くことができる。

いろいろな積分定理 II
——電磁気学で役立つ数学

10.1　ガウスの発散定理

空間の領域 V における**体積分**（**体積積分**ともいう）と，V の境界の閉曲面 S における面積分の関係を考える。

領域 V とその境界面 S において，ベクトル場 $\boldsymbol{A}$ が連続な偏導関数をもつとき，

$$\iiint_{\mathrm{V}} \mathrm{div}\boldsymbol{A}\, \mathrm{d}V = \iint_{\mathrm{S}} \boldsymbol{A}\cdot\boldsymbol{n}\, \mathrm{d}S = \iint_{\mathrm{S}} \boldsymbol{A}\cdot \mathrm{d}\boldsymbol{S} \tag{10.1}$$

が成り立つ。ただし，閉曲面 S の単位法線ベクトル $\boldsymbol{n}$ の方向は V から外に向かう向きである。これを**ガウスの発散定理**という。

例題10.1　**ガウスの発散定理の証明**

ベクトル場を $\boldsymbol{A} = A_x\boldsymbol{i} + A_y\boldsymbol{j} + A_z\boldsymbol{k}$ とおくと，(10.1) 式は，

$$\iiint_{\mathrm{V}} \left(\frac{\partial A_x}{\partial x} + \frac{\partial A_y}{\partial y} + \frac{\partial A_z}{\partial z} \right) \mathrm{d}x\mathrm{d}y\mathrm{d}z$$
$$= \iint_{\mathrm{S}} (A_x \mathrm{d}y\mathrm{d}z + A_y \mathrm{d}z\mathrm{d}x + A_z \mathrm{d}x\mathrm{d}y) \tag{10.2}$$

と表される。図 10.1 のように，領域 V が，

$$z_1(x, y) \leqq z \leqq z_2(x, y)$$

と書ける場合を考えて，

$$\iiint_V \frac{\partial A_z}{\partial z}\,\mathrm{d}x\mathrm{d}y\mathrm{d}z = \iint_S A_z \mathrm{d}x\mathrm{d}y \tag{10.3}$$

が成り立つことを示せ。

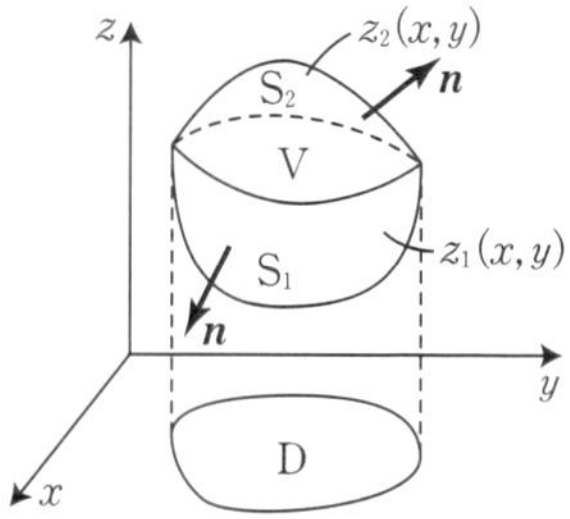

図10.1　ガウスの発散定理

解　図 10.1 のように，曲面 S_1, S_2 の方程式をそれぞれ $z_1 = z_1(x, y)$, $z_2 = z_2(x, y)$ とする。曲線座標 (x, y) の単位法線ベクトル $\boldsymbol{n}$ の向きは，曲面 S_2 の単位法線ベクトル $\boldsymbol{n}$ の向きとは一致しているが，S_1 とは逆になることに注意すると，

$$\begin{aligned}
&\iiint_V \frac{\partial A_z}{\partial z}\,\mathrm{d}x\mathrm{d}y\mathrm{d}z \\
&= \iint_D \left(\int_{z_1(x,y)}^{z_2(x,y)} \frac{\partial A_z}{\partial z}\,\mathrm{d}z\right)\mathrm{d}x\mathrm{d}y \\
&= \iint_D [A_z(x, y, z_2(x, y)) - A_z(x, y, z_1(x, y))]\,\mathrm{d}x\mathrm{d}y \\
&= \iint_{S_2} A_z \mathrm{d}x\mathrm{d}y + \iint_{S_1} A_z \mathrm{d}x\mathrm{d}y = \iint_S A_z \mathrm{d}x\mathrm{d}y
\end{aligned}$$

となり，(10.3) 式が導かれた。　■

同じ領域 V に対して，(10.2) 式左辺の第 1 項は x 座標について，第 2 項は y 座標について上と同様の積分を行い，

$$\begin{aligned}
&\iiint_V \left(\frac{\partial A_x}{\partial x} + \frac{\partial A_y}{\partial y} + \frac{\partial A_z}{\partial z}\right)\mathrm{d}x\mathrm{d}y\mathrm{d}z \\
&\qquad = \iint_S (A_x \mathrm{d}y\mathrm{d}z + A_y \mathrm{d}z\mathrm{d}x + A_z \mathrm{d}x\mathrm{d}y)
\end{aligned}$$

を得る。

一般の領域に対しては，領域を図 10.1 のような領域に分割することにより，(10.1) 式を証明することができる。

例題10.2　ガウスの法則

真空中で，点 $P_0(x_0, y_0, z_0)$ に点電荷 Q が固定されているとき，点 P_0 から点 $P(x, y, z)$ への位置ベクトルを，

$$\boldsymbol{r} = (x - x_0)\boldsymbol{i} + (y - y_0)\boldsymbol{j} + (z - z_0)\boldsymbol{k}$$

とすると，点 P の電場 $\boldsymbol{E}$ は，$r = |\boldsymbol{r}|$ として，

$$\boldsymbol{E} = \frac{Q}{4\pi\varepsilon_0}\frac{\boldsymbol{r}}{r^3}$$

と表される。ここで，ε_0 は真空の誘電率である。閉曲面Sで囲まれた領域Vをとるとき，次のそれぞれの場合について，面積分 $\iint_S \boldsymbol{E}\cdot d\boldsymbol{S}$ を求めよ。ただし，閉曲面Sの単位法線ベクトル $\boldsymbol{n}$ は，Vの外向きにとるものとする。

(1)　点 P_0 が領域Vと閉曲面Sに含まれない場合

(2)　点 P_0 が領域Vに含まれる場合

解

(1)　点電荷 Q の置かれた点 P_0 を除いて電場 $\boldsymbol{E}$ は定義されており，$\boldsymbol{E}$ は連続な偏導関数をもつ。よって，ガウスの発散定理 (10.1) を用いると，

$$\iint_S \boldsymbol{E}\cdot d\boldsymbol{S} = \frac{Q}{4\pi\varepsilon_0}\iint_S \frac{\boldsymbol{r}}{r^3}\, d\boldsymbol{S} = \frac{Q}{4\pi\varepsilon_0}\iiint_V \mathrm{div}\left(\frac{\boldsymbol{r}}{r^3}\right)dV$$

となる。7.4 節の式 (e) より，

$$\mathrm{div}\left(\frac{\boldsymbol{r}}{r^3}\right) = \mathrm{grad}\left(\frac{1}{r^3}\right)\cdot\boldsymbol{r} + \frac{1}{r^3}\,\mathrm{div}\,\boldsymbol{r}$$

となる。ここで，

$$\begin{aligned}\frac{\partial r}{\partial x} &= \frac{\partial}{\partial x}\sqrt{(x-x_0)^2+(y-y_0)^2+(z-z_0)^2}\\ &= \frac{1}{2}\frac{2(x-x_0)}{\sqrt{(x-x_0)^2+(y-y_0)^2+(z-z_0)^2}} = \frac{x-x_0}{r}\end{aligned}$$

$$\frac{\partial r}{\partial y} = \frac{y-y_0}{r},\quad \frac{\partial r}{\partial z} = \frac{z-z_0}{r}$$

を用いて，

$$\begin{aligned}\mathrm{grad}\left(\frac{1}{r^3}\right) &= \frac{\partial}{\partial x}\left(\frac{1}{r^3}\right)\boldsymbol{i} + \frac{\partial}{\partial y}\left(\frac{1}{r^3}\right)\boldsymbol{j} + \frac{\partial}{\partial z}\left(\frac{1}{r^3}\right)\boldsymbol{k}\\ &= -\frac{3}{r^4}\frac{x-x_0}{r}\boldsymbol{i} - \frac{3}{r^4}\frac{y-y_0}{r}\boldsymbol{j} - \frac{3}{r^4}\frac{z-z_0}{r}\boldsymbol{k}\\ &= -\frac{3}{r^4}\frac{\boldsymbol{r}}{r}\end{aligned}$$

$$\mathrm{div}\,\boldsymbol{r} = 3$$

より，

$$\mathrm{div}\left(\frac{\boldsymbol{r}}{r^3}\right) = -\frac{3}{r^4}\frac{\boldsymbol{r}}{r}\cdot\boldsymbol{r} + \frac{3}{r^3} = 0$$

を得る。こうして，

$$\iint_{\mathrm{S}} \boldsymbol{E}\cdot \mathrm{d}\boldsymbol{S} = \underline{0}$$

となる。

(2)　図 10.2 のように，領域 V に含まれるように，点 P_0 を中心に半径 a の球面 S_1 をとり，S_1 の単位法線ベクトル $\boldsymbol{n}$ を点 P_0 に向かう向きにとる。閉曲面 S と球面 S_1 で囲まれた領域 V_1 および境界面 S と S_1 に点 P_0 は含まれない。したがって，(1) より，

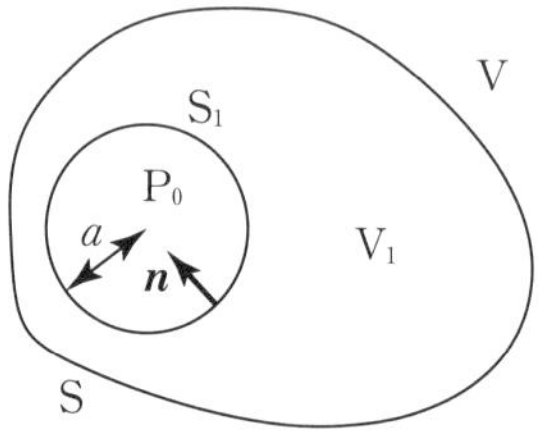

図10.2　ガウスの法則

$$\iint_{\mathrm{S}+\mathrm{S}_1} \boldsymbol{E}\cdot \mathrm{d}\boldsymbol{S} = \iint_{\mathrm{S}} \boldsymbol{E}\cdot \mathrm{d}\boldsymbol{S} + \iint_{\mathrm{S}_1} \boldsymbol{E}\cdot \mathrm{d}\boldsymbol{S} = 0$$

となる。ここで，球面 S_1 上で $\boldsymbol{r} = -a\boldsymbol{n}$ と書けることより，

$$\iint_{\mathrm{S}_1} \boldsymbol{E}\cdot \mathrm{d}\boldsymbol{S} = \frac{Q}{4\pi\varepsilon_0}\iint_{\mathrm{S}_1} \frac{-a\boldsymbol{n}}{a^3}\cdot\boldsymbol{n}\,\mathrm{d}S = -\frac{Q}{4\pi\varepsilon_0 a^2}\cdot 4\pi a^2 = -\frac{Q}{\varepsilon_0}$$

となるから，

$$\iint_{\mathrm{S}} \boldsymbol{E}\cdot \mathrm{d}\boldsymbol{S} = -\iint_{\mathrm{S}_1} \boldsymbol{E}\cdot \mathrm{d}\boldsymbol{S} = \underline{\frac{Q}{\varepsilon_0}}$$

■

真空中で，任意の閉曲面 S で囲まれた領域 V 内に多数の点電荷 Q_1, Q_2, … が分布するとき，点電荷 Q_1, Q_2, … による電場をそれぞれ $\boldsymbol{E}_1$, $\boldsymbol{E}_2$, … とする。このとき，

$$\iint_{\mathrm{S}} \boldsymbol{E}_1\cdot \mathrm{d}\boldsymbol{S} = \frac{Q_1}{\varepsilon_0},\ \iint_{\mathrm{S}} \boldsymbol{E}_2\cdot \mathrm{d}\boldsymbol{S} = \frac{Q_2}{\varepsilon_0},\ \cdots$$

であるから，$\boldsymbol{E} = \boldsymbol{E}_1 + \boldsymbol{E}_2 + \cdots$，$Q = Q_1 + Q_2 + \cdots$ とすると，

$$\iint_{\mathrm{S}} \boldsymbol{E}\cdot \mathrm{d}\boldsymbol{S} = \frac{Q}{\varepsilon_0}$$

となる。

電荷が連続的に分布しているとき，位置 $\boldsymbol{r} = (x - x_0)\boldsymbol{i} + (y - y_0)\boldsymbol{j} + (z - z_0)\boldsymbol{k}$ の点 P での電荷密度を $\rho(\boldsymbol{r})$ とすると，V 内の電荷の総和が，

$$Q = \iiint_{\mathrm{V}} \rho(\boldsymbol{r})\,\mathrm{d}x\mathrm{d}y\mathrm{d}z$$

と表されることを用いると，例題 10.2 の結果は，

$$\iint_S \boldsymbol{E}\cdot \mathrm{d}\boldsymbol{S} = \frac{1}{\varepsilon_0}\iiint_V \rho(\boldsymbol{r})\,\mathrm{d}x\mathrm{d}y\mathrm{d}z \tag{10.4}$$

と表される。これを**積分形のガウスの法則**という。

(10.4) 式にガウスの発散定理 (10.1)

$$\iint_S \boldsymbol{E}\cdot \mathrm{d}\boldsymbol{S} = \iiint_V \mathrm{div}\boldsymbol{E}\ \mathrm{d}V$$

を適用すると，**微分形のガウスの法則**

$$\mathrm{div}\boldsymbol{E} = \frac{1}{\varepsilon_0}\rho(\boldsymbol{r}) \tag{10.5}$$

を得る。

例題10.3　**グリーンの定理**

境界面 S で囲まれた領域を V とし，S の単位法線ベクトル $\boldsymbol{n}$ を V の外向きにとる。φ と ψ をスカラー場とすると，

$$\iiint_V (\varphi\,\nabla^2\psi + \mathrm{grad}\varphi\cdot\mathrm{grad}\psi)\mathrm{d}V = \iint_S \varphi\frac{\partial\psi}{\partial n}\mathrm{d}S \tag{10.6}$$

$$\iiint_V (\psi\,\nabla^2\varphi - \varphi\,\nabla^2\psi)\mathrm{d}V = \iint_S \left(\psi\frac{\partial\varphi}{\partial n} - \varphi\frac{\partial\psi}{\partial n}\right)\mathrm{d}S \tag{10.7}$$

が成り立つことを示せ。ただし，$\dfrac{\partial\varphi}{\partial n}$ と $\dfrac{\partial\psi}{\partial n}$ は，それぞれ φ と ψ の法線方向の方向微分係数である。(10.6) 式，(10.7) 式を**グリーンの定理**という。

解　ガウスの発散定理 (10.1) において，$\boldsymbol{A} = \varphi\mathrm{grad}\psi$ とおく。7.4 節の (a), (e) の関係式，および，方向微分係数の性質 (7.17) を用いると，

$$\mathrm{div}\boldsymbol{A} = \mathrm{div}(\varphi\mathrm{grad}\psi) = \varphi\,\nabla^2\psi + \mathrm{grad}\varphi\cdot\mathrm{grad}\psi$$

$$\boldsymbol{A}\cdot\boldsymbol{n} = \varphi(\mathrm{grad}\psi\cdot\boldsymbol{n}) = \varphi\frac{\partial\psi}{\partial n}$$

となることから，(10.6) 式を得る。

次に，(10.6) 式で φ と ψ を入れ替えると，

$$\iiint_V (\psi\,\nabla^2\varphi + \mathrm{grad}\psi\cdot\mathrm{grad}\varphi)\mathrm{d}V = \iint_S \psi\frac{\partial\varphi}{\partial n}\mathrm{d}S \tag{10.8}$$

となり，(10.8) 式から (10.6) 式を引くことにより，(10.7) 式を得ることができる。　■

10.2　ラプラス方程式とポアソン方程式

10.1 節で説明したように，電場 $\boldsymbol{E}(x, y, z)$ に対して微分形のガウスの法則

$$\mathrm{div}\boldsymbol{E} = \frac{1}{\varepsilon_0}\rho(\boldsymbol{r}) \tag{10.5}$$

が成り立つ。一方，7.2 節で述べたように，静電場 $\boldsymbol{E}(x, y, z)$ は静電ポテンシャル $\phi(x, y, z)$ を用いて，

$$\boldsymbol{E} = -\mathrm{grad}\phi \tag{7.21}$$

と表される。(7.21) 式を (10.5) 式へ代入すると，$\mathrm{div}\ \mathrm{grad}\phi = \nabla^2\phi$ と書けるから，

$$\nabla^2\phi = -\frac{1}{\varepsilon_0}\rho(\boldsymbol{r}) \tag{10.9}$$

となる。(10.9) 式を**ポアソン方程式**という。ポアソン方程式は，真空中で電荷分布 $\rho(\boldsymbol{r})$ が与えられたとき，ポテンシャル $\phi(x, y, z)$ の満たす方程式である。

電荷が存在しないとき，$\rho(\boldsymbol{r}) = 0$ であるから，(10.9) 式は，

$$\nabla^2\phi = 0 \tag{10.10}$$

となる。(10.10) 式を**ラプラス方程式**という。

一般に，ラプラス方程式

$$\nabla^2\varphi = 0$$

を満たす関数 $\varphi(x, y, z)$ を**調和関数**という。

例題10.4　調和関数の性質

領域 V 内で $\varphi(x, y, z)$ が調和関数であり，その境界である閉曲面 S 上で $\dfrac{\partial\varphi}{\partial n} = 0$ あるいは $\varphi = 0$ ならば，関数 $\varphi(x, y, z)$ は V 内で一定であることを示せ。

解　グリーンの定理 (10.6) 式において，$\psi = \varphi$ とおくと，

$$\iiint_{\mathrm{V}} (\varphi\nabla^2\varphi + (\mathrm{grad}\varphi)^2)\mathrm{d}V = \iint_{\mathrm{S}} \varphi\frac{\partial\varphi}{\partial n}\mathrm{d}S \tag{10.11}$$

となる。今，φ は調和関数であるから $\nabla^2\varphi = 0$ である。そこで，$\dfrac{\partial\varphi}{\partial n} = 0$ あるいは $\varphi = 0$ であれば，(10.11) 式より，

$$\iiint_V (\mathrm{grad}\varphi)^2 \mathrm{d}V = 0 \tag{10.12}$$

となる。$(\mathrm{grad}\varphi)^2 \geqq 0$ であるから，(10.12) 式が成り立てば，$(\mathrm{grad}\varphi)^2 = 0$，すなわち，$\mathrm{grad}\varphi = 0$ である。こうして，φ はV内で定数である。

もし $\varphi = 0$ ならば，V内で $\varphi = 0$ である。■

たとえば，導体球殻Sに電荷を与えると，Sの静電ポテンシャルは，$\phi = \phi_0 =$ 一定 である。また，S内に電荷は存在しないので，S内では，ラプラス方程式

$$\nabla^2\phi = 0$$

が成り立つ。静電ポテンシャルの基準は任意に定められるから，$\phi_0 = 0$ とおくと，例題10.4より，S内の静電ポテンシャルは，一定値 $\phi = 0$ となる。

例題10.5　ポアソン方程式の解の一意性

スカラー関数 $\varphi(x, y, z)$ が領域V内で与えられ，ポアソン方程式 (10.9) を満たしているとする。このとき，次の (1)，(2) を証明せよ。

(1)　Vの境界S上で，$\dfrac{\partial\varphi}{\partial n}$ がある関数 $a_n(x, y, z)$ に等しいならば，関数 φ は定数を除いてただ1通りに定まる。

(2)　Vの境界S上で，関数 φ が定まった関数 $b(x, y, z)$ に等しいならば，$\varphi(x, y, z)$ はただ1通りに定まる。

解

(1)　関数 φ_1 と φ_2 が条件を満たすとする。$f = \varphi_1 - \varphi_2$ とおくと，

$$\nabla^2 f = \nabla^2\varphi_1 - \nabla^2\varphi_2 = -\frac{1}{\varepsilon_0}\rho(\boldsymbol{r}) - \left(-\frac{1}{\varepsilon_0}\rho(\boldsymbol{r})\right) = 0$$

となるから，関数 $f(x, y, z)$ は調和関数である。また，境界S上で，

$$\frac{\partial f}{\partial n} = \frac{\partial\varphi_1}{\partial n} - \frac{\partial\varphi_2}{\partial n} = a_n(x, y, z) - a_n(x, y, z) = 0$$

となる。よって，例題10.4より，$f = \varphi_1 - \varphi_2 = C$ （定数）となる。

こうして，「定数を除いて関数 φ はただ1通りに定まる」ことがわかる。

(2)　(1) と同様にして，関数 φ_1 と φ_2 が条件を満たすとすると，$f = \varphi_1 - \varphi_2$ は調和関数となる。また，境界S上で，

$$f = b(x, y, z) - b(x, y, z) = 0$$

となる。よって，例題10.4より，fは定数であり，

$$f=\varphi_1-\varphi_2=0 \quad \therefore \quad \varphi_1=\varphi_2$$

となる。こうして，「$\varphi(x, y, z)$ はただ1通りに定まる」ことがわかる。■

例題10.5の結果は，静電場おける鏡像法の基礎を与える。

10.3　グリーンの公式

ある領域をV，Vの境界である閉曲面をSとし，点$\mathrm{P_0}$からV内の点までの距離をrとする。Sの単位法線ベクトル$\boldsymbol{n}$をVの外向きにとる。

点$\mathrm{P_0}$が領域Vの内部に含まれるならば，点$\mathrm{P_0}$でのスカラー関数の値$\varphi(\mathrm{P_0})$は，

$$4\pi\varphi(\mathrm{P_0})=-\iiint_{\mathrm{V}}\frac{1}{r}\nabla^2\varphi \mathrm{d}V+\iint_{\mathrm{S}}\left\{\frac{1}{r}\frac{\partial\varphi}{\partial n}-\varphi\frac{\partial}{\partial n}\left(\frac{1}{r}\right)\right\}\mathrm{d}S \quad (10.13)$$

で与えられ，点$\mathrm{P_0}$が領域Vの外部にあるとき，

$$0=-\iiint_{\mathrm{V}}\frac{1}{r}\nabla^2\varphi \mathrm{d}V+\iint_{\mathrm{S}}\left\{\frac{1}{r}\frac{\partial\varphi}{\partial n}-\varphi\frac{\partial}{\partial n}\left(\frac{1}{r}\right)\right\}\mathrm{d}S \quad (10.14)$$

が成り立つ。これを**グリーンの公式**という（証明は章末問題10.1参照）。

例題10.6　静電ポテンシャルは極値をもたない

領域Dでスカラー関数φが定数ではない調和関数であるとする。すなわち，D内で$\nabla^2\varphi=0$が成り立つとする。D内に，点$\mathrm{P_0}(x_0, y_0, z_0)$を中心とする半径$a$の球面Sをとり，Sの単位法線ベクトル$\boldsymbol{n}$をSの外向きにとる。

(1)　このとき，

$$\iint_{\mathrm{S}}\frac{\partial\varphi}{\partial n}\mathrm{d}S=0$$

が成り立つことを示せ。

(2)　$\varphi(\mathrm{P_0})=\dfrac{1}{4\pi a^2}\iint_{\mathrm{S}}\varphi \mathrm{d}S$ を示せ。

(3)　静電ポテンシャルは，電荷の存在しない真空中で極値をとらないことを示せ。

解

(1)　(7.18) 式と $\boldsymbol{n}$ の内積をつくると，

$$\mathrm{grad}\varphi\cdot\boldsymbol{n} = \frac{\partial\varphi}{\partial n}$$

と書けるから，ガウスの発散定理を用いて，

$$\iint_{\mathrm{S}} \frac{\partial\varphi}{\partial n}\,\mathrm{d}S = \iint_{\mathrm{S}} \mathrm{grad}\varphi\cdot\boldsymbol{n}\,\mathrm{d}S = \iiint_{\mathrm{V}} \mathrm{div\ grad}\varphi\mathrm{d}V$$
$$= \iiint_{\mathrm{V}} \nabla^2\varphi\mathrm{d}V = 0$$

を得る。

(2)　グリーンの公式 (10.13) に，$\nabla^2\varphi = 0$ および $\dfrac{\partial}{\partial n}\left(\dfrac{1}{r}\right) = \dfrac{\mathrm{d}}{\mathrm{d}r}\left(\dfrac{1}{r}\right)$ を用いて，

$$4\pi\varphi(\mathrm{P}_0) = \frac{1}{a}\iint_{\mathrm{S}} \frac{\partial\varphi}{\partial n}\,\mathrm{d}S - \iint_{\mathrm{S}} \varphi\frac{\mathrm{d}}{\mathrm{d}r}\left(\frac{1}{r}\right)\mathrm{d}S$$
$$= \frac{1}{a}\iint_{\mathrm{S}} \frac{\partial\varphi}{\partial n}\,\mathrm{d}S + \frac{1}{a^2}\iint_{\mathrm{S}} \varphi\,\mathrm{d}S$$

となる。ここで，(1) の結果を代入して，

$$\varphi(\mathrm{P}_0) = \frac{1}{4\pi a^2}\iint_{\mathrm{S}} \varphi\,\mathrm{d}S$$

を得る。

(3)　電荷の存在しない真空中で静電ポテンシャル ϕ は調和関数である。ϕ が点 P_0 で極大値となったとする。このとき，点 P_0 を中心に十分小さい半径 ε の球面 S_ε をとると，(2) より，

$$\phi(\mathrm{P}_0) = \frac{1}{4\pi\varepsilon^2}\iint_{\mathrm{S}_\varepsilon} \phi\,\mathrm{d}S$$

となる。しかし，球面 S_ε 上では $\phi < \phi(\mathrm{P}_0)$ となるはずだから，

$$\phi(\mathrm{P}_0) = \frac{1}{4\pi\varepsilon^2}\iint_{\mathrm{S}_\varepsilon} \phi\,\mathrm{d}S < \frac{1}{4\pi\varepsilon^2}\iint_{\mathrm{S}_\varepsilon} \phi(\mathrm{P}_0)\mathrm{d}S = \phi(\mathrm{P}_0)$$

となり，矛盾である。したがって，静電ポテンシャル ϕ は極大値をとらない。同様にして，ϕ は極小値をとらないことが示される。■

例題 10.6 の結果より，「静電気力だけを受けた電荷をもつ物体に安定なつり合いの位置は存在しない」（アーンショーの定理）という静電磁気学

における重要な定理が導かれる（次の 10 分補講参照）。

10分補講

アーンショーの定理と原子模型

正電荷 Q をもつ 1 つの荷電粒子 A と負電荷 $-4Q$ をもつ 2 つの荷電粒子 B，C を，図のように，真空中に等間隔 a で一直線上に並べると，A, B, C にはたらく力はすべてつり合う。しかし，このつり合いは不安定である。

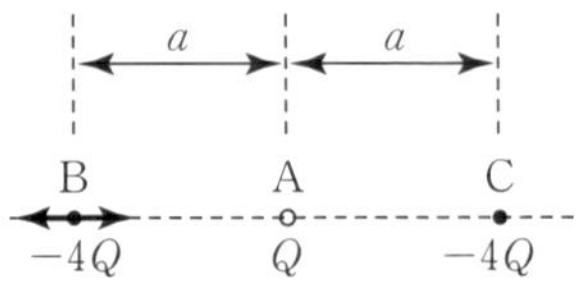

図10.3　不安定なつり合い

たとえば，荷電粒子 B を左方向へ ε だけ微小変位させてみる。B にはたらく力は，真空の誘電率を ε_0，左向きを正として，

$$F = \frac{1}{4\pi\varepsilon_0}\frac{16Q^2}{(2a+\varepsilon)^2} - \frac{1}{4\pi\varepsilon_0}\frac{4Q^2}{(a+\varepsilon)^2}$$

$$= \frac{Q^2}{\pi\varepsilon_0}\left\{\frac{1}{(a+\varepsilon/2)^2} - \frac{1}{(a+\varepsilon)^2}\right\} > 0$$

となり，B はつり合いの位置から離れる向きに動く。他の荷電粒子を動かしても同様である。こうして，はじめのつり合いの位置は不安定であることがわかる。

荷電粒子が安定につり合うためには，その粒子を置く前，その点が静電ポテンシャルの極値になっていなければならない。例題 10.6 で調べたように，「静電ポテンシャルは，電荷の存在しない真空中に極値をもたない」のであるから，静電気力だけを受けた荷電粒子に安定なつり合いの位置は存在しない。これが**アーンショーの定理**である。

歴史的にこの定理は重要な意味をもった。いくつかの荷電粒子が静電気力を及ぼし合うだけで，静止してつり合うことができないため，原子模型を考える際，荷電粒子を運動させる模型を考えねばならなかった。しかし，荷電粒子が有限な領域内を運動すると，必ず加速度運動をすることになる。マクスウェルの電磁気理論によれば，荷電粒子が加速度運動すると電磁波が発生してエネルギーを失う。その結果，正電荷と負電荷をもつ荷電粒子は合体し，原子は潰れてしまう。それを救うために，ボーアは，**量子条件**と呼ばれる特別な条件を満たす場合，荷電粒子が加速度運動しても電磁波を放射しないと仮定した。

章末問題

10.1 グリーンの定理 (10.6)，(10.7) を用いて，

(1) グリーンの公式 (10.14) を証明せよ。

(2) グリーンの公式 (10.13) を証明せよ。

10.2 湯川型静電ポテンシャル

$$\phi(r) = K\frac{e^{-\kappa r}}{r} \quad (K,\ \kappa：ともに正の定数)$$

を考える。

(1) 積分形のガウスの法則 (10.4) を用いることにより，原点に存在する点電荷，および原点以外に存在する電荷をそれぞれ求めよ。

(2) 原点から距離 r の点での電荷密度 $\rho(r)$ はどのように表されるか。

第11章

本章では，波動論を考える際に必然的に現れる，フーリエ級数とフーリエ変換について考える。フーリエ級数は，任意の周期関数を三角関数の重ね合わせで表すものであり，具体例を計算して理解を深める。

フーリエ解析
――波動で役立つ数学

11.1 フーリエ級数

波の式を表すのに，しばしば三角関数が用いられる。それは，三角関数が，性質のよくわかっている周期関数だからである。それでは，三角関数で書かれない一般の形の波動を調べるにはどのようにしたらよいであろうか。そこで，任意の周期関数を三角関数 $\sin nx$，$\cos nx$ の重ね合わせで表してしまおうというのが，**フーリエ級数展開**である。

周期関数の展開

関数 $f(x)$ はすべての実数値 x で定義され，周期 2π の関数，すなわち，$f(x+2\pi)=f(x)$ が成り立つものとする。この関数 $f(x)$ が，

$$
\begin{aligned}
f(x) &= \frac{a_0}{2} + (a_1\cos x + b_1\sin x) + (a_2\cos 2x + b_2\sin 2x) + \cdots \\
&= \frac{a_0}{2} + \sum_{n=1}^{\infty} (a_n\cos nx + b_n\sin nx) \qquad (11.1)
\end{aligned}
$$

と表すことができたとして，係数 $a_0, a_1, a_2, \cdots, b_1, b_2, \cdots$ を求めてみよう。ここで，定数項を $\dfrac{a_0}{2}$ とおき，$\dfrac{1}{2}$ をつけるのは，$n=1, 2, \cdots$ に対する a_n の式で，$n=0$ とおくと a_0 を与えるようにするためである((11.5)，(11.8)式参照)。さて，次の関係式を利用しよう。

$$\int_{-\pi}^{\pi} \cos nx \cos mx \,\mathrm{d}x = \begin{cases} \pi & (m = n) \\ 0 & (m \neq n) \end{cases} \tag{11.2}$$

$$\int_{-\pi}^{\pi} \sin nx \sin mx \,\mathrm{d}x = \begin{cases} \pi & (m = n) \\ 0 & (m \neq n) \end{cases} \tag{11.3}$$

$$\int_{-\pi}^{\pi} \sin nx \cos mx \,\mathrm{d}x = 0 \tag{11.4}$$

ここで，m，n はともに任意の正の整数である（オイラーの公式を用いた証明は，章末問題 11.1 参照）。

例題11.1　三角関数の積の積分

三角関数を用いて，(11.2) 式が成り立つことを示せ。

解　$n \neq m$ のとき，三角関数の積和公式を用いると，

$$\begin{aligned}\int_{-\pi}^{\pi} \cos nx \cos mx \,\mathrm{d}x &= \frac{1}{2}\int_{-\pi}^{\pi} \{\cos(n+m)x + \cos(n-m)x\}\mathrm{d}x \\ &= \frac{1}{2}\left[\frac{\sin(n+m)x}{n+m} + \frac{\sin(n-m)x}{n-m}\right]_{-\pi}^{\pi} \\ &= 0\end{aligned}$$

$n = m$ のとき，2 倍角の公式を用いて，

$$\begin{aligned}\int_{-\pi}^{\pi} \cos^2 nx \,\mathrm{d}x &= \frac{1}{2}\int_{-\pi}^{\pi} (1 + \cos 2nx)\mathrm{d}x \\ &= \pi\end{aligned}$$

となり，(11.2) 式を得る。■

次に (11.1) 式の a_0 と係数 a_n, b_n を計算しよう。

例題11.2　a_0 の計算

(11.1) 式の両辺を x に関して，区間 $[-\pi, \pi]$ で積分することにより，

$$a_0 = \frac{1}{\pi}\int_{-\pi}^{\pi} f(x)\mathrm{d}x \tag{11.5}$$

を導け。

解　題意にしたがって，

$$\int_{-\pi}^{\pi} f(x)\mathrm{d}x = \frac{a_0}{2}\int_{-\pi}^{\pi} \mathrm{d}x + \sum_{n=1}^{\infty}\left(a_n\int_{-\pi}^{\pi} \cos nx \,\mathrm{d}x + b_n\int_{-\pi}^{\pi} \sin nx \,\mathrm{d}x\right)$$

と書ける。ここで，$n = 1, 2, \cdots$ より，

$$\int_{-\pi}^{\pi} \cos nx \,\mathrm{d}x = \frac{1}{n}[\sin nx]_{-\pi}^{\pi} = 0 \tag{11.6}$$

$$\int_{-\pi}^{\pi} \sin nx\,\mathrm{d}x = -\frac{1}{n}\left[\cos nx\right]_{-\pi}^{\pi} = 0 \tag{11.7}$$

であるから，

$$\int_{-\pi}^{\pi} f(x)\,\mathrm{d}x = \frac{a_0}{2}\cdot 2\pi = \pi a_0$$

となり，(11.5) 式を得る。 ■

例題11.3　**フーリエ係数**

(11.1) 式の両辺に $\cos mx$ $(m = 1, 2, \cdots)$ などをかけて，x に関して $-\pi \sim \pi$ の範囲で積分することにより，

$$a_n = \frac{1}{\pi}\int_{-\pi}^{\pi} f(x)\cos nx\,\mathrm{d}x \quad (n = 1, 2, \cdots) \tag{11.8}$$

$$b_n = \frac{1}{\pi}\int_{-\pi}^{\pi} f(x)\sin nx\,\mathrm{d}x \quad (n = 1, 2, \cdots) \tag{11.9}$$

を導け。

解　(11.1) 式の両辺に $\cos mx$ $(m = 1, 2, \cdots)$ をかけて，(11.6)，(11.2)，(11.4) 式を用いると，

$$\begin{aligned}
&\int_{-\pi}^{\pi} f(x)\cos mx\,\mathrm{d}x \\
&= \frac{a_0}{2}\int_{-\pi}^{\pi}\cos mx\,\mathrm{d}x \\
&\quad + \sum_{n=1}^{\infty}\left(a_n\int_{-\pi}^{\pi}\cos nx\cos mx\,\mathrm{d}x + b_n\int_{-\pi}^{\pi}\sin nx\cos mx\,\mathrm{d}x\right) \\
&= \pi a_m
\end{aligned}$$

同様に，(11.1) 式の両辺に $\sin mx$ $(m = 1,\ 2,\ \cdots)$ をかけて，(11.7)，(11.3)，(11.4) 式を用いると，

$$\begin{aligned}
&\int_{-\pi}^{\pi} f(x)\sin mx\,\mathrm{d}x \\
&= \frac{a_0}{2}\int_{-\pi}^{\pi}\sin mx\,\mathrm{d}x \\
&\quad + \sum_{n=1}^{\infty}\left(a_n\int_{-\pi}^{\pi}\cos nx\sin mx\,\mathrm{d}x + b_n\int_{-\pi}^{\pi}\sin nx\sin mx\,\mathrm{d}x\right) \\
&= \pi b_m
\end{aligned}$$

ここで，整数 m を n と書き換えて，(11.8)，(11.9) 式を得る。 ■

一般に周期 2π の周期関数は，

$$f(x) = \frac{a_0}{2} + \sum_{n=1}^{\infty} (a_n \cos nx + b_n \sin nx) \tag{11.1}$$

と**フーリエ級数**に展開することができ，その係数

$$a_0 = \frac{1}{\pi}\int_{-\pi}^{\pi} f(x)\mathrm{d}x \tag{11.5}$$

$$a_n = \frac{1}{\pi}\int_{-\pi}^{\pi} f(x)\cos nx\,\mathrm{d}x \quad (n = 1, 2, \cdots) \tag{11.8}$$

$$b_n = \frac{1}{\pi}\int_{-\pi}^{\pi} f(x)\sin nx\,\mathrm{d}x \quad (n = 1, 2, \cdots) \tag{11.9}$$

を**フーリエ係数**という。

複素数を用いたフーリエ級数展開

オイラーの公式 (5.5) を用いると，三角関数は，

$$\cos nx = \frac{e^{inx} + e^{-inx}}{2}, \quad \sin nx = \frac{e^{inx} - e^{-inx}}{2i} \tag{11.10}$$

と表される。これを (11.1) 式に代入すると，

$$\begin{aligned} f(x) &= \frac{a_0}{2} + \sum_{n=1}^{\infty}\left\{\frac{a_n}{2}(e^{inx} + e^{-inx}) + \frac{b_n}{2i}(e^{inx} - e^{-inx})\right\} \\ &= \frac{a_0}{2} + \sum_{n=1}^{\infty}\frac{1}{2}(a_n - ib_n)e^{inx} + \sum_{n=1}^{\infty}\frac{1}{2}(a_n + ib_n)e^{-inx} \\ &= \sum_{n=-\infty}^{\infty}\alpha_n e^{inx} \end{aligned} \tag{11.11}$$

と表される。ここで，

$$\alpha_0 = \frac{a_0}{2}$$

$$\alpha_n = \frac{1}{2}(a_n - ib_n),\ \alpha_{-n} = \frac{1}{2}(a_n + ib_n) \quad (n = 1, 2, \cdots) \tag{11.12}$$

である。

(11.12) 式へ (11.8)，(11.9) 式を代入すると，

$$\begin{aligned} \alpha_n &= \frac{1}{2\pi}\int_{-\pi}^{\pi} f(x)(\cos nx - i\sin nx)\mathrm{d}x \\ &= \frac{1}{2\pi}\int_{-\pi}^{\pi} f(x)e^{-inx}\mathrm{d}x \quad (n = 0, \pm 1, \pm 2, \cdots) \end{aligned} \tag{11.13}$$

となる。

周期 $2L$ の周期関数のフーリエ展開

(11.1)，(11.5)，(11.8)，(11.9) 式において，変数を $x \to \dfrac{\pi}{L}x$ と置き換えると，周期 $2L$ の周期関数のフーリエ級数展開を得ることができる。

$$f(x) = \frac{a_0}{2} + \sum_{n=1}^{\infty} \left(a_n \cos\frac{n\pi}{L}x + b_n \sin\frac{n\pi}{L}x\right) \tag{11.14}$$

$$a_0 = \frac{1}{L}\int_{-L}^{L} f(x)\,\mathrm{d}x \tag{11.15}$$

$$a_n = \frac{1}{L}\int_{-L}^{L} f(x)\cos\frac{n\pi}{L}x\,\mathrm{d}x \quad (n = 1,\ 2,\ \cdots) \tag{11.16}$$

$$b_n = \frac{1}{L}\int_{-L}^{L} f(x)\sin\frac{n\pi}{L}x\,\mathrm{d}x \quad (n = 1,\ 2,\ \cdots) \tag{11.17}$$

周期 $2L$ の周期関数も，周期 2π の周期関数と同様に，複素数を用いてフーリエ展開することができる。

$$\begin{aligned} f(x) &= \sum_{n=-\infty}^{\infty} \alpha_n e^{i\frac{n\pi}{L}x} \\ \alpha_n &= \frac{1}{2L}\int_{-L}^{L} f(x) e^{-i\frac{n\pi}{L}x}\,\mathrm{d}x \end{aligned} \tag{11.18}$$

有限区間でのフーリエ級数

区間 $[-\pi,\ \pi]$ で定義された関数 $g(x)$ のフーリエ級数は，この区間で $g(x)$ に一致する周期 2π の周期関数 $f(x)$ のフーリエ級数 (11.1) で与えられる。同様に，区間 $[-L,\ L]$ で定義された関数のフーリエ級数は，この区間で一致する周期 $2L$ の周期関数のフーリエ級数 (11.14) で与えられる。また，それらのフーリエ係数も，それぞれ周期関数のフーリエ係数で与えられる。

フーリエ級数の収束性

フーリエ級数の収束性を説明するために，まず，区分的に連続という言葉を定義しておこう。

ある区間 $I = [a,\ b]$ で定義された関数 $f(x)$ が，有限個の点を除いて連続であるとき，$f(x)$ は区間 I で**区分的に連続**であるという。その際，端点

$$f(a+0)=\lim_{t\to+0}f(a+t),\ f(b-0)=\lim_{t\to+0}f(b-t)$$

が存在し，不連続点 $x_1, x_2, \cdots, x_n$ の左右の極限値

$$f(x_i+0)=\lim_{t\to+0}f(x_i+t),\ f(x_i-0)=\lim_{t\to+0}(x_i-t)$$

が存在することが必要である。

関数 $f(x)$ が 2π の周期をもち，任意の閉区間で区分的に連続であり，かつ，$f'(x)$ も区分的に連続ならば，そのフーリエ級数は，

（i）$f(x)$ が連続な点で，$f(x)$ に収束し，

（ii）$f(x)$ が不連続な点で，$\dfrac{1}{2}\{f(x+0)+f(x-0)\}$ に収束する。

これを，**ディリクレの条件**という。物理学で現れるほとんどの関数はこの条件を満たしているので，フーリエ級数を，広い範囲の問題に適用することができる。

例題11.4　フーリエ級数展開

次の関数 $f(x)$ のフーリエ級数展開を求めよ。

(1)　$$f(x)=\begin{cases}-1 & (-\pi\leqq x<0,\ x=\pi)\\ +1 & (0\leqq x<\pi)\end{cases} \tag{11.19}$$

(2)　$$f(x)=\begin{cases}\pi+x & (-\pi\leqq x<0)\\ \pi-x & (0\leqq x\leqq\pi)\end{cases}$$

解

(1)　(11.1)，(11.5)，(11.8)，(11.9) 式を用いる。

$$a_0=\frac{1}{\pi}\int_{-\pi}^{0}(-1)\,\mathrm{d}x+\frac{1}{\pi}\int_{0}^{\pi}\mathrm{d}x=(-1)+1=0$$

$$\begin{aligned}a_n&=\frac{1}{\pi}\int_{-\pi}^{0}(-1)\cos nx\,\mathrm{d}x+\frac{1}{\pi}\int_{0}^{\pi}\cos nx\,\mathrm{d}x\\&=-\frac{1}{n\pi}[\sin nx]_{-\pi}^{0}+\frac{1}{n\pi}[\sin nx]_{0}^{\pi}=0\quad(n=1,2,\cdots)\end{aligned}$$

$$\begin{aligned}b_n&=\frac{1}{\pi}\int_{-\pi}^{0}(-1)\sin nx\,\mathrm{d}x+\frac{1}{\pi}\int_{0}^{\pi}\sin nx\,\mathrm{d}x\\&=\frac{1}{n\pi}[\cos nx]_{-\pi}^{0}-\frac{1}{n\pi}[\cos nx]_{0}^{\pi}\\&=\begin{cases}\dfrac{4}{n\pi} & (n=1,3,5,\cdots)\\ 0 & (n=2,4,6,\cdots)\end{cases}\end{aligned}$$

以上より，

$$f(x)=\frac{4}{\pi}\sin x+\frac{4}{3\pi}\sin 3x+\frac{4}{5\pi}\sin 5x+\cdots$$
$$=\underline{\frac{4}{\pi}\sum_{n=1}^{\infty}\frac{\sin(2n-1)x}{2n-1}} \qquad (11.20)$$

(2)
$$a_0=\frac{1}{\pi}\int_{-\pi}^{0}(\pi+x)\mathrm{d}x+\frac{1}{\pi}\int_{0}^{\pi}(\pi-x)\mathrm{d}x$$
$$=\frac{1}{\pi}\left[\pi x+\frac{x^2}{2}\right]_{-\pi}^{0}+\frac{1}{\pi}\left[\pi x-\frac{x^2}{2}\right]_{0}^{\pi}=\pi$$
$$a_n=\frac{1}{\pi}\int_{-\pi}^{0}(\pi+x)\cos nx\,\mathrm{d}x+\frac{1}{\pi}\int_{0}^{\pi}(\pi-x)\cos nx\,\mathrm{d}x$$
$$=\frac{1}{n\pi}\left[(\pi+x)\sin nx\right]_{-\pi}^{0}-\frac{1}{n\pi}\int_{-\pi}^{0}\sin nx\,\mathrm{d}x$$
$$+\frac{1}{n\pi}\left[(\pi-x)\sin nx\right]_{0}^{\pi}+\frac{1}{n\pi}\int_{0}^{\pi}\sin nx\,\mathrm{d}x$$
$$=\frac{2}{n^2\pi}(1-\cos n\pi)=\begin{cases}\dfrac{4}{n^2\pi} & (n=1,3,5,\cdots)\\ 0 & (n=2,4,6,\cdots)\end{cases}$$
$$b_n=\frac{1}{\pi}\int_{-\pi}^{0}(\pi+x)\sin nx\,\mathrm{d}x+\frac{1}{\pi}\int_{0}^{\pi}(\pi-x)\sin nx\,\mathrm{d}x$$
$$=-\frac{1}{n\pi}\left[(\pi+x)\cos nx\right]_{-\pi}^{0}+\frac{1}{n\pi}\int_{-\pi}^{0}\cos nx\,\mathrm{d}x$$
$$-\frac{1}{n\pi}\left[(\pi-x)\cos nx\right]_{0}^{\pi}-\frac{1}{n\pi}\int_{0}^{\pi}\cos nx\,\mathrm{d}x$$
$$=0$$

以上より，

$$f(x)=\frac{\pi}{2}+\frac{4}{\pi}\cos x+\frac{4}{9\pi}\cos 3x+\cdots$$
$$=\underline{\frac{\pi}{2}+\frac{4}{\pi}\sum_{n=1}^{\infty}\frac{\cos(2n-1)x}{(2n-1)^2}}$$

を得る。 ■

(11.19) 式で表される関数 $f(x)$ とそのフーリエ級数展開 (11.20) の $n=1, 2$ および $n=10$ の項までの和の式 $f_1(x), f_2(x), f_{10}(x)$ のグラフをそれぞれ描くと，図 11.1 のようになる。これより，級数展開の高次の項までの和をとると，元の関数 $f(x)$ にしだいに近づくようすがよくわかるであろう。

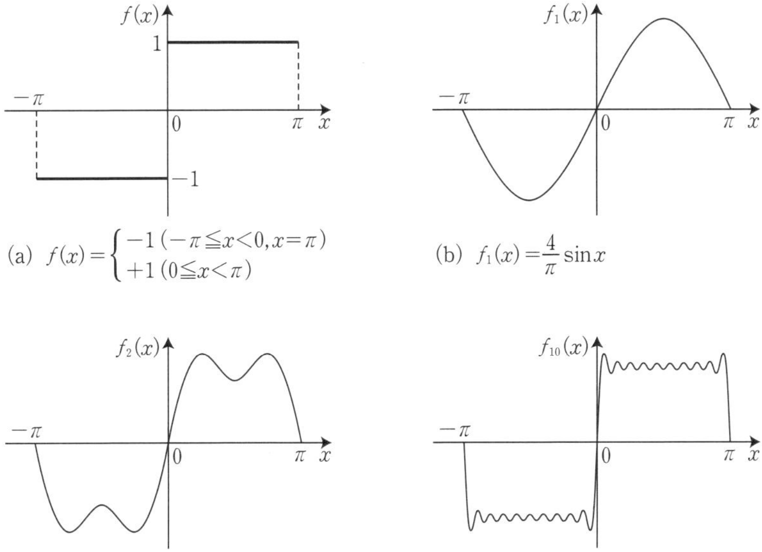

(a)　$f(x)=\begin{cases}-1 & (-\pi\leqq x<0, x=\pi)\\ +1 & (0\leqq x<\pi)\end{cases}$　(b)　$f_1(x)=\dfrac{4}{\pi}\sin x$

(c)　$f_2(x)=\dfrac{4}{\pi}\displaystyle\sum_{n=1}^{2}\frac{\sin(2n-1)x}{2n-1}$　(d)　$f_{10}(x)=\dfrac{4}{\pi}\displaystyle\sum_{n=1}^{10}\frac{\sin(2n-1)x}{2n-1}$

図11.1　フーリエ級数展開

例題11.5　余弦級数展開と正弦級数展開

区間 $[-\pi, \pi]$ で定義された関数 $f(x)$ について，

(1)　関数 $f(x)$ が偶関数ならば，余弦級数で，

$$f(x) = \frac{a_0}{2} + \sum_{n=1}^{\infty} a_n \cos nx \tag{11.21}$$

$$a_0 = \frac{2}{\pi}\int_0^{\pi} f(x)\,\mathrm{d}x,\quad a_n = \frac{2}{\pi}\int_0^{\pi} f(x)\cos nx\,\mathrm{d}x \quad (n = 1, 2, \cdots) \tag{11.22}$$

と表されることを示せ。

(2)　関数 $f(x)$ が奇関数ならば，正弦級数で，

$$f(x) = \sum_{n=1}^{\infty} b_n \sin nx,\quad b_n = \frac{2}{\pi}\int_0^{\pi} f(x)\sin nx\,\mathrm{d}x \tag{11.23}$$

と表されることを示せ。

解

(1)　$f(x)$ が偶関数ならば，(11.5) 式より，

$$a_0 = \frac{1}{\pi}\int_{-\pi}^{\pi} f(x)\,\mathrm{d}x = \frac{2}{\pi}\int_0^{\pi} f(x)\,\mathrm{d}x$$

また，$f(x)\cos nx$ は偶関数であるから，(11.8) 式より，

$$a_n = \frac{1}{\pi}\int_{-\pi}^{\pi} f(x)\cos nx\,\mathrm{d}x = \frac{2}{\pi}\int_0^{\pi} f(x)\cos nx\,\mathrm{d}x$$

さらに，$f(x)\sin nx$ は奇関数であるから，

$$b_n = \frac{1}{\pi}\int_{-\pi}^{\pi} f(x)\sin nx\,\mathrm{d}x = 0$$

(2)　$f(x)$ が奇関数ならば，$a_0 = 0$ であり，$f(x)\cos nx$ は奇関数であるから，(11.8) 式より，

$$a_n = \frac{1}{\pi}\int_{-\pi}^{\pi} f(x)\cos nx\,\mathrm{d}x = 0$$

また，$f(x)\sin nx$ は偶関数であるから，

$$b_n = \frac{1}{\pi}\int_{-\pi}^{\pi} f(x)\sin nx\,\mathrm{d}x = \frac{2}{\pi}\int_0^{\pi} f(x)\sin nx\,\mathrm{d}x$$ ■

例題11.6　**フーリエ級数展開**

区間 $[-\pi, \pi]$ で定義された関数 $f(x) = |\sin x|$ のフーリエ級数展開を求めよ。

解　関数 $f(x)$ は偶関数であるから，余弦級数で展開できる。

$$a_0 = \frac{2}{\pi}\int_0^{\pi} \sin x\,\mathrm{d}x = \frac{2}{\pi}\left[-\cos x\right]_0^{\pi} = \frac{4}{\pi}$$

$$a_1 = \frac{2}{\pi}\int_0^{\pi} \sin x\cos x\,\mathrm{d}x = 0$$

$$a_n = \frac{2}{\pi}\int_0^{\pi} \sin x\cos nx\,\mathrm{d}x = \frac{1}{\pi}\int_0^{\pi}\{\sin(n+1)x - \sin(n-1)x\}\mathrm{d}x$$

$$= \frac{1}{\pi}\left[-\frac{\cos(n+1)x}{n+1} + \frac{\cos(n-1)x}{n-1}\right]_0^{\pi}$$

ここで，$\cos(n+1)\pi = \cos(n-1)\pi = -\cos n\pi$ を用いて，

$$a_n = -\frac{2}{\pi}\frac{1+\cos n\pi}{n^2-1} \quad (n = 2, 3, \cdots)$$

を得る。さらに，$f(x)$ は偶関数であるから $b_n = 0$ となる。こうして，(11.21) より，

$$f(x) = \frac{2}{\pi} - \frac{4}{\pi}\sum_{n=1}^{\infty}\frac{\cos 2nx}{(2n)^2 - 1} \tag{11.24}$$

を得る。■

強制振動

図 11.2 のように，ばね定数 $k(=\omega_0{}^2)$ のばねにつけられた単位質量の小球に，抵抗力 $-2\mu\dot{x}$（x は，ばねの自然長からの伸び，$\mu > 0$）と強制力 $f(t)$ がはたらくとき，その運動方程式は，

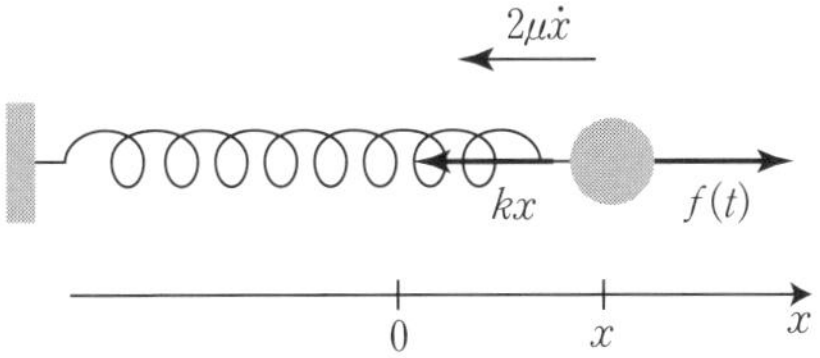

図11.2　強制振動

$$\ddot{x} + 2\mu\dot{x} + \omega_0{}^2 x = f(t) \tag{11.25}$$

と表される。ここで，$f(t) = |\sin \omega t|$ とする。

関数 $f(t)$ をフーリエ級数展開することにより，この小球の運動を調べてみよう。

例題11.7　強制振動の方程式の解法

(1)　例題 11.6 の結果を利用して，関数 $f(t) = |\sin \omega t|$ の複素数を用いたフーリエ級数展開を求めよ。

(2)　斉次方程式

$$\ddot{x} + 2\mu\dot{x} + \omega_0{}^2 x = 0 \tag{11.26}$$

の一般解と非斉次方程式 (11.25) の特解の和として非斉次な微分方程式 (11.25) の一般解 $x(t)$ を求めよ。

解

(1)　$f(t) = |\sin \omega t|$ を周期 $\dfrac{2\pi}{\omega}$ の周期関数として，例題 11.6 と同様の計算を行うことにより，

$$f(t) = \frac{2}{\pi} - \frac{4}{\pi}\sum_{n=1}^{\infty}\frac{\cos 2n\omega t}{(2n)^2 - 1} \tag{11.27}$$

を得る。(11.27) 式にオイラーの公式 (5.5) を用いて，

$$f(t) = \frac{2}{\pi}\left\{1 - \sum_{n=1}^{\infty}\frac{e^{2in\omega t} + e^{-2in\omega t}}{(2n)^2 - 1}\right\}$$

$$= \frac{2}{\pi}\left\{1 - \sum_{\substack{n=-\infty \\ n\neq 0}}^{\infty} \frac{e^{2in\omega t}}{(2n)^2-1}\right\} = \underline{-\frac{2}{\pi}\sum_{n=-\infty}^{\infty} \frac{e^{2in\omega t}}{(2n)^2-1}}$$

(2)　(1) の結果より，微分方程式

$$\ddot{x} + 2\mu\dot{x} + \omega_0{}^2 x = -\frac{2}{\pi}\frac{e^{2in\omega t}}{(2n)^2-1} \tag{11.28}$$

の解を，$x(t) = \alpha_n e^{2in\omega t}$ とおいて，(11.28) 式へ代入して，

$$\alpha_n = -\frac{2}{\pi}\frac{1}{(4n^2-1)(\omega_0{}^2 - 4n^2\omega^2 + 4in\omega\mu)}$$

を得る。これより，(11.25) 式の特解は，(11.25) 式が線形であるから，(11.28) 式の解の n に関する和として，

$$x(t) = -\frac{2}{\pi}\sum_{n=-\infty}^{\infty}\frac{e^{2in\omega t}}{(4n^2-1)(\omega_0{}^2 - 4n^2\omega^2 + 4in\omega\mu)} \tag{11.29}$$

と表される。

非斉次微分方程式 (11.25) の一般解は，斉次微分方程式 (11.26) の一般解と非斉次方程式 (11.25) の特解の和で与えられる。斉次方程式 (11.26) の一般解は，例題 5.3 より，$\sqrt{\mu^2 - \omega_0{}^2} = b$ とおいて，$x(t) = e^{-\mu t}(C_1 e^{bt} + C_2 e^{-bt})$ となるから，(11.25) 式の一般解は，

$$x(t)$$
$$= \underline{-\frac{2}{\pi}\sum_{n=-\infty}^{\infty}\frac{e^{2in\omega t}}{(4n^2-1)(\omega_0{}^2 - 4n^2\omega^2 + 4in\omega\mu)} + e^{-\mu t}(C_1 e^{bt} + C_2 e^{-bt})}$$

となる。

ここで，$\mu \geqq \omega_0$ のとき，$\mu > b > 0$ であり，$\mu < \omega_0$ のとき，b は純虚数となるから，一般解の項 $e^{-\mu t}(C_1 e^{bt} + C_2 e^{-bt})$ は，十分に時間がたつ ($t \to \infty$) と 0 になる。こうして，十分時間がたったのち，強制力 $f(t) = |\sin \omega t|$ による振動項のみが残る。

非斉次方程式の特解 (11.29) 式は，次のように変形することにより，実数のみを用いて，余弦級数で表された解を得ることができる。

$$\sum_{n=-\infty}^{\infty}\frac{e^{2in\omega t}}{(4n^2-1)(\omega_0{}^2 - 4n^2\omega^2 + 4in\omega\mu)}$$
$$= -\frac{1}{\omega_0{}^2} + \sum_{n=1}^{\infty}\frac{1}{4n^2-1}\left(\frac{e^{2in\omega t}}{\omega_0{}^2 - 4n^2\omega^2 + 4in\omega\mu} + \frac{e^{-2in\omega t}}{\omega_0{}^2 - 4n^2\omega^2 - 4in\omega\mu}\right)$$

ここで，$e^{\pm 2in\omega t} = \cos 2n\omega t \pm i \sin 2n\omega t$ を代入すると，$\cos 2n\omega t$, $\sin 2n\omega t$ の係数は，それぞれ，

$$\frac{2(\omega_0{}^2 - 4n^2\omega^2)}{(\omega_0{}^2 - 4n^2\omega^2)^2 + 16(n\omega\mu)^2},\quad \frac{8n\omega\mu}{(\omega_0{}^2 - 4n^2\omega^2)^2 + 16(n\omega\mu)^2}$$

となるから，三角関数の合成公式を用いて，

$$x(t) = \frac{2}{\pi}\frac{1}{\omega_0{}^2} - \frac{4}{\pi}\sum_{n=1}^{\infty}\frac{1}{4n^2-1}\frac{1}{\sqrt{(\omega_0{}^2 - 4n^2\omega^2)^2 + 16(n\omega\mu)^2}}\cos(2n\omega t - \phi_n)$$

$$\tan\phi_n = \frac{4n\omega\mu}{\omega_0{}^2 - 4n^2\omega^2}$$

となる。■

11.2　フーリエ変換

これまでは，周期関数を三角関数の1次結合として表すことを考えてきたが，無限区間で周期をもたない関数を扱うには役立たない。このような関数を三角関数の積分で表すことを考えよう。

フーリエ積分

関数 $f(x)$ が $(-\infty, \infty)$ で定義されていて，積分 $\int_{-\infty}^{\infty} |f(x)| \mathrm{d}x$ が有限確定である（これを**絶対積分可能**という）とする。

区間 $[-L, L]$ で定義された関数 $f(x)$ は，フーリエ級数 (11.14) ～ (11.17) で表される。そこで，(11.15) ～ (11.17) を (11.14) 式へ代入すると，

$$f(x) = \frac{1}{2L}\int_{-L}^{L} f(y)\mathrm{d}y + \sum_{n=1}^{\infty}\left\{\frac{1}{L}\int_{-L}^{L} f(y)\cos\frac{n\pi}{L}y\mathrm{d}y\cdot\cos\frac{n\pi}{L}x + \frac{1}{L}\int_{-L}^{L} f(y)\sin\frac{n\pi}{L}y\mathrm{d}y\cdot\sin\frac{n\pi}{L}x\right\}$$

となる。

ここで，$L \to \infty$ とすると，第1項は0となる。今，$\omega_n = \frac{n\pi}{L}$，$\Delta\omega = \omega_{n+1} - \omega_n = \frac{\pi}{L}$ とおいて $L \to \infty$ とすると，$\Delta\omega \to 0$ となり，

$$f(x) = \lim_{\Delta\omega \to 0}\left\{\sum_{n=1}^{\infty} A(\omega_n)\cos\omega_n x\cdot\Delta\omega + \sum_{n=1}^{\infty} B(\omega_n)\sin\omega_n x\cdot\Delta\omega\right\}$$

$$= \int_0^{\infty} A(\omega)\cos\omega x\,\mathrm{d}\omega + \int_0^{\infty} B(\omega)\sin\omega x\,\mathrm{d}\omega \tag{11.30}$$

$$A(\omega) = \frac{1}{\pi}\int_{-\infty}^{\infty} f(y)\cos\omega y\,\mathrm{d}y,\ B(\omega) = \frac{1}{\pi}\int_{-\infty}^{\infty} f(y)\sin\omega y\,\mathrm{d}y \tag{11.31}$$

を得る。ここで，$L \to \infty$のとき，ω_n は連続変数 ω とみなすことができ，次のように，和は積分で置き換えられることを用いた。

$$\lim_{\Delta\omega \to 0} \sum_{n=1}^{\infty} F(\omega_n)\ \Delta\omega \to \int_0^{\infty} F(\omega)\,\mathrm{d}\omega$$

さらに，(11.31) 式を (11.30) 式へ代入すると，

$$f(x) = \frac{1}{\pi}\int_0^{\infty} \mathrm{d}\omega \int_{-\infty}^{\infty} \mathrm{d}y f(y)\cos\omega(x-y) \tag{11.32}$$

と表される。(11.30) ～ (11.32) 式の右辺の積分を**フーリエ積分**という。

(11.30) 式より，複素数を用いたフーリエ級数展開に対応した次の関係式を得ることができる (章末問題 11.2 参照)。

$$f(x) = \frac{1}{\sqrt{2\pi}}\int_{-\infty}^{\infty} F(\omega)e^{i\omega x}\mathrm{d}\omega \tag{11.33}$$

$$F(\omega) = \frac{1}{\sqrt{2\pi}}\int_{-\infty}^{\infty} f(x)e^{-i\omega x}\mathrm{d}x \tag{11.34}$$

(11.34) 式の $F(\omega)$ を関数 $f(x)$ の**フーリエ変換**という。

フーリエ余弦変換と正弦変換

関数 $f(x)$ が偶関数あるいは奇関数の場合，11.1 節で考えた余弦級数，正弦級数と同様に，フーリエ余弦変換，正弦変換を考えることができる。

$f(x)$ が偶関数のとき，$f(x)\cos\omega x$ は偶関数であるから，(11.31) 式より，

$$A(\omega) = \frac{1}{\pi}\int_{-\infty}^{\infty} f(x)\cos\omega x\,\mathrm{d}x = \frac{2}{\pi}\int_0^{\infty} f(x)\cos\omega x\,\mathrm{d}x$$

となる。ここで，

$$C(\omega) = \sqrt{\frac{2}{\pi}}\int_0^{\infty} f(x)\cos\omega x\,\mathrm{d}x \tag{11.35a}$$

とおくと，

$$A(\omega) = \sqrt{\frac{2}{\pi}}\,C(\omega)$$

となる。また，$f(x)\sin\omega x$ は奇関数であるから，

$$B(\omega) = \frac{1}{\pi}\int_{-\infty}^{\infty} f(x)\sin\omega x\,\mathrm{d}x = 0$$

となる。(11.30) 式より，

$$f(x) = \sqrt{\frac{2}{\pi}}\int_{0}^{\infty} C(\omega)\cos\omega x\,\mathrm{d}\omega \tag{11.35b}$$

を得る。$C(\omega)$ を関数 $f(x)$ の**フーリエ余弦変換**という。

同様に，$f(x)$ が奇関数のとき，

$$f(x) = \sqrt{\frac{2}{\pi}}\int_{0}^{\infty} S(\omega)\sin\omega x\,\mathrm{d}\omega,\ \ S(\omega) = \sqrt{\frac{2}{\pi}}\int_{0}^{\infty} f(x)\sin\omega x\,\mathrm{d}x \tag{11.36}$$

となる。$S(\omega)$ を $f(x)$ の**フーリエ正弦変換**という。

例題11.8　**フーリエ変換**

(1)　次の関数のフーリエ変換 $F(\omega)$ を求めよ。

$$f(x) = \begin{cases} 1 & (|x| < 1) \\ 0 & (|x| > 1) \end{cases}$$

(2)　(1) の結果を用いて，積分

$$\int_{-\infty}^{\infty}\frac{\sin k\cos kx}{k}\,\mathrm{d}k,\quad \int_{0}^{\infty}\frac{\sin x}{x}\,\mathrm{d}x$$

の値を求めよ。

解

(1)　(11.34) 式より，

$$\begin{aligned} F(\omega) &= \frac{1}{\sqrt{2\pi}}\int_{-\infty}^{\infty} f(x)e^{-i\omega x}\mathrm{d}x = \frac{1}{\sqrt{2\pi}}\int_{-1}^{1} e^{-i\omega x}\mathrm{d}x \\ &= \frac{1}{\sqrt{2\pi}}\,\frac{-1}{i\omega}\left[e^{-i\omega x}\right]_{-1}^{1} = \frac{1}{\sqrt{2\pi}}\cdot\frac{e^{i\omega} - e^{-i\omega}}{i\omega} \\ &= \underline{\sqrt{\frac{2}{\pi}}\,\frac{\sin\omega}{\omega}}\quad (\omega \neq 0) \end{aligned}$$

$\displaystyle\lim_{\omega\to 0}\frac{\sin\omega}{\omega} = 1$ より，

$$\lim_{\omega\to 0} F(\omega) = \sqrt{\frac{2}{\pi}},\ \ F(0) = \frac{1}{\sqrt{2\pi}}\int_{-1}^{1}\mathrm{d}x = \underline{\sqrt{\frac{2}{\pi}}}$$

となるから，$F(\omega)$ は $\omega = 0$ で連続である。

(2) (11.33) 式より,

$$f(x)=\frac{1}{\sqrt{2\pi}}\int_{-\infty}^{\infty}\sqrt{\frac{2}{\pi}}\,\frac{\sin\omega}{\omega}\,e^{i\omega x}\mathrm{d}\omega$$
$$=\frac{1}{\pi}\int_{-\infty}^{\infty}\frac{\sin\omega\cos\omega x}{\omega}\,\mathrm{d}\omega+\frac{i}{\pi}\int_{-\infty}^{\infty}\frac{\sin\omega\sin\omega x}{\omega}\,\mathrm{d}\omega$$
$$=\frac{1}{\pi}\int_{-\infty}^{\infty}\frac{\sin\omega\cos\omega x}{\omega}\,\mathrm{d}\omega$$

一方, $f(x)=\begin{cases}1 & (|x|<1)\\ 0 & (|x|>1)\end{cases}$ であるから, 積分変数を $\omega\to k$ と置き換えて,

$$\int_{-\infty}^{\infty}\frac{\sin k\cos kx}{k}\,\mathrm{d}k=\begin{cases}\pi & (|x|<1)\\ 0 & (|x|>1)\end{cases}$$

ここで, $x=0$ とおくと,

$$\int_{-\infty}^{\infty}\frac{\sin x}{x}\,\mathrm{d}x=\pi\quad\therefore\quad\int_{0}^{\infty}\frac{\sin x}{x}\,\mathrm{d}x=\frac{\pi}{2}$$ ■

フーリエ変換の性質

関数 $f(x)$ のフーリエ変換を $F(\omega)=\mathscr{F}[f(x)]$ と書くとき, フーリエ変換には, 次の性質がある。ただし, a, b は任意の定数とし, z^* は z の複素共役とする。

(a) $\mathscr{F}[af(x)+bg(x)]=a\mathscr{F}[f(x)]+b\mathscr{F}[g(x)]$

(b) $\mathscr{F}[f(x+a)]=e^{i\omega a}F(\omega)$

(c) $\mathscr{F}[e^{-i\delta x}f(x)]=F(\omega+\delta)$

(d) $\mathscr{F}[f(ax)]=\dfrac{1}{|a|}F\left(\dfrac{\omega}{a}\right),\ a\neq 0$

(e) $\mathscr{F}[f^*(x)]=F(-\omega)$

(f) $\mathscr{F}[\mathscr{F}[f(x)]]=f(-x)$

(g) $\mathscr{F}[f^{(n)}(x)]=(i\omega)^nF(\omega)$

ただし, $\lim_{x\to\pm\infty}f^{(m)}(x)=0\quad(m=1, 2, \cdots, n-1)$ とする。

(h) $\mathscr{F}[f*g(x)]=\sqrt{2\pi}\,\mathscr{F}[f(x)]\cdot\mathscr{F}[g(x)]$

ここで, $f*g(x)$ は,

$$f*g(x) = \int_{-\infty}^{\infty} f(x-y)g(y)\mathrm{d}y$$

で与えられるたたみ込みである（性質 (d)，(f)，(g)，(h) の証明は，章末問題 11.4 参照）。

章末問題

11.1 オイラーの公式

$$e^{ix} = \cos x + i\sin x \tag{5.5}$$

を用いて，(11.2) ～ (11.4) 式が成り立つことを証明せよ。

11.2 定義式 (11.34) を用いて，(11.30)，(11.31) 式から (11.33) 式を導け。

11.3 $a > 0$ として，

(1) 関数 $f(x) = e^{-a|x|}$ のフーリエ変換を求めよ。

(2) 積分 $\displaystyle\int_0^{\infty} \frac{\cos kx}{a^2 + x^2}\mathrm{d}x$ の値を求めよ。

11.4 11.2 節のフーリエ変換の性質 (d)，(f)，(g)（$n = 1$ の場合のみでよい），(h) を示せ。

第 12 章

相対論的量子力学の創始者であるディラックによって導入されたデルタ関数は，物理学ではなくてはならないものになっている。これは大変便利な関数であり，ここで説明する基本的性質を十分に身につけておこう。

デルタ関数と偏微分方程式 I
——波動で役立つ数学

12.1　ディラックのデルタ関数

デルタ関数

図 12.1 に示すように，

$$f_\varepsilon(x) = \begin{cases} \dfrac{1}{\varepsilon} & \left(|x| \leqq \dfrac{\varepsilon}{2}\right) \\ 0 & \left(\dfrac{\varepsilon}{2} < |x|\right) \end{cases} \tag{12.1}$$

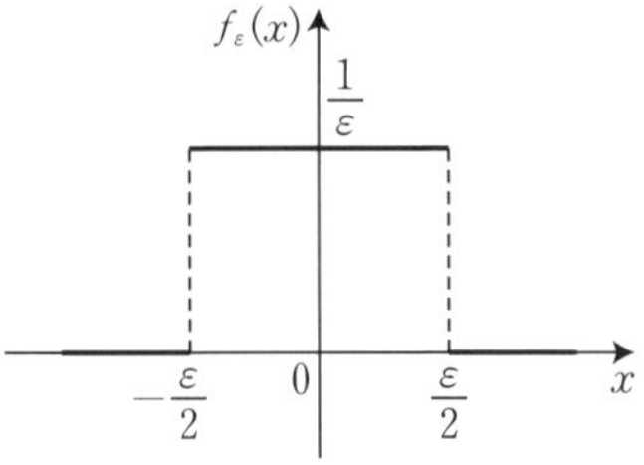

図12.1　デルタ関数

で与えられる関数 $f_\varepsilon(x)$ を考えてみよう。この関数は次のような性質をもつことがわかる。

(i)　$$\int_{-\infty}^{\infty} f_\varepsilon(x)\,\mathrm{d}x = \int_{-\varepsilon/2}^{\varepsilon/2} \frac{1}{\varepsilon}\,\mathrm{d}x = 1 \tag{12.2}$$

(ii)　連続でなめらかな関数 $\varphi(x)$ に対して，

$$\int_{-\infty}^{\infty} \varphi(x) f_\varepsilon(x)\,\mathrm{d}x = \frac{1}{\varepsilon}\int_{-\varepsilon/2}^{\varepsilon/2} \varphi(x)\,\mathrm{d}x$$

と書ける。ここで，積分の平均値の定理より，$-\dfrac{\varepsilon}{2} \leqq y \leqq \dfrac{\varepsilon}{2}$ の適当な y を用いると，

$$\int_{-\varepsilon/2}^{\varepsilon/2} \varphi(x)\,\mathrm{d}x = \varepsilon \cdot \varphi(y)$$

と書けるから,

$$\int_{-\infty}^{\infty} \varphi(x) f_\varepsilon(x)\,\mathrm{d}x = \frac{1}{\varepsilon} \cdot \varepsilon \cdot \varphi(y) = \varphi(y) \tag{12.3}$$

となる。ここで, $\varepsilon \to 0$ とすると, (12.1) 式は,

$$\lim_{\varepsilon \to 0} f_\varepsilon(x) = \begin{cases} \infty & (x = 0) \\ 0 & (x \neq 0) \end{cases} \tag{12.4}$$

となる。また, (12.2) 式はそのまま成り立ち,

$$\lim_{\varepsilon \to 0} \int_{-\infty}^{\infty} f_\varepsilon(x)\,\mathrm{d}x = 1 \tag{12.5}$$

となり, (12.3) 式は,

$$\lim_{\varepsilon \to 0} \int_{-\infty}^{\infty} \varphi(x) f_\varepsilon(x)\,\mathrm{d}x = \varphi(0) \tag{12.6}$$

となる。

関数 $\varphi(x)$ を, $|x| \to \infty$ で $\dfrac{1}{x^n}$ (n：任意の自然数) より速く 0 に収束し, 区間 $(-\infty, \infty)$ で何回でも微分可能な関数 (このような関数を**性質のよい関数**と呼ぶ) とする。物理学者ディラックは, (12.4), (12.5) 式を満たす関数 $\lim_{\varepsilon \to 0} f_\varepsilon(x)$ が, 性質のよい関数 $\varphi(x)$ に対して (12.6) 式を満たすとき, この関数 $\lim_{\varepsilon \to 0} f_\varepsilon(x)$ を $\delta(x)$ と書いて, デルタ関数と呼んだ。

一般に a を任意の実数として,

$$\delta(x - a) = \begin{cases} \infty & (x = a) \\ 0 & (x \neq a) \end{cases} \tag{12.7}$$

$$\int_{-\infty}^{\infty} \delta(x - a)\,\mathrm{d}x = 1 \tag{12.8}$$

を満たす関数 $\delta(x)$ を**デルタ関数**という。(12.7), (12.8) 式より, 性質のよい関数 $\varphi(x)$ に対して,

$$\int_{-\infty}^{\infty} \varphi(x) \delta(x - a)\,\mathrm{d}x = \varphi(a) \tag{12.9}$$

が成り立つことがわかる。なぜなら, (12.7) 式より, $\delta(x - a)$ は $x \neq a$ で 0 であるから,

$$\int_{-\infty}^{\infty} \varphi(x) \delta(x - a)\,\mathrm{d}x = \varphi(a) \int_{-\infty}^{\infty} \delta(x - a)\,\mathrm{d}x$$

となる。ここで，(12.8) 式を用いると，(12.9) 式が得られる。

デルタ関数 $\delta(x)$ は，クロネッカーのデルタ δ_{i0} の離散的変数 i を連続変数 x に拡張したものということができる。また，デルタ関数は，質点や点電荷を表すのに便利であり，物理学で非常に役立つ関数である。

超関数

デルタ関数を含む一般化された関数を考える。

性質のよい関数 $\varphi(x)$ に対し，

$$\int_{-\infty}^{\infty} \varphi(x) f(x-a) \mathrm{d}x < \infty$$

となる関数 $f(x)$ を**超関数**と定義する。ここで，$A < \infty$ は A が有限の値であることを示している。左辺の積分値が $\varphi(a)$ に等しいとき，$f(x)$ はデルタ関数となる。また，2 つの超関数 $f(x)$ と $g(x)$ が等しいことを，

$$\int_{-\infty}^{\infty} \varphi(x) f(x-a) \mathrm{d}x = \int_{-\infty}^{\infty} \varphi(x) g(x-a) \mathrm{d}x \qquad (12.10)$$

が成り立つことであると定義する。

例題12.1　ヘビサイド関数

(1)　関数

$$u(x) = \begin{cases} 1 & (x \geqq a) \\ 0 & (x < a) \end{cases} \qquad (12.11)$$

を**ヘビサイド関数**あるいは**階段関数**という。このとき，$u(x)$ は不連続関数であるから，普通の意味では $x = a$ で微分不可能であるが，$u'(x)$ はデルタ関数の性質 (12.9) 式を満たすことを示せ。

これより，$u'(x) = \delta(x-a)$ と表されることがわかる。

(2)
$$\frac{1}{2\pi} \int_{-\infty}^{\infty} e^{-ik(x-a)} \mathrm{d}k = \delta(x-a) \qquad (12.12)$$

と表されることを，(11.33)，(11.34) 式を用いて示せ。

解

(1)　$\displaystyle\int_{-\infty}^{\infty} u'(x) \mathrm{d}x = u(\infty) - u(-\infty) = 1 - 0 = 1$

となり，$u'(x)$ は (12.8) 式を満たす。

$\varphi(x)$ を性質のよい関数とするとき，

$$\int_{-\infty}^{\infty} \varphi(x) u'(x) \mathrm{d}x = [\varphi(x) u(x)]_{-\infty}^{\infty} - \int_{-\infty}^{\infty} \varphi'(x) u(x) \mathrm{d}x$$
$$= -\int_{a}^{\infty} \varphi'(x) \mathrm{d}x = -\varphi(\infty) + \varphi(a) = \varphi(a)$$

となり，(12.9) 式を満たす。

(2) (11.33) 式で $x \to a$ と置き換えた式へ (11.34) 式を代入し，さらに $\omega \to k$ とすると，

$$f(a) = \frac{1}{2\pi} \int_{-\infty}^{\infty} \mathrm{d}x \int_{-\infty}^{\infty} f(x) e^{-ik(x-a)} \mathrm{d}k$$

となる。(12.9) 式および超関数の同等性の定義 (12.10) より，(12.12) 式が成り立つことがわかる。 ■

デルタ関数の性質

デルタ関数は次の性質をもつ (性質 (a)，(b)，(d)，(g) の証明は，章末問題 12.1)。

(a) $\delta(-x) = \delta(x)$

これより，デルタ関数は偶関数であることがわかる。

(b) $x\delta(x) = 0$

(c) $\delta(ax) = \dfrac{1}{|a|}\delta(x) \quad (a \neq 0)$

(d) $\delta(x^2 - a^2) = \dfrac{1}{2|a|}\{\delta(x+a) + \delta(x-a)\} \quad (a \neq 0)$

(e) $\displaystyle\int_{-\infty}^{\infty} \delta(x-a)\delta(x-b)\mathrm{d}x = \delta(a-b)$

(f) $\delta'(-x) = -\delta'(x)$ （$\delta'(x)$ は $\delta(x)$ の x に関する導関数である）

(g) $x\delta'(x) = -\delta(x)$

例題12.2 **フーリエ変換の具体例**

次の (1) ～ (4) の関数 $f(x)$ のフーリエ変換を求めよ。

(1) $f(x) = \delta(x-a)$

(2) $f(x) = e^{-ikx}$

(3) $f(x) = \sin k(x-a)$

(4) $f(x) = \delta^{(n)}(x)$

解

(1)　$\dfrac{1}{\sqrt{2\pi}}\displaystyle\int_{-\infty}^{\infty}\delta(x-a)e^{-i\omega x}\mathrm{d}x=\underline{\dfrac{1}{\sqrt{2\pi}}e^{-i\omega a}}$

(2)　(12.12) 式を用いて，$\dfrac{1}{\sqrt{2\pi}}\displaystyle\int_{-\infty}^{\infty}e^{-ikx}\cdot e^{-i\omega x}\mathrm{d}x=\underline{\sqrt{2\pi}\,\delta(\omega+k)}$

(3)　$\dfrac{1}{\sqrt{2\pi}}\displaystyle\int_{-\infty}^{\infty}\sin k(x-a)e^{-i\omega x}\mathrm{d}x$

$$=\frac{1}{\sqrt{2\pi}}\int_{-\infty}^{\infty}\frac{e^{ik(x-a)}-e^{-ik(x-a)}}{2i}e^{-i\omega x}\mathrm{d}x$$

$$=\underline{i\sqrt{\frac{\pi}{2}}\{e^{ika}\delta(k+\omega)-e^{-ika}\delta(k-\omega)\}}$$

(4)　$\dfrac{1}{\sqrt{2\pi}}\displaystyle\int_{-\infty}^{\infty}\delta^{(n)}(x)e^{-i\omega z}\mathrm{d}x$

$$=\frac{1}{\sqrt{2\pi}}\left\{\left[\delta^{(n-1)}(x)e^{-i\omega x}\right]_{-\infty}^{\infty}+i\omega\int_{-\infty}^{\infty}\delta^{(n-1)}(x)e^{-i\omega x}\mathrm{d}x\right\}$$

$$=\frac{i\omega}{\sqrt{2\pi}}\left\{\left[\delta^{(n-2)}(x)e^{-i\omega x}\right]_{-\infty}^{\infty}+i\omega\int_{-\infty}^{\infty}\delta^{(n-2)}e^{-i\omega x}\mathrm{d}x\right\}$$

$$\vdots$$

$$=\frac{(i\omega)^n}{\sqrt{2\pi}}\int_{-\infty}^{\infty}\delta(x)e^{-i\omega x}\mathrm{d}x=\underline{\frac{(i\omega)^n}{\sqrt{2\pi}}}$$

■

12.2　偏微分方程式

2 つ以上の独立変数 $x,\ y,\ \cdots$ と未知関数 $u=u(x,\ y,\ \cdots)$，さらにその偏導関数などを含む方程式を**偏微分方程式**という。偏微分方程式に含まれる最高階を偏微分方程式の階数といい，含まれる未知関数および各偏導関数がすべて 1 次式となる偏微分方程式を**線形**，2 次以上の項を含むものを**非線形**という。また，方程式中に既知の関数のみを含む項があれば**非斉次**（あるいは**非同次**），既知関数のみの項を含まなければ**斉次**（あるいは**同次**）方程式という。

一般に，n 階の偏微分方程式を解くと，n 個の任意関数が含まれる。このように，n 個の任意関数を含む解を**一般解**といい，任意関数を含まない解を**特解**という。

例題12.3　偏微分方程式を解く

2変数関数 $u(x, y)$ に関する次の偏微分方程式の一般解を求めよ。ただし，定義域は，$-\infty < x, y < \infty$ である。

(1)　1階線形斉次偏微分方程式：$\dfrac{\partial u}{\partial x} = 0$　(12.13)

(2)　2階線形斉次偏微分方程式：$\dfrac{\partial^2 u}{\partial y \partial x} = 0$　(12.14)

解

(1)　(12.13) 式は，$u(x, y)$ が変数 x に依存せず，y のみに依存することを示している。したがって，$\phi(y)$ を変数 y の任意関数として，(12.13) 式の一般解は，

$$u(x, y) = \underline{\phi(y)}$$

と求められる。

(2)　(12.14) 式は $\dfrac{\partial}{\partial y}\left(\dfrac{\partial u}{\partial x}\right) = 0$ であるから，$\varphi_1(x)$ を x の任意関数として，$\dfrac{\partial u}{\partial x}$ は，

$$\frac{\partial u}{\partial x} = \varphi_1(x)$$

と書ける。これを x について積分すると，$\phi(y)$ を y の任意関数として，(12.14) 式の一般解は，

$$u(x, y) = \int \varphi_1(x)\mathrm{d}x + \phi(y) = \underline{\varphi(x) + \phi(y)}$$

となる。ここで，$\varphi(x) = \int \varphi_1(x)\mathrm{d}x$ は x の任意関数である。こうして，2階偏微分方程式 (12.14) の一般解は2つの任意関数 $\varphi(x)$，$\phi(y)$ を含むことがわかる。■

2階線形定数係数偏微分方程式の分類

2つの独立変数をもつ関数 $u(x, y)$ に対する2階線形定数係数偏微分方程式は，3つの型に分類することができる。この分類は，ちょうど2次曲線の分類に対応している。

a, b, c, d, e, f を実数の定数とし，$h(x, y)$ を実数 x, y の実関数とすると，

一般に，2 階線形定数係数偏微分方程式は，

$$a\frac{\partial^2 u}{\partial x^2}+2b\frac{\partial^2 u}{\partial x\partial y}+c\frac{\partial^2 u}{\partial y^2}+d\frac{\partial u}{\partial x}+e\frac{\partial u}{\partial y}+fu=h(x,y) \quad (12.15)$$

と表される。ここで，$D=b^2-ac$ の値によって次の 3 種類に分類される。

$D>0$ のとき　双曲型

$D=0$ のとき　放物型

$D<0$ のとき　楕円型

解の性質はこれら 3 つの型によって大きく異なるので，この分類は大変便利である。これらの型に属する代表的な方程式は，

双曲型：波動方程式

放物型：熱伝導方程式，拡散方程式

楕円型：ラプラス方程式

である。ここでは，熱伝導方程式，ラプラス方程式，波動方程式の順に，これらの方程式の解析方法を詳しく考えることにしよう。

12.3　熱伝導方程式

まず，熱伝導方程式を導いてみよう。熱伝導方程式の導出の出発点は，次の**フーリエの法則**である。

「各点で熱が伝わる速さは，

その温度勾配に比例する」

図 12.2 のように，厚さ d の板の左側面 A の温度を θ_A に，右側面 B の温度を $\theta_B(<\theta_A)$ に保つと，熱は左側面 A から右側面 B に向かって一様に流れる。板の面積 S を通して流れる熱量 Q は，時間 t と面積 S および A, B 間の温度勾配 $\dfrac{\theta_A-\theta_B}{d}$ に比例する。比例定数を k とすると，

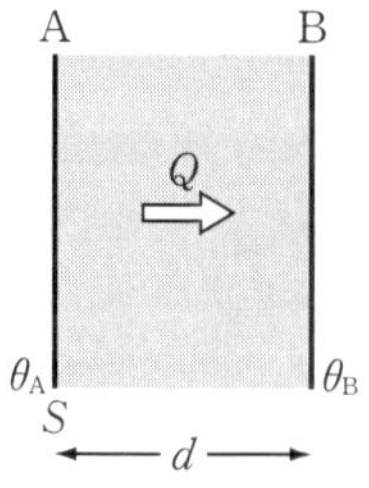

図12.2　熱伝導

$$Q=kS\frac{\theta_A-\theta_B}{d}t \quad (12.16)$$

と表される。ここで，$k(>0)$ を**熱伝導率**という。

例題12.4　**1次元熱伝導方程式の導出**

x 軸方向を向いた細長い一様な棒を考える。時刻 t における温度 $\theta(x, t)$ は x が増加するとともに低下する。棒内部で熱の発生や吸収はなく，棒の側面からの熱の放射もない。

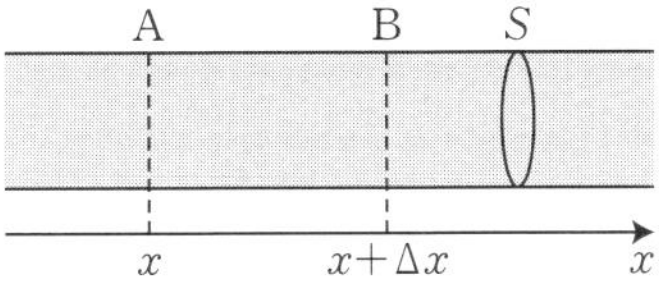

図12.3　1次元熱伝導方程式

図 12.3 のように，位置 x の断面 A と位置 $x+\Delta x(\Delta x>0)$ の断面 B の間での熱の流れを考える。ただし，Δx は微小な長さとする。棒の密度 (単位体積あたりの質量) を ρ, 比熱 (単位質量の物質の温度を 1 度上昇させる熱量) を c，棒の断面積を S とする。熱伝導率 k，ρ，c は，いずれも棒内で x 座標のみに依存する。

(1)　AB 間の棒の温度を微小温度 $\Delta\theta$ だけ上昇させる熱量を Δx，$\Delta\theta$ などを用いて表せ。ただし，Δx は微小な長さなので，AB 間の密度と比熱は，それぞれ ρ，c で表されるものとする。

(2)　微小時間 Δt に断面 A から流れ込む熱量と断面 B から流れ出す熱量を求め，1 次元熱伝導方程式

$$\frac{\partial\theta}{\partial t}=\kappa\frac{\partial^2\theta}{\partial x^2} \tag{12.17}$$

を導け。ただし，$\kappa=\dfrac{k}{c\rho}$ であり，時刻 t で断面 B の温度は，

$$\theta(x, t)+\frac{\partial\theta}{\partial x}\Delta x$$

と表される。

解

(1)　AB 間の棒の質量は $\rho S\Delta x$ であるから，求める熱量は，

$$\Delta Q_1=\underline{c(\rho S\Delta x)\Delta\theta}$$

(2)　微小時間 Δt に断面 A から AB 間に流れ込む熱量は，(12.16) 式より，$kS\dfrac{\theta(x)-\theta(x+\Delta x)}{\Delta x}\Delta t$ と書けるから，$\Delta x\to 0$ で，$kS\left(-\dfrac{\partial\theta}{\partial x}\right)\Delta t$，断面 B から流れ出る熱量は $-kS\dfrac{\partial}{\partial x}\left(\theta(x, t)+\dfrac{\partial\theta}{\partial x}\Delta x\right)\Delta t$ であるから，AB 間の熱量の増加は，

$$\Delta Q_2=-kS\frac{\partial\theta}{\partial x}\Delta t+kS\frac{\partial}{\partial x}\left(\theta(x, t)+\frac{\partial\theta}{\partial x}\Delta x\right)\Delta t$$

$$= kS\frac{\partial^2\theta}{\partial x^2}\Delta x\,\Delta t$$

と書ける。この熱量により AB 間の棒の温度が $\Delta\theta$ だけ上昇する。$\Delta Q_1 = \Delta Q_2$ より，$\dfrac{\Delta\theta}{\Delta t} \to \dfrac{\partial\theta}{\partial t}$ として (12.17) 式を得る。■

3 次元熱伝導方程式

考えている物体内に任意の領域 D をとり，時刻 t における D 内の総熱量 $Q(t)$ は，

$$Q(t) = \iiint_{\mathrm{D}} c\rho\theta(x, y, z, t)\,\mathrm{d}V$$

と表される。また，領域 D の境界面を S とし，曲面 S の外向きの法線単位ベクトルを $\boldsymbol{n}$ とすると，S から D へ流れ込む単位時間あたりの全熱量は，

$$\iint_{\mathrm{S}} k\nabla\theta\cdot\boldsymbol{n}\,\mathrm{d}S$$

と書ける。ここで一般に，比熱 $c(\boldsymbol{r})$，密度 $\rho(\boldsymbol{r})$，熱伝導率 $k(\boldsymbol{r})$ はいずれも位置 $\boldsymbol{r}$ のスカラー関数とする。

例題12.5　3 次元熱伝導方程式の導出

ガウスの発散定理 (10.1) を用いて，3 次元熱伝導方程式

$$c\rho\frac{\partial\theta}{\partial t} = \mathrm{div}(k\nabla\theta) \tag{12.18}$$

を導け。

解　領域 D 内の総熱量の単位時間の増加は，

$$\frac{\mathrm{d}Q}{\mathrm{d}t} = \iiint_{\mathrm{D}} c\rho\frac{\partial\theta}{\partial t}\,\mathrm{d}V \tag{12.19}$$

と表され，曲面 S から単位時間に流れ込む全熱量は，

$$\frac{\mathrm{d}Q}{\mathrm{d}t} = \iint_{\mathrm{S}} k\nabla\theta\cdot\boldsymbol{n}\,\mathrm{d}S = \iiint_{\mathrm{D}} \mathrm{div}(k\nabla\theta)\,\mathrm{d}V \tag{12.20}$$

と表される。ここで，ガウスの発散定理を用いた。

(12.19)，(12.20) 式が任意の領域 D について成立するためには，被積分関数が一致しなければならない。こうして (12.18) 式を得る。■

拡散方程式

空間内を運動する多数の微粒子の運動を考え，位置 $\boldsymbol{r} = (x, y, z)$ での微粒子の密度を $n(x, y, z, t)$ とすると，任意の領域 R で時刻 t において，単位時間あたりの微粒子数の増加は，

$$\iiint_{\mathrm{R}} \frac{\partial n}{\partial t}\,\mathrm{d}V \tag{12.21}$$

と表される。

ある面を通して微粒子が拡散する速さは，微粒子の数密度の勾配に比例する。その比例定数を D と書き，**拡散係数**と呼ぶ。拡散係数は，一般に，その位置 $\boldsymbol{r}$ の関数 $D(\boldsymbol{r})$ である。

領域 R の境界面 S を通して，単位時間に流入する微粒子数は，

$$\iint_{\mathrm{S}} D\,\nabla n\cdot\mathrm{d}\boldsymbol{S} = \iiint_{\mathrm{R}} \mathrm{div}(D\,\nabla n)\,\mathrm{d}V \tag{12.22}$$

と書けるから，(12.21)，(12.22) 式より，

$$\frac{\partial n}{\partial t} = \mathrm{div}(D\,\nabla n) \tag{12.23}$$

となる。(12.23) 式を**拡散方程式**という。

12.4　熱伝導 (拡散) 方程式の解法

比熱 c，密度 ρ，熱伝導率 k，および拡散係数 D が位置 $\boldsymbol{r}$ によらない定数のとき，熱伝導方程式 (12.18) $\left(\dfrac{k}{c\rho} \to \kappa\right)$ および拡散方程式 (12.23) $(D \to \kappa)$ は，温度 θ および微粒子の数密度 n を一般的に $u(x, y, z, t)$ と書くと，

$$\frac{\partial u}{\partial t} = \kappa\nabla^2 u \tag{12.24}$$

となる。以下，(12.24) 式の解法を考えることにしよう。

有限な長さの棒の熱伝導

棒の側面は断熱されており，棒の断面の温度が一様である棒の中の温度分布 $u(x, t)$ は，1 次元熱伝導方程式

$$\frac{\partial u}{\partial t} = \kappa\frac{\partial^2 u}{\partial x^2} \quad (\kappa \text{ は正の定数},\ 0 < x < L,\ t > 0) \tag{12.25}$$

で与えられる。今，初期状態の温度分布が，

$$\text{初期条件}: u(x, 0) = f(x) \tag{12.26}$$

で与えられ，棒の両端の温度が，

$$\text{境界条件}: u(0, t) = u_0,\ u(L, t) = u_1 \tag{12.27}$$

で与えられるとする。

このような問題を解くには，十分に時間がたったとき，初期条件とは無関係に，境界条件だけで決まる定常状態 $u_{\mathrm{s}}(x)$ に落ち着くとして，求めたい温度分布 $u(x, t)$ から $u_{\mathrm{s}}(x)$ を差し引いた関数

$$v(x, t) = u(x, t) - u_{\mathrm{s}}(x) \tag{12.28}$$

を用いるのが便利である。

定常状態 $u_{\mathrm{s}}(x)$ は，x のみの関数であり $\dfrac{\partial u_{\mathrm{s}}}{\partial t} = 0$ であるから，熱伝導方程式 (12.25) より $\dfrac{\mathrm{d}^2 u_{\mathrm{s}}}{\mathrm{d}x^2} = 0$ となる。また，境界条件 (12.27) より，$u_{\mathrm{s}}(0) = u_0$，$u_{\mathrm{s}}(L) = u_1$ となる。したがって $u_{\mathrm{s}}(x)$ は，

$$u_{\mathrm{s}}(x) = u_0 + \frac{u_1 - u_0}{L}x \tag{12.29}$$

と表される。

こうして，$v(x, t)$ に対する方程式は，

$$\frac{\partial v}{\partial t} = \kappa \frac{\partial^2 v}{\partial x^2} \tag{12.30}$$

$$\begin{cases} v(x, 0) = f(x) - u_{\mathrm{s}}(x) & (0 < x < L) \\ v(0, t) = 0,\ v(L, t) = 0 \end{cases} \tag{12.31}$$

に帰着する。

偏微分方程式を一般的に解くのは難しい。そこで，**変数分離**と呼ばれる方法を用いて偏微分方程式を常微分方程式に帰着させて解く方法を考える。この方法は，**フーリエの方法**と呼ばれる。

例題12.6　変数分離による解法

(1)　(12.30) 式において，$v(x, t) = X(x)T(t)$ と変数分離することにより，$X(x)$ と $T(t)$ に対する常微分方程式を求めよ。

(2)　$X(x)$ に対する微分方程式を解け。

(3)　$T(t)$ に対する微分方程式を解き，(12.25) ～ (12.27) 式で与えられる温度分布関数 $u(x, t)$ を求めよ。

解

(1)　$v(x, t) = X(x)T(t)$ を (12.30) 式へ代入すると，

$$X\frac{\mathrm{d}T}{\mathrm{d}t} = \kappa T\frac{\mathrm{d}^2X}{\mathrm{d}x^2}$$

となるから，$\frac{\mathrm{d}T}{\mathrm{d}t} = T'$，$\frac{\mathrm{d}^2X}{\mathrm{d}x^2} = X''$ と書くと，

$$\frac{T'}{\kappa T} = \frac{X''}{X} \tag{12.32}$$

となる。ここで，(12.32) 式の左辺は時間 t のみの関数であり，右辺は座標 x のみの関数であるから，x と t が任意の値をとるとき等式が成り立つためには，(12.32) 式の値は定数でなければならない。そこで，その定数を $-K$ とおくと，T と X に対する常微分方程式

$$\underline{\frac{\mathrm{d}^2X}{\mathrm{d}x^2} + KX(x) = 0} \tag{12.33}$$

$$\underline{\frac{\mathrm{d}T}{\mathrm{d}t} + \kappa KT(t) = 0} \tag{12.34}$$

を得る。ここで，境界条件 (12.31) は，

$$X(0) = 0,\ X(L) = 0 \tag{12.35}$$

とおけば満たされる。そこで，この条件を課すことにする。初期条件は (3) で考える。

(2)　$X(x) \equiv 0$ は，明らかに (12.33) の解であるが，ここでは，$X(x) \neq 0$ の解を求めよう。

(a)　$K < 0$ のとき，(12.33) 式の一般解は，A, B を任意定数として，

$$X(x) = Ae^{\sqrt{-K}x} + Be^{-\sqrt{-K}x}$$

となる。ここで，境界条件 (12.35) は，

$$A + B = 0,\ Ae^{\sqrt{-K}L} + Be^{-\sqrt{-K}L} = 0$$

となる。これより，$A = B = 0$ となり，$X(x) \equiv 0$ となってしまう。

(b)　$K = 0$ のとき，$\frac{\mathrm{d}^2X}{\mathrm{d}x^2} = 0$ より，$X(x) = Ax + B$ となる。ここで，境界条件 (12.35) を用いると，$A = B = 0$ となり，ふたたび，$X(x) \equiv 0$ となってしまう。

(c)　$K > 0$ のとき，(12.33) 式の一般解は，

$$X(x) = A\cos(\sqrt{K}x) + B\sin(\sqrt{K}x)$$

となる。ここで，境界条件 (12.35) は，

$$A = 0,\ B\sin(\sqrt{K}L) = 0$$

となるから，$B \neq 0$ となるためには，$\sqrt{K}L = n\pi\ (n = 1, 2, \cdots)$ となることが必要である。よって，K の値は，$K_n = \left(\dfrac{n\pi}{L}\right)^2$ でなければならず，

$$\underline{X(x) = B_n \sin\frac{n\pi}{L}x} \tag{12.36}$$

となる。ここで，$n = 1, 2, \cdots$ である。

(3)　$K = K_n = \left(\dfrac{n\pi}{L}\right)^2$ のとき，(12.34) 式の一般解は，C_n を任意定数として，

$$T_n(t) = C_n \exp(-\kappa K_n t)$$

となる。したがって，任意定数 B_n を C_n に含めて，

$$v_n(x, t) = C_n \exp(-\kappa K_n t)\sin\frac{n\pi}{L}x$$

となり，これらの重ね合わせにより，(12.30) 式の解は，

$$v(x, t) = \sum_{n=1}^{\infty} C_n \exp(-\kappa K_n t)\sin\frac{n\pi}{L}x$$

となる。ここで，初期条件は，

$$v(x, 0) = f(x) - u_{\mathrm{s}}(x) = \sum_{n=1}^{\infty} C_n \sin\frac{n\pi}{L}x$$

となる。周期関数のフーリエ展開 (11.14)，(11.17) を用いて，

$$C_n = \frac{2}{L}\int_0^L \{f(x) - u_{\mathrm{s}}(x)\}\sin\frac{n\pi}{L}x\,\mathrm{d}x$$

と定めることができる。

以上より，(12.25) ～ (12.27) 式で与えられる温度分布関数 $u(x, t)$ は，

$$\underline{u(x, t) = u_{\mathrm{s}}(x) + \sum_{n=1}^{\infty} C_n \exp(-\kappa K_n t)\sin\frac{n\pi}{L}x} \tag{12.37}$$

と求められる。 ■

無限に長い棒の熱伝導

無限に長い棒の熱伝導の様子は，温度の初期値分布 $u(x, 0)$ のみが与え

られ，境界条件が与えられない 1 次元熱伝導方程式を解くことによってわかる。有限な長さの場合と同様に，熱伝導方程式と初期条件は，それぞれ，

$$\frac{\partial u}{\partial t} = \kappa \frac{\partial^2 u}{\partial x^2} \tag{12.25}$$

$$(\kappa > 0,\ -\infty < x < \infty,\ t > 0)$$

$$\text{初期条件}：u(x, 0) = f(x) \tag{12.26}$$

で与えられ，境界条件は与えられない。

$u(x, t) = X(x)T(t)$ とおいて (12.25) 式へ代入し，

$$\frac{T'}{\kappa T} = \frac{X''}{X} = -K$$

とおくと，

$$\frac{\mathrm{d}^2 X}{\mathrm{d}x^2} + KX(x) = 0 \tag{12.33}$$

$$\frac{\mathrm{d}T}{\mathrm{d}t} + \kappa KT(t) = 0 \tag{12.34}$$

を得る。

例題12.7 **熱伝導方程式の有界な特解**

(12.33) 式の有界 ($\lim_{x\to\pm\infty} X(x) < \infty$) な解 $X(x)$ は，$K > 0$ のときに与えられる。$K = p^2 (p \geqq 0)$ とおいて，(12.25) 式を満たす 2 つの任意定数を含む特解を求めよ。

解 $K = p^2$ を (12.33) 式へ代入すると，

$$\frac{\mathrm{d}^2 X}{\mathrm{d}x^2} + p^2 X(x) = 0$$

となり，この式の一般解は，A, B を任意定数として，

$$X(x) = A \cos px + B \sin px$$

となる。また，$K = p^2$ のとき (12.34) 式の一般解は，C を任意定数として，

$$T(t) = C \exp(-\kappa p^2 t)$$

と書けるから，任意定数を $AC \to A$，$BC \to B$ とまとめて，2 つの任意定数を含む (12.25) 式の特解

$$u(x, t) = \underline{(A \cos px + B \sin px)\exp(-\kappa p^2 t)} \tag{12.38}$$

を得る。■

一般に，(12.38) 式は初期条件 (12.26) を満たさないので，これらの重

ね合わせによって初期条件を満たす特解を見つけたい。任意定数A, Bは，xとtによらなければpを含んでもよいから，$A(p)$，$B(p)$と書いて，

$$u(x, t) = \int_0^\infty (A(p)\cos px + B(p)\sin px)\exp(-\kappa p^2 t)\mathrm{d}p \quad (12.39)$$

とおくと，(12.39) 式は熱伝導方程式 (12.25) を満たす。ここで，$t = 0$ とおくと，

$$u(x, 0) = f(x) = \int_0^\infty (A(p)\cos px + B(p)\sin px)\mathrm{d}p$$

となる。ここで，フーリエ積分

$$A(p) = \frac{1}{\pi}\int_{-\infty}^\infty f(y)\cos py\,\mathrm{d}y,\ B(p) = \frac{1}{\pi}\int_{-\infty}^\infty f(y)\sin py\,\mathrm{d}y \quad (11.31)$$

を (12.39) 式へ代入して，

$$u(x, t) = \frac{1}{\pi}\int_0^\infty \mathrm{d}p\int_{-\infty}^\infty \mathrm{d}y\, f(y)\cos p(x-y)\exp(-\kappa p^2 t)$$

となり，さらに積分順序を交換して，

$$u(x, t) = \int_{-\infty}^\infty \mathrm{d}y\, f(y)\cdot\frac{1}{\pi}\int_0^\infty \mathrm{d}p\,\cos p(x-y)\exp(-\kappa p^2 t) \quad (12.40)$$

を得る。(12.40) 式は，初期条件 (12.26) 満たす (12.25) 式の解である。

ここで，積分公式

$$\int_0^\infty e^{-at^2}\cos bt\,\mathrm{d}t = \frac{1}{2}\sqrt{\frac{\pi}{a}}\exp\left(-\frac{b^2}{4a}\right) \quad (a>0) \quad (12.41)$$

を用いて，

$$u(x, t) = \frac{1}{2\sqrt{\pi\kappa t}}\int_{-\infty}^\infty \exp\left[-\frac{(x-y)^2}{4\kappa t}\right]f(y)\mathrm{d}y \quad (12.42)$$

を得る ((12.41) 式の証明は，章末問題 12.3 参照)。

例題12.8　1 点に集中した熱の初期分布

無限に長い棒において，$t = 0$ の温度初期分布が $f(x) = \delta(x)$ で与えられるとき，$t > 0$ での熱の伝わり方を，熱伝導方程式 (12.25) に基づいて調べよ。ただし，$\delta(x)$ はディラックのデルタ関数である。

解　(12.42) 式に $f(y) = \delta(y)$ を代入して，

$$u(x, t) = \frac{1}{2\sqrt{\pi\kappa t}}\exp\left(-\frac{x^2}{4\kappa t}\right)$$

を得る。これを各時刻 t に関してグラフを描くと図 12.4 のようになる。

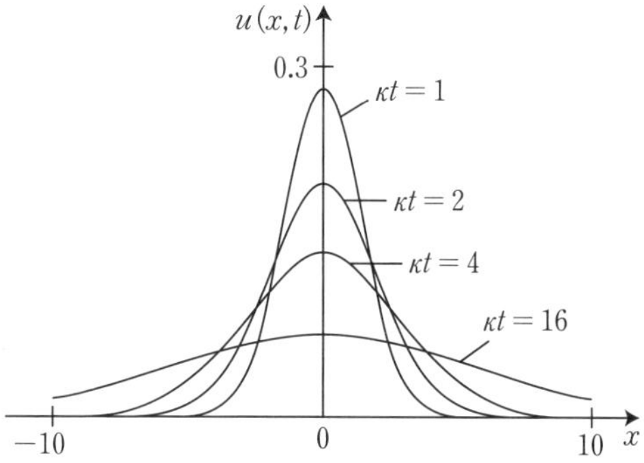

図12.4　1点に集中した熱の伝導

これより，$t>0$ のとき任意の位置 x で $u>0$ となり，$t=0$ で原点 $x=0$ の影響がどんなに大きな位置 x にも及ぶことを示している。また，(12.25) 式は拡散方程式でもあるから，$x=0$ で投入された微粒子の一部は，瞬時に非常に遠く離れた点 x にまで達することを意味する。これは，熱伝導方程式 (拡散方程式) の重大な欠陥と考えられている。■

熱伝導方程式の解の一意性

ここまで，熱伝導方程式 (12.25) を解くのに，いろいろな条件をつけ，その特解を求めてきた。したがって，(12.25) 式を満たす解は，ここで求めた解以外にもいろいろあるのではないか，と心配する読者が多いかもしれない。しかし，そのようなことはない。以下の例題において，(12.25) 式の解で初期条件 (12.26) を満たす解は一通りに定まることを示そう。

まず，熱伝導方程式 (12.25) の解 $u(x,t)$ によって与えられる量

$$E(t)=\int_{-\infty}^{\infty}u(x,t)^2\mathrm{d}x \tag{12.43}$$

を考える。このとき，$E(t)$ は有限であるとする。

例題12.9　エネルギー不等式

$x\to\pm\infty$ のとき，

$$u(x,t)\to 0,\ \ \frac{\partial u}{\partial x}\to 0 \tag{12.44}$$

となることを仮定して，不等式

$$E(t) \leqq E(0) \quad (t \geqq 0) \tag{12.45}$$

が成り立つことを示せ。これを**エネルギー不等式**という。

仮定 (12.44) は，$E(t) = \int_{-\infty}^{\infty} u(x, t)^2 \mathrm{d}x$ が有限であるとしたことから自然であろう。

解　まず，(12.43) 式の両辺を t で微分する。

$$\frac{\mathrm{d}E}{\mathrm{d}t} = 2\int_{-\infty}^{\infty} u(x, t)\frac{\partial u}{\partial t}\mathrm{d}x$$

ここで，熱伝導方程式 $\dfrac{\partial u}{\partial t} = \kappa\dfrac{\partial^2 u}{\partial x^2}$ を用いると，

$$\frac{\mathrm{d}E}{\mathrm{d}t} = 2\kappa\int_{-\infty}^{\infty} u(x, t)\frac{\partial^2 u}{\partial x^2}\mathrm{d}x$$

となる。部分積分をすると，

$$\frac{\mathrm{d}E}{\mathrm{d}t} = 2\kappa\left[u(x, t)\frac{\partial u}{\partial x}\right]_{-\infty}^{\infty} - 2\kappa\int_{-\infty}^{\infty}\left(\frac{\partial u}{\partial x}\right)^2\mathrm{d}x$$

となる。仮定 (12.44) より，

$$\frac{\mathrm{d}E}{\mathrm{d}t} = -2\kappa\int_{-\infty}^{\infty}\left(\frac{\partial u}{\partial x}\right)^2\mathrm{d}x \leqq 0$$

となり，$E(t)$ は時間 t とともに減少することがわかる。こうして，不等式 (12.45) を得る。■

例題12.10　解の一意性

熱伝導方程式 (12.25) とその境界条件 (12.26) を満たす2つの解 $u_1(x, t)$，$u_2(x, t)$ があるとする。このとき，$u_0(x, t) = u_1(x, t) - u_2(x, t)$ も (12.25) 式の解となる。

エネルギー不等式を用いて，(12.25) 式，(12.26) 式を満たす解は一通りに定まることを示せ。

解

$$E_0(0) = \int_{-\infty}^{\infty} u_0(x, 0)^2\mathrm{d}x = \int_{-\infty}^{\infty}\{u_1(x, 0) - u_2(x, 0)\}^2\mathrm{d}x$$

であるが，$u_1(x, t)$，$u_2(x, t)$ はともに初期条件 (12.26) を満たすので，

$$u_1(x, 0) = u_2(x, 0) = f(x)$$

である。そうすると，$E_0(0) = 0$ である。

一方, $u_0(x, t)$ は (12.25) 式の解であるから, エネルギー不等式を満たす。したがって, $E_0(t) \leqq E_0(0) = 0$ となる。$E(t)$ の定義式 (12.43) より, $0 \leqq E_0(t)$ であるから,

$$E_0(t) = \int_{-\infty}^{\infty} u_0(x, t)^2 \mathrm{d}x = \int_{-\infty}^{\infty} \{u_1(x, t) - u_2(x, t)\}^2 \mathrm{d}x = 0$$

となり,

$$u_1(x, t) = u_2(x, t)$$

となる。これより, (12.25), (12.26) 式を満たす解は一通りに定まることがわかる。 ■

章末問題

12.1 12.1 節のデルタ関数の性質 (a), (b), (d), (g) を証明せよ。

12.2 境界条件 $[u(0, t) = 0,\ u(2, t) = 0]$, 初期条件 $[u(x, 0) = f(x)]$ のとき, 例題 12.6 を用いて, 熱伝導方程式 $\dfrac{\partial u}{\partial t} = \dfrac{\partial^2 u}{\partial x^2}$ を解け。ただし, $f(x) = \begin{cases} 1 & (0 < x \leqq 1) \\ 0 & (1 < x < 2) \end{cases}$ とする。

12.3 積分公式 (12.41) が成り立つことを示せ。

第 13 章

本章は，この巻の最終章となる。ここでは，偏微分方程式の重要な例であるラプラス方程式と波動方程式について説明する。ラプラス方程式は電磁気学で現れる重要な方程式である。

偏微分方程式 II
――波動で役立つ数学

13.1　ラプラス方程式

ラプラス方程式は，10.2 節で扱ったが，そこでは，ラプラス方程式の解，すなわち，調和関数の性質を中心に説明した。ここでは，2 次元および 3 次元のラプラス方程式を考え，これらを解くことを考えよう。

ラプラス方程式の基本解

付録で，曲線座標を用いて，微分演算 ∇^2 の円柱座標と 3 次元極座標での表現を導いた。2 次元ラプラス方程式

$$\frac{\partial^2 u}{\partial x^2}+\frac{\partial^2 u}{\partial y^2}=0 \tag{13.1}$$

の極座標 (r,ϕ) を用いた表現は，付録の円柱座標表現 (A9) から，

$$\frac{1}{r}\frac{\partial}{\partial r}\left(r\frac{\partial u}{\partial r}\right)+\frac{1}{r^2}\frac{\partial^2 u}{\partial \phi^2}=0 \tag{13.2}$$

となる。また，3 次元ラプラス方程式

$$\frac{\partial^2 u}{\partial x^2}+\frac{\partial^2 u}{\partial y^2}+\frac{\partial^2 u}{\partial z^2}=0 \tag{13.3}$$

の極座標 (r,θ,ϕ) を用いた表現は，付録の (A10) 式より，

$$\frac{1}{r^2}\frac{\partial}{\partial r}\left(r^2\frac{\partial u}{\partial r}\right)+\frac{1}{r^2\sin\theta}\frac{\partial}{\partial\theta}\left(\sin\theta\frac{\partial u}{\partial\theta}\right)+\frac{1}{r^2\sin\theta}\frac{\partial^2 u}{\partial\phi^2}=0 \quad (13.4)$$

となる。

ラプラス方程式の r のみに依存する解 $u=u(r)$ を求めよう。

まず，2 次元の場合を考えよう。求める解 $u(r)$ は ϕ に依存しないから，(13.2) 式より，

$$\frac{1}{r}\frac{\mathrm{d}}{\mathrm{d}r}\left(r\frac{\mathrm{d}u}{\mathrm{d}r}\right)=0 \tag{13.5}$$

を満たす。(13.5) 式より，

$$\frac{\mathrm{d}}{\mathrm{d}r}\left(r\frac{\mathrm{d}u}{\mathrm{d}r}\right)=0 \quad \therefore \quad \frac{\mathrm{d}u}{\mathrm{d}r}=\frac{C_1}{r} \quad (C_1\text{：任意定数})$$

これより，もう 1 つの任意定数 C_0 を用いて，解

$$u=C_0+C_1\log r \tag{13.6}$$

を得る。

次に 3 次元の場合を考えよう。求める解 $u(r)$ は，u は θ, ϕ に依存しないから，(13.4) 式より，

$$\frac{1}{r^2}\frac{\mathrm{d}}{\mathrm{d}r}\left(r^2\frac{\mathrm{d}u}{\mathrm{d}r}\right)=0$$

を満たす。C_1 を任意定数として，$\dfrac{\mathrm{d}u}{\mathrm{d}r}=-\dfrac{C_1}{r^2}$ となる。よって，C_0 を任意定数として，

$$u=C_0+\frac{C_1}{r} \tag{13.7}$$

を得る。

(13.6) 式，(13.7) 式の解を，それぞれラプラス方程式の 2 次元および 3 次元の**基本解**という。

2 次元長方形領域でのラプラス方程式の解

4 本の直線 $x=0$, $x=a$, $y=0$, $y=b$ $(a>0,\ b>0)$ で囲まれた長方形領域で 2 次元ラプラス方程式 (13.1) を満たし，境界条件

$$u(0,y)=u(a,y)=0 \tag{13.8}$$

$$u(x,b)=0 \tag{13.9}$$

$$u(x,0)=f(x) \tag{13.10}$$

を満たす解 $u(x, y)$ を求めよう。このような問題を**ディリクレ型境界値問題**という。

例題13.1　**変数分離による解法**

(1)　2 次元ラプラス方程式 (13.1) の解を変数分離できると仮定して，

$$u(x, y) = X(x)Y(y) \tag{13.11}$$

とおく。このとき，$n = 1, 2, \cdots$として，境界条件 (13.8)，(13.9) を満たす n に依存する (13.1) 式の解

$$u_n(x, y) = X_n(x)Y_n(y) \tag{13.12}$$

を求めよ。

(2)　(13.12) 式を重ね合わせることにより，境界条件 (13.10) を満たす解

$$u(x, y) = \sum_{n=1}^{\infty} u_n(x, y) \tag{13.13}$$

を求めよ。

解

(1)　定数を $-p^2$ とおくと，$X(x)$，$Y(y)$ の満たす微分方程式は，

$$\frac{\mathrm{d}^2 X}{\mathrm{d}x^2} = -p^2 X \tag{13.14}$$

$$\frac{\mathrm{d}^2 Y}{\mathrm{d}y^2} = p^2 Y \tag{13.15}$$

となるので[1]，(13.14) 式の一般解は，A, B を任意定数として，

$$X(x) = A\cos px + B\sin px$$

となる。ここで，境界条件 (13.8) を代入すると，

$$X(0) = A = 0,\ X(a) = B\sin pa = 0$$

$$\therefore\quad p = \frac{n\pi}{a}$$

これより，

$$X_n(x) = B\sin\frac{n\pi}{a}x$$

となる。

1)　(13.14) 式の右辺を p^2X とすると，今の場合，p は虚数となってしまう。p^2X の符号は，問題に合うようにおけばよい。

(13.15) 式の一般解は，C, D を任意定数として，

$$Y_n(y) = C\exp\left(\frac{n\pi}{a}y\right) + D\exp\left(-\frac{n\pi}{a}y\right)$$

となるから，境界条件 (13.9) より，

$$Y_n(b) = C\exp\left(\frac{n\pi}{a}b\right) + D\exp\left(-\frac{n\pi}{a}b\right) = 0$$

となる。C_n を整数 n に依存した任意定数とすると，

$$C = \frac{C_n}{2}\exp\left(-\frac{n\pi}{a}b\right),\ D = -\frac{C_n}{2}\exp\left(\frac{n\pi}{a}b\right)$$

とおくことができる。こうして，

$$\begin{aligned} Y_n(y) &= \frac{C_n}{2}\left\{\exp\left[\frac{n\pi}{a}(y-b)\right] - \exp\left[-\frac{n\pi}{a}(y-b)\right]\right\} \\ &= C_n \sinh\frac{n\pi}{a}(y-b) \end{aligned}$$

を得る。

以上より，求める特解は，$B_n = BC_n$ とおいて，解 (13.12) より，

$$u_n(x, y) = X_n(x)Y_n(y) = \underline{B_n \sin\frac{n\pi}{a}x\cdot\sinh\frac{n\pi}{a}(y-b)} \qquad (13.16)$$

と表される。

(2)　(13.16) 式の重ね合わせの解

$$u(x, y) = \sum_{n=1}^{\infty} u_n(x, y) = \sum_{n=1}^{\infty} B_n \sin\frac{n\pi}{a}x\cdot\sinh\frac{n\pi}{a}(y-b)$$

が境界条件 (13.10) を満たす条件を求める。

$$u(x, 0) = \sum_{n=1}^{\infty}\left(-B_n \sinh\frac{n\pi}{a}b\right)\cdot\sin\frac{n\pi}{a}x = f(x)$$

は，正弦級数の形をしているから，

$$-B_n \sinh\frac{n\pi}{a}b = \frac{2}{a}\int_0^a f(x)\sin\frac{n\pi}{a}x\,\mathrm{d}x$$

となり，(13.13) の形の解

$$u(x, y) = \frac{2}{a}\sum_{n=1}^{\infty}\frac{\sinh\frac{n\pi}{a}(b-y)}{\sinh\frac{n\pi}{a}b}\sin\frac{n\pi}{a}x\int_0^a f(x)\sin\frac{n\pi}{a}x\,\mathrm{d}x$$

が求められる。 ■

13.2　　波動方程式

弦の振動

図 13.1 のように張られた弦を伝わる横波（波の進行方向と垂直方向に振動する波）を考える。ここでは，弦にはたらく重力は小さいとして無視し，波がないとき，弦は図 13.2 の x 軸上にあるとする。弦に波が生じたとき，長さ Δx の PQ 部分が P′Q′ まで変位したとする。弦にはたらく張力は弦の接線方向へはたらく。点 P′ と Q′ ではたらくの張力の大きさは等しいと近似できる。そこで，この大きさを S とおく。P′, Q′ での張力と水平方向のなす角を θ, θ' とする。

図13.1　弦の振動

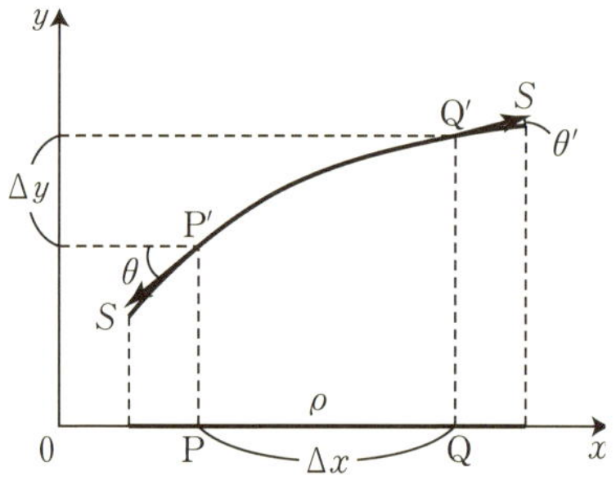

図13.2　弦を伝わる横波の方程式

波が生じていないときの弦の質量線密度を ρ, P′, Q′ の y 座標の差を Δy とすると，P′Q′ 部分の y 方向の運動方程式は，

$$(\rho\,\Delta x)\,\frac{\partial^2 y}{\partial t^2} = S\sin\theta' - S\sin\theta \qquad (13.17)$$

となる。(13.17) 式の右辺は，$|\theta| \ll 1, |\theta'| \ll 1$ とすると，

$$S\sin\theta' - S\sin\theta \approx S(\tan\theta' - \tan\theta)$$

となる。ここで，$\tan\theta$，$\tan\theta'$ は，それぞれ点 P′, Q′ での接線の傾きだから，

$$\tan\theta' - \tan\theta = \left.\frac{\partial y}{\partial x}\right|_{x+\Delta x} - \left.\frac{\partial y}{\partial x}\right|_{x}$$

$$= \frac{\left.\dfrac{\partial y}{\partial x}\right|_{x+\Delta x} - \left.\dfrac{\partial y}{\partial x}\right|_{x}}{\Delta x} \Delta x \tag{13.18}$$

と書ける。ここで，$\left.\dfrac{\partial y}{\partial x}\right|_x$ は，位置 x での微分係数である。

(13.18) 式の最右辺は，$\Delta x \to 0$ とすると，$\dfrac{\partial y}{\partial x}$ の位置 x での微分係数を表し，

$$\tan\theta' - \tan\theta \quad \to \quad \frac{\partial^2 y}{\partial x^2}\Delta x \quad (\Delta x \to 0)$$

となる。こうして，(13.17) 式は，

$$\frac{\partial^2 y}{\partial t^2} = \frac{S}{\rho}\frac{\partial^2 y}{\partial x^2} \tag{13.19}$$

となる。(13.19) 式は，一般に，**1 次元波動方程式**と呼ばれている。

1 次元波動方程式

まず，1 次元波動方程式

$$\frac{\partial^2 u}{\partial t^2} = c^2\frac{\partial^2 u}{\partial x^2} \quad (c：正の定数) \tag{13.20}$$

を解くことを考えよう。

例題13.2　ダランベールの解

独立変数を，

$$\xi = x + ct,\ \ \eta = x - ct$$

とおいて，(x, t) から (ξ, η) へ変換する。

(1)　偏微分の公式を用いて，(13.20) 式より，

$$\frac{\partial^2 u}{\partial\xi\partial\eta} = 0 \tag{13.21}$$

を導け。

(2)　2 つの任意関数を用いて，(13.21) 式の一般解を求めよ。

解

(1)
$$\frac{\partial u}{\partial t} = \frac{\partial u}{\partial \xi}\frac{\partial \xi}{\partial t} + \frac{\partial u}{\partial \eta}\frac{\partial \eta}{\partial t}$$
$$= c\left(\frac{\partial u}{\partial \xi} - \frac{\partial u}{\partial \eta}\right)$$

となるから，もう一度 t で微分して，

$$\frac{\partial^2 u}{\partial t^2} = c^2\left\{\frac{\partial}{\partial \xi}\left(\frac{\partial u}{\partial \xi} - \frac{\partial u}{\partial \eta}\right) - \frac{\partial}{\partial \eta}\left(\frac{\partial u}{\partial \xi} - \frac{\partial u}{\partial \eta}\right)\right\}$$
$$= c^2\left(\frac{\partial^2 u}{\partial \xi^2} - 2\frac{\partial^2 u}{\partial \xi \partial \eta} + \frac{\partial^2 u}{\partial \eta^2}\right)$$

を得る。同様にして，

$$\frac{\partial^2 u}{\partial x^2} = \frac{\partial^2 u}{\partial \xi^2} + 2\frac{\partial^2 u}{\partial \xi \partial \eta} + \frac{\partial^2 u}{\partial \eta^2}$$

となる。これらを (13.20) 式へ代入して，(13.21) 式を得る。

(2)　例題 12.3(2) より，(13.21) の一般解は，$f(\xi)$，$g(\eta)$ を任意関数として，

$$u(\xi, \eta) = f(\xi) + g(\eta)$$

と書ける。これを独立変数 x と t で表せば，

$$u(x, t) = \underline{f(x + ct) + g(x - ct)} \tag{13.22}$$

となる。■

(13.22) 式を**ダランベールの解**という。

x 軸負方向へ速度 $-c$ で運動する観測者から見ると，$x + ct =$ 一定となり，関数 $f(x + ct)$ は一定となる。これは，$f(x + ct)$ が，形状を一定に保ちながら速さ c で x 軸負方向へ伝わる進行波であることを示している。同様に，$g(x - ct)$ は，速さ c で x 軸正方向へ伝わる進行波を表す。(13.22) 式は，x 軸正方向と負方向への進行波の重ね合わせを表している。

弦を伝わる横波の波動方程式が (13.19) で表されることから，横波の速さは，$c = \sqrt{S/\rho}$ と表されることがわかる。

初期値問題

初期値として，時刻 $t = 0$ における波形

$$u(x, 0) = \varphi(x)$$
$$\left.\frac{\partial u(x, t)}{\partial t}\right|_{t=0} = \psi(x) \tag{13.23}$$

が与えられる場合が多い。

初期条件 (13.23) を満たす波動方程式 (13.20) の解を考える。

例題13.3　**ストークスの波動公式**

無限に長い弦 (境界条件が与えられない場合) において，ダランベール

の解 (13.22) を用いて，波動方程式 (13.20) の初期条件 (13.23) を満たす解を求めよ。

解 解 (13.22) に初期条件 (13.23) を用いると，$\dfrac{\mathrm{d}f}{\mathrm{d}s}=f'(s)$，$\dfrac{\mathrm{d}g}{\mathrm{d}s}=g'(s)$ とおいて，

$$f(x)+g(x)=\varphi(x) \tag{13.24}$$

$$c[f'(x)-g'(x)]=\psi(x) \tag{13.25}$$

となる。(13.25) 式を積分して，

$$f(x)-g(x)=\frac{1}{c}\int_0^x \psi(y)\,\mathrm{d}y+A \quad (A\text{：任意定数}) \tag{13.26}$$

を得る。(13.24)，(13.26) 式より，

$$f(x)=\frac{1}{2}\varphi(x)+\frac{1}{2c}\int_0^x \psi(y)\,\mathrm{d}y+\frac{A}{2}$$

$$g(x)=\frac{1}{2}\varphi(x)-\frac{1}{2c}\int_0^x \psi(y)\,\mathrm{d}y-\frac{A}{2}$$

となる。ここで，$x\to x+ct$，$x\to x-ct$ として (13.22) 式へ代入して，

$$u(x,t)=\frac{1}{2}[\varphi(x+ct)+\varphi(x-ct)]+\frac{1}{2c}\int_{x-ct}^{x+ct}\psi(y)\,\mathrm{d}y \tag{13.27}$$

を得る。(13.27) 式を**ストークスの波動公式**という。 ■

ストークスの波動公式 (13.27) は，初期条件 (13.23) を満たす波動方程式 (13.20) の一般解である。

$\psi(x)\equiv 0$ の場合，波動方程式 (13.20) の初期条件 (13.23) を満たす解であるストークスの公式 (13.27) は，

$$u(x,\ t)=\frac{1}{2}[\varphi(x+ct)+\varphi(x-ct)] \tag{13.28}$$

となる。これは，図 13.3 のように，$t=0$ での変位が半分ずつ x 軸負方向と正方向へ速さ c で伝わることを示している。

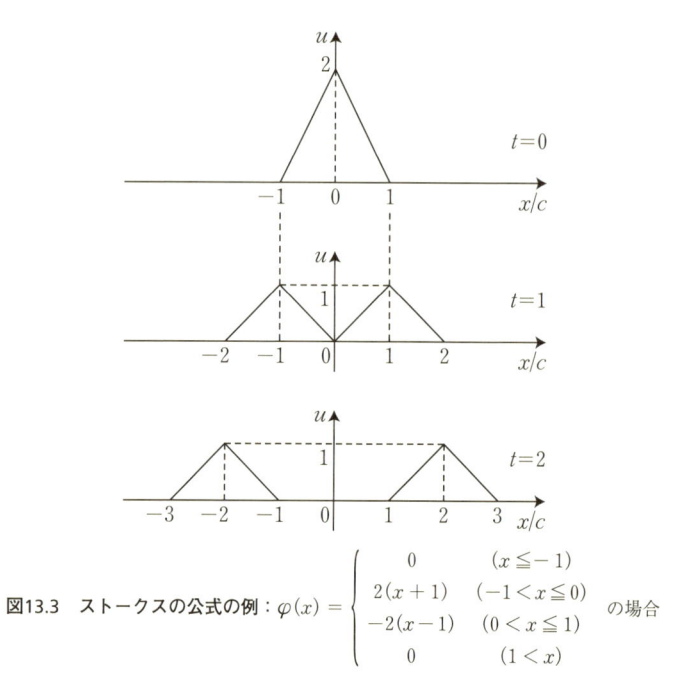

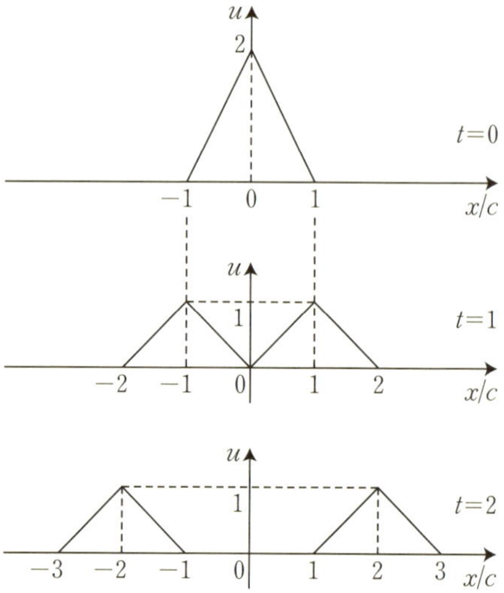

図13.3　ストークスの公式の例：$\varphi(x) = \begin{cases} 0 & (x \leqq -1) \\ 2(x+1) & (-1 < x \leqq 0) \\ -2(x-1) & (0 < x \leqq 1) \\ 0 & (1 < x) \end{cases}$ の場合

例題13.4　端が固定された弦を伝わる波動

(1)　ストークスの公式 (13.27) を用いて，一端を固定した無限に長い弦について，次の初期条件および境界条件を満たす波動方程式 (13.20) の解を求めよ。

$$\begin{aligned} &\text{初期条件}：u(x, 0) = \varphi(x),\ \left.\frac{\partial u(x, t)}{\partial t}\right|_{t=0} = 0 \quad (x > 0) \\ &\text{境界条件}：u(0, t) = 0,\ \varphi(0) = 0 \quad (t > 0) \end{aligned} \tag{13.29}$$

(2)　同様に，両端を固定した弦について，次の初期条件および境界条件を満たす波動方程式 (13.20) の解を求めよ。

$$\begin{aligned} &\text{初期条件}：u(x, 0) = \varphi(x),\ \left.\frac{\partial u(x, t)}{\partial t}\right|_{t=0} = 0 \quad (0 < x < L) \\ &\text{境界条件}：u(0, t) = u(L, t) = 0,\ \varphi(0) = \varphi(L) = 0 (t > 0) \end{aligned} \tag{13.30}$$

解

(1)　弦の初速度が 0 であるから，ストークスの波動公式は，(13.28) と表される。

$\varphi(x)$ を $x \leqq 0$ の領域にまで拡張した奇関数 $\widetilde{\varphi}(x)$ を，

$$\widetilde{\varphi}(x) = \begin{cases} \varphi(x) & (x \geqq 0) \\ -\varphi(-x) & (x < 0) \end{cases} \tag{13.31}$$

と定義し，

$$\underline{u(x, t) = \frac{1}{2}\left[\widetilde{\varphi}(x + ct)) + \widetilde{\varphi}(x - ct)\right]} \tag{13.32}$$

とおくと，

$$\begin{aligned} u(0, t) &= \frac{1}{2}\left[\widetilde{\varphi}(ct) + \widetilde{\varphi}(-ct)\right] \\ &= \frac{1}{2}\left[\widetilde{\varphi}(ct) - \widetilde{\varphi}(ct)\right] \\ &= 0 \end{aligned}$$

となり，(13.32) 式は，境界条件 (13.29) を満たす波動方程式 (13.20) の解となる。

(2)　(13.32) 式がさらに境界条件 $u(L, t) = 0$ を満たすようにするために，$\widetilde{\varphi}_{2L}(x)$ を周期 $2L$ の奇関数となるように，$n = 0, \pm 1, \pm 2, \cdots$として，

$$\widetilde{\varphi}_{2L}(x) = \begin{cases} \varphi(x - 2nL) & 2nL \leqq x \leqq (2n + 1)L \\ -\varphi(-(x - 2nL)) & (2n - 1)L \leqq x < 2nL \end{cases} \tag{13.33}$$

と定義し，

$$\underline{u(x, t) = \frac{1}{2}\left[\widetilde{\varphi}_{2L}(x + ct) + \widetilde{\varphi}_{2L}(x - ct)\right]} \tag{13.34}$$

とおく。そうすると，

$$\begin{aligned} u(L, t) &= \frac{1}{2}\left[\widetilde{\varphi}_{2L}(L + ct) + \widetilde{\varphi}_{2L}(L - ct)\right] \\ &= \frac{1}{2}\left[\widetilde{\varphi}_{2L}(ct + L) - \widetilde{\varphi}_{2L}(ct - L)\right] \\ &= 0 \end{aligned}$$

となり，(13.34) 式は，境界条件 (13.30) を満たす波動方程式 (13.20) の解となることがわかる。ここで，$\widetilde{\varphi}_{2L}(x)$ が周期 $2L$ の周期関数であることを用いた。 ■

フーリエの方法

次に，熱伝導方程式やラプラス方程式を解く際に用いたフーリエの方法によって，波動方程式を解くことを考えよう。

両端を固定した長さ L の弦の振動，すなわち，初期条件

$$u(x,0)=\varphi(x),\ \left.\frac{\partial u(x,t)}{\partial t}\right|_{t=0}=\psi(x)\quad(0<x<L)\qquad(13.23)$$

と境界条件

$$u(0,t)=u(L,t)=0,\ \varphi(0)=\varphi(L)=0\quad(t>0)\qquad(13.30)$$

を満たす波動方程式

$$\frac{\partial^2 u}{\partial t^2}=c^2\frac{\partial^2 u}{\partial x^2}\quad(c：正の定数)\qquad(13.20)$$

の解を求める。

例題13.5　変数分離による解法

(1)　波動方程式 (13.20) の解が変数分離されると仮定して，

$$u(x,t)=X(x)T(t)$$

とおく。このとき，境界条件 (13.30) を満たし，$n=1,2,\cdots$に依存する (13.20) 式の特解を求めよ。

(2)　(1) で得られた特解を $n=1$ から∞まで重ね合わせることにより，初期条件 (13.23) を満たす解を求めよ。

解

(1)　定数を $-p^2(p>0)$ とおくと，

$$\frac{\mathrm{d}^2T}{\mathrm{d}t^2}+c^2p^2T=0\qquad(13.35)$$

$$\frac{\mathrm{d}^2X}{\mathrm{d}x^2}+p^2X=0\qquad(13.36)$$

となる。例題 13.1 と同様にして，境界条件 (13.30) を満たす (13.36) 式の解は，$p=\dfrac{n\pi}{L}$ となるから，D を任意定数として，

$$X_n(x)=D\sin\frac{n\pi}{L}x$$

となる。

次に，(13.35) 式の一般解は，$\omega_n=c\dfrac{n\pi}{L}$，$A, B$ を任意定数とおいて，

$$T_n(t)=A\cos\omega_n t+B\sin\omega_n t$$

となるから，$AD = A_n$，$BD = B_n$ とおくと，n に依存する特解は，

$$u_n(x, t) = \underline{(A_n \cos \omega_n t + B_n \sin \omega_n t) \sin \frac{n\pi}{L} x} \tag{13.37}$$

となる。

(2)　(13.37) 式を重ね合わせた解

$$u(x, t) = \underline{\sum_{n=1}^{\infty} (A_n \cos \omega_n t + B_n \sin \omega_n t) \sin \frac{n\pi}{L} x} \tag{13.38}$$

に初期条件 (13.23) を課すと，

$$u(x, 0) = \sum_{n=1}^{\infty} A_n \sin \frac{n\pi}{L} x = \varphi(x) \tag{13.39}$$

$$\left. \frac{\partial u(x, t)}{\partial t} \right|_{t=0} = \sum_{n=1}^{\infty} \omega_n B_n \sin \frac{n\pi}{L} x = \psi(x)$$

となる。これらは，$\varphi(x)$，$\psi(x)$ の正弦級数の形をしているから，係数 A_n と B_n はそれぞれ，

$$A_n = \underline{\frac{2}{L} \int_0^L \varphi(x) \sin \frac{n\pi}{L} x \, \mathrm{d}x} \tag{13.40}$$

$$B_n = \underline{\frac{2}{\omega_n L} \int_0^L \psi(x) \sin \frac{n\pi}{L} x \, \mathrm{d}x} \tag{13.41}$$

と求められる。 ■

$C_n = \sqrt{A_n{}^2 + B_n{}^2}$，$\tan \phi_n = \dfrac{B_n}{A_n}$ とおくと，(13.37) 式は，

$$u_n(x, t) = C_n \sin \frac{n\pi}{L} x \cdot \cos(\omega_n t - \phi_n) \tag{13.42}$$

と書ける。ここで，$E_n(x) = C_n \sin \dfrac{n\pi}{L} x$ は，$u_n(x, t)$ の位置 x での振幅を与える項であり，**定在波**（**定常波**ともいう）を表している。$n = 1$ のとき，$\omega_1 = c\dfrac{\pi}{L}$ を**基本振動**の角振動数，$\omega_n = n\omega_1$ を ***n* 倍振動**の角振動数という。$E_n = 0$ となる点は**節**と呼ばれ，E_n が極大となる点は**腹**と呼ばれる。基本振動, 2 倍振動, 3 倍振動は，それぞれ図 13.4(a), (b), (c) のように表される。

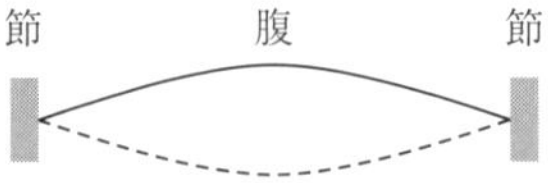

図13.4(a)　基本振動

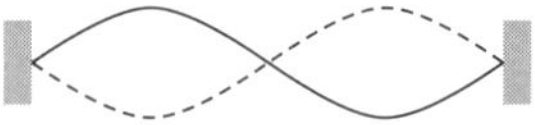

図13.4(b)　2倍振動

図13.4(c)　3倍振動

例題13.6　**両端を固定された弦の振動**

両端を固定された弦の中心をもち上げて放した後の弦の振動を考えよう。

初期条件：$u(x,0)=\begin{cases} x & (0 \leqq x \leqq 1) \\ 2-x & (1 \leqq x \leqq 2) \end{cases}$,　$\left.\dfrac{\partial u(x,t)}{\partial t}\right|_{t=0}=0$

境界条件：$u(0,t)=u(2,t)=0$

のもとに，波動方程式 (13.20) を解け。

解　(13.40)，(13.41) 式より，

$$A_n=\int_0^1 x\sin\frac{n\pi}{2}x\,\mathrm{d}x+\int_1^2(2-x)\sin\frac{n\pi}{2}x\,\mathrm{d}x$$
$$=\frac{8}{\pi^2}\frac{1}{n^2}\sin\frac{n\pi}{2} \tag{13.43}$$

$$B_n=0$$

これらを (13.38) 式へ代入して，

$$u(x,t)=\underline{\frac{8}{\pi^2}\sum_{n=1}^{\infty}\frac{1}{n^2}\sin\frac{n\pi}{2}\cdot\sin\frac{n\pi}{2}x\cdot\cos\frac{n\pi}{2}ct} \tag{13.44}$$

を得る。■

(13.43) 式を (13.39) 式へ，$L=2$ として代入すると，

$$\varphi(x)=\sum_{n=1}^{\infty}A_n\sin\frac{n\pi}{2}x$$
$$=\frac{8}{\pi^2}\sum_{n=1}^{\infty}\frac{1}{n^2}\sin\frac{n\pi}{2}\sin\frac{n\pi}{2}x$$

となる。

一方，

$$\sin\frac{n\pi}{2}x\cdot\cos\frac{n\pi}{2}ct=\frac{1}{2}\left[\sin\frac{n\pi}{2}(x+ct)+\sin\frac{n\pi}{2}(x-ct)\right]$$

が成り立つから，(13.44) 式より，

$$u(x,t)=\frac{1}{2}\frac{8}{\pi^2}\sum_{n=1}^{\infty}\frac{1}{n^2}\sin\frac{n\pi}{2}\left[\sin\frac{n\pi}{2}(x+ct)+\sin\frac{n\pi}{2}(x-ct)\right]$$

$$=\frac{1}{2}[\varphi(x+ct)+\varphi(x-ct)]$$

となり，(13.28) 式を得ることができる。

このように，フーリエの方法を用いて得た結果はストークスの波動公式と関係付けられる。

10分補講

分散性波動と非分散性波動

波動方程式で記述される典型的な波として，正弦波

$$u(x,t)=\sin(kx-\omega t) \tag{13.45}$$

を考えてみよう。ここで，k は**波数**と呼ばれ，波の波長は $\lambda=\frac{2\pi}{k}$ で表される。また，ω は**角振動数**と呼ばれる定数で，波の周期は $T=\frac{2\pi}{\omega}$ で表される。(13.45) 式を波動方程式 (13.20) へ代入してみればわかるように，波の速さ c は，$c=\frac{\omega}{k}$ で表される。この速さは，(13.45) 式の位相 $(kx-\omega t)$ を一定に保つ速さで，**位相速度**と呼ばれる。波動方程式 (13.20) を満たす正弦波の位相速度 c は，波数 k によらず，すなわち，波の波長によらず一定である。

一方，量子力学の基本方程式であるシュレーディンガー方程式は，定数を省くと，

$$i\frac{\partial u}{\partial t}=-\frac{\partial^2 u}{\partial x^2} \tag{13.46}$$

となる。この方程式の解は複素数であり，$u(x,t)=e^{i(kx-\omega t)}$ となる。この解をシュレーディンガー方程式 (13.46) へ代入すればわかるように，$\omega=k^2$ となり，位相速度は，$c=\frac{\omega}{k}=k=\frac{2\pi}{\lambda}$ となる。これは，位相速度 c が波数に依存する，すなわち，波長に依存するこ

とを示している。このように，位相速度が波長によって異なる波を**分散性波動**という。これに対し，位相速度が波数によらない波を**非分散性波動**という。

第 5 章章末の 10 分補講で述べた光の分散は，ガラスの屈折率が波長により異なるために起こる現象であり，ガラス中の光波が分散性波動であることを示している。

分散性波動には，水深が波長より深いところに生じる水の表面波や，安定した孤立波であるソリトンなどが知られている。

章末問題

13.1 x-y 平面上の極座標 (r, ϕ) は，

$$x = r\cos\phi,\quad y = r\sin\phi \quad (r \geqq 0,\ 0 \leqq \phi < 2\pi) \tag{3.10}$$

で与えられる。これより，偏微分の公式 (7.3)，(7.4) を用いて，下記の式を導け。

(1)
$$\frac{\partial u}{\partial x} = \cos\phi\frac{\partial u}{\partial r} - \frac{\sin\phi}{r}\frac{\partial u}{\partial \phi} \tag{13.47}$$

$$\frac{\partial u}{\partial y} = \sin\phi\frac{\partial u}{\partial r} + \frac{\cos\phi}{r}\frac{\partial u}{\partial \phi} \tag{13.48}$$

(2)　2 次元ラプラス方程式の極座標表現 (13.2)

13.2 2 次元ラプラス方程式 (13.1) を，境界条件

$$u(0, y) = u(a, y) = 0 \tag{13.49}$$

$$u(x, 0) = \sin\frac{\pi}{a}x$$

のもとに解け。ただし，$a > 0$，$n = 1, 2, \cdots$ であり，$u(x, y)$ は，$0 \leqq x \leqq a$，$y \geqq 0$ で有界であるとする。

13.3 ストークスの公式 (13.27) を波動方程式 (13.20) へ代入することにより，(13.27) 式が (13.20) 式の解であることを確かめよ。

付録

直交曲線座標を用いた微分計算

曲線座標(u, v, w)を用いて3次元空間を考えよう。

u 曲線，v 曲線，w 曲線の接線ベクトル

$$\boldsymbol{r}_u = \frac{\partial \boldsymbol{r}}{\partial u},\ \boldsymbol{r}_v = \frac{\partial \boldsymbol{r}}{\partial v},\ \boldsymbol{r}_w = \frac{\partial \boldsymbol{r}}{\partial w}$$

の大きさを，それぞれ，

$$h_1 = \left|\frac{\partial \boldsymbol{r}}{\partial u}\right|,\ h_2 = \left|\frac{\partial \boldsymbol{r}}{\partial v}\right|,\ h_3 = \left|\frac{\partial \boldsymbol{r}}{\partial w}\right|$$

とおく。ここで，

$$\boldsymbol{e}_1 = \frac{1}{h_1}\frac{\partial \boldsymbol{r}}{\partial u},\ \boldsymbol{e}_2 = \frac{1}{h_2}\frac{\partial \boldsymbol{r}}{\partial v},\ \boldsymbol{e}_3 = \frac{1}{h_3}\frac{\partial \boldsymbol{r}}{\partial w}$$

と書くと，$\boldsymbol{e}_1, \boldsymbol{e}_2, \boldsymbol{e}_3$ は，それぞれ u 曲線，v 曲線，w 曲線の**単位接線ベクトル**である。

座標曲線が各点で直交しているとき，その曲線座標を**直交曲線座標**という。直交曲線座標では，$\boldsymbol{e}_1, \boldsymbol{e}_2, \boldsymbol{e}_3$ は，

$$\boldsymbol{e}_i \cdot \boldsymbol{e}_j = \delta_{ij} = \begin{cases} 1 & (i = j) \\ 0 & (i \neq j) \end{cases}$$

を満たす基本ベクトルであるが，直交座標での基本ベクトル $\boldsymbol{i}, \boldsymbol{j}, \boldsymbol{k}$ と異なり，各点ごとに変化する。

例題A.1 **直交曲線座標における基本ベクトル**

下記の各直交曲線座標において，h_1, h_2, h_3 を求め，基本ベクトル $\boldsymbol{e}_1$, $\boldsymbol{e}_2$, $\boldsymbol{e}_3$ を計算せよ。

(1)　円柱座標　　　　(2)　3 次元極座標　(球座標)

解

(1)　円柱座標 (r, ϕ, z) を用いると，

$$\boldsymbol{r} = x\boldsymbol{i} + y\boldsymbol{j} + z\boldsymbol{k}$$
$$= r\cos\phi\,\boldsymbol{i} + r\sin\phi\,\boldsymbol{j} + z\boldsymbol{k}$$

と書けるから，

$$\frac{\partial \boldsymbol{r}}{\partial r} = \cos\phi\,\boldsymbol{i} + \sin\phi\,\boldsymbol{j},\ \ \frac{\partial \boldsymbol{r}}{\partial \phi} = -r\sin\phi\,\boldsymbol{i} + r\cos\phi\,\boldsymbol{j},\ \ \frac{\partial \boldsymbol{r}}{\partial z} = \boldsymbol{k}$$

よって，

$$h_1 = \left|\frac{\partial \boldsymbol{r}}{\partial r}\right| = \underline{1},\ \ h_2 = \left|\frac{\partial \boldsymbol{r}}{\partial \phi}\right| = \underline{r},\ \ h_3 = \left|\frac{\partial \boldsymbol{r}}{\partial z}\right| = \underline{1}$$

$$\boldsymbol{e}_1 = \underline{\cos\phi\,\boldsymbol{i} + \sin\phi\,\boldsymbol{j}},\ \ \boldsymbol{e}_2 = \underline{-\sin\phi\,\boldsymbol{i} + \cos\phi\,\boldsymbol{j}},\ \ \boldsymbol{e}_3 = \underline{\boldsymbol{k}}$$

(2)　3 次元極座標 (R, θ, ϕ) を用いると，

$$\boldsymbol{r} = R\sin\theta\cos\phi\,\boldsymbol{i} + R\sin\theta\sin\phi\,\boldsymbol{j} + R\cos\theta\,\boldsymbol{k}$$

と書けるから，

$$\frac{\partial \boldsymbol{r}}{\partial R} = \sin\theta\cos\phi\,\boldsymbol{i} + \sin\theta\sin\phi\,\boldsymbol{j} + \cos\theta\,\boldsymbol{k}$$

$$\frac{\partial \boldsymbol{r}}{\partial \theta} = R\cos\theta\cos\phi\,\boldsymbol{i} + R\cos\theta\sin\phi\,\boldsymbol{j} - R\sin\theta\,\boldsymbol{k}$$

$$\frac{\partial \boldsymbol{r}}{\partial \phi} = -R\sin\theta\sin\phi\,\boldsymbol{i} + R\sin\theta\cos\phi\,\boldsymbol{j}$$

よって，

$$h_1 = \left|\frac{\partial \boldsymbol{r}}{\partial R}\right| = \underline{1},\ \ h_2 = \left|\frac{\partial \boldsymbol{r}}{\partial \theta}\right| = \underline{R},\ \ h_3 = \left|\frac{\partial \boldsymbol{r}}{\partial \phi}\right| = \underline{R\sin\theta}$$

$$\boldsymbol{e}_1 = \underline{\sin\theta\cos\phi\,\boldsymbol{i} + \sin\theta\sin\phi\,\boldsymbol{j} + \cos\theta\,\boldsymbol{k}}$$
$$\boldsymbol{e}_2 = \underline{\cos\theta\cos\phi\,\boldsymbol{i} + \cos\theta\sin\phi\,\boldsymbol{j} - \sin\theta\,\boldsymbol{k}}$$
$$\boldsymbol{e}_3 = \underline{-\sin\phi\,\boldsymbol{i} + \cos\phi\,\boldsymbol{j}}$$

■

直交曲線座標における勾配，発散，回転

直交曲線座標 $(u,\ v,\ w)$ でスカラー場を $\varphi(u,\ v,\ w)$，ベクトル場を $\boldsymbol{A} = A_1(u,\ v,\ w)\boldsymbol{e}_1 + A_2(u,\ v,\ w)\boldsymbol{e}_2 + A_3(u,\ v,\ w)\boldsymbol{e}_3$ とするとき，

$$\mathrm{grad}\varphi = \frac{1}{h_1}\frac{\partial\varphi}{\partial u}\boldsymbol{e}_1 + \frac{1}{h_2}\frac{\partial\varphi}{\partial v}\boldsymbol{e}_2 + \frac{1}{h_3}\frac{\partial\varphi}{\partial w}\boldsymbol{e}_3 \tag{A1}$$

$$\mathrm{div}\boldsymbol{A} = \frac{1}{h_1h_2h_3}\left[\frac{\partial}{\partial u}(h_2h_3A_1) + \frac{\partial}{\partial v}(h_3h_1A_2) + \frac{\partial}{\partial w}(h_1h_2A_3)\right] \tag{A2}$$

$$\begin{aligned}
\mathrm{rot}\boldsymbol{A} &= \frac{1}{h_1h_2h_3}\begin{vmatrix} h_1\boldsymbol{e}_1 & h_2\boldsymbol{e}_2 & h_3\boldsymbol{e}_3 \\ \dfrac{\partial}{\partial u} & \dfrac{\partial}{\partial v} & \dfrac{\partial}{\partial w} \\ h_1A_1 & h_2A_2 & h_3A_3 \end{vmatrix} \\
&= \frac{1}{h_2h_3}\left[\frac{\partial}{\partial v}(h_3A_3) - \frac{\partial}{\partial w}(h_2A_2)\right]\boldsymbol{e}_1 \\
&\quad + \frac{1}{h_3h_1}\left[\frac{\partial}{\partial w}(h_1A_1) - \frac{\partial}{\partial u}(h_3A_3)\right]\boldsymbol{e}_2 \\
&\quad + \frac{1}{h_1h_2}\left[\frac{\partial}{\partial u}(h_2A_2) - \frac{\partial}{\partial v}(h_1A_1)\right]\boldsymbol{e}_3
\end{aligned} \tag{A3}$$

$$\nabla^2\varphi = \frac{1}{h_1h_2h_3}\left[\frac{\partial}{\partial u}\left(\frac{h_2h_3}{h_1}\frac{\partial\varphi}{\partial u}\right) + \frac{\partial}{\partial v}\left(\frac{h_3h_1}{h_2}\frac{\partial\varphi}{\partial v}\right) + \frac{\partial}{\partial w}\left(\frac{h_1h_2}{h_3}\frac{\partial\varphi}{\partial w}\right)\right] \tag{A4}$$

となる。

例題A.2 **勾配，発散の導出**

(1)　$\mathrm{grad}\varphi\cdot\boldsymbol{e}_1$ を計算することにより，(A1) 式を導出せよ。

(2)　$\mathrm{div}(A_1\boldsymbol{e}_1)$，$\mathrm{div}(A_2\boldsymbol{e}_2)$，$\mathrm{div}(A_3\boldsymbol{e}_3)$ をそれぞれ計算して和を求めることにより，(A2) 式を導出せよ。その際，(A1) 式の他，関係式

$$\mathrm{div}(\varphi\boldsymbol{A}) = \varphi\,\mathrm{div}\boldsymbol{A} + \boldsymbol{A}\cdot\mathrm{grad}\varphi \tag{A5}$$

$$\mathrm{div}(\boldsymbol{A}\times\boldsymbol{B}) = \boldsymbol{B}\cdot\mathrm{rot}\boldsymbol{A} - \boldsymbol{A}\cdot\mathrm{rot}\boldsymbol{B} \tag{A6}$$

$$\mathrm{rot}\ \mathrm{grad}\varphi = 0 \tag{A7}$$

および，$\boldsymbol{e}_1 = \boldsymbol{e}_2\times\boldsymbol{e}_3$ などを利用せよ。

(3)　(A4) 式を導出せよ。

解

(1)
$$\mathrm{grad}\varphi = \frac{\partial\varphi}{\partial x}\boldsymbol{i} + \frac{\partial\varphi}{\partial y}\boldsymbol{j} + \frac{\partial\varphi}{\partial z}\boldsymbol{k}$$

一方，$\boldsymbol{r} = x\boldsymbol{i} + y\boldsymbol{j} + z\boldsymbol{k}$ より，

$$\boldsymbol{e}_1 = \frac{1}{h_1}\frac{\partial \boldsymbol{r}}{\partial u} = \frac{1}{h_1}\left(\frac{\partial x}{\partial u}\boldsymbol{i} + \frac{\partial y}{\partial u}\boldsymbol{j} + \frac{\partial z}{\partial u}\boldsymbol{k}\right)$$

これより，

$$\mathrm{grad}\varphi\cdot\boldsymbol{e}_1 = \frac{1}{h_1}\left(\frac{\partial \varphi}{\partial x}\frac{\partial x}{\partial u} + \frac{\partial \varphi}{\partial y}\frac{\partial y}{\partial u} + \frac{\partial \varphi}{\partial z}\frac{\partial z}{\partial u}\right) = \frac{1}{h_1}\frac{\partial \varphi}{\partial u}$$

となる。これは，$\mathrm{grad}\varphi$ の x 成分が $\dfrac{1}{h_1}\dfrac{\partial \varphi}{\partial u}$ と表されることを示している。

同様に，

$$\mathrm{grad}\varphi\cdot\boldsymbol{e}_2 = \frac{1}{h_2}\frac{\partial \varphi}{\partial v},\quad \mathrm{grad}\varphi\cdot\boldsymbol{e}_3 = \frac{1}{h_3}\frac{\partial \varphi}{\partial w}$$

となることから，(A1) 式を得る。

(2)　$\mathrm{div}\boldsymbol{A} = \mathrm{div}(A_1\boldsymbol{e}_1 + A_2\boldsymbol{e}_2 + A_3\boldsymbol{e}_3)$

$$= \mathrm{div}(A_1\boldsymbol{e}_1) + \mathrm{div}(A_2\boldsymbol{e}_2) + \mathrm{div}(A_3\boldsymbol{e}_3)$$

と書けることを用いる。

(A1) 式において，$\varphi = u, \varphi = v, \varphi = w$ とおくと，それぞれ，

$$\mathrm{grad}\,u = \frac{1}{h_1}\boldsymbol{e}_1,\quad \mathrm{grad}\,v = \frac{1}{h_2}\boldsymbol{e}_2,\quad \mathrm{grad}\,w = \frac{1}{h_3}\boldsymbol{e}_3 \qquad \text{(A8)}$$

となるから，

$$\boldsymbol{e}_1 = \boldsymbol{e}_2 \times \boldsymbol{e}_3 = h_2h_3\,\mathrm{grad}\,v \times \mathrm{grad}\,w$$

が成り立つ。そうすると，

$$\mathrm{div}(A_1\boldsymbol{e}_1) = \mathrm{div}(A_1h_2h_3\,\mathrm{grad}\,v \times \mathrm{grad}\,w)$$

となる。ここで，(A5) 式より，

$$\mathrm{div}(A_1\boldsymbol{e}_1) = A_1h_2h_3\,\mathrm{div}(\mathrm{grad}\,v \times \mathrm{grad}\,w) + (\mathrm{grad}\,v \times \mathrm{grad}\,w)\cdot\mathrm{grad}(A_1h_2h_3)$$

となるが，(A6) 式および (A7) 式を用いると，

$$\mathrm{div}(\mathrm{grad}\,v \times \mathrm{grad}\,w) = \mathrm{grad}\,w\cdot\mathrm{rot}(\mathrm{grad}\,v) - \mathrm{grad}\,v\cdot\mathrm{rot}(\mathrm{grad}\,w) = 0$$

となるから，(A8) 式および (A1) 式より，

$$\mathrm{div}(A_1\boldsymbol{e}_1) = (\mathrm{grad}\,v \times \mathrm{grad}\,w)\cdot\mathrm{grad}(A_1h_2h_3)$$

$$=\frac{1}{h_2h_3}(\boldsymbol{e}_2\times\boldsymbol{e}_3)$$
$$\cdot\left[\frac{1}{h_1}\frac{\partial(A_1h_2h_3)}{\partial u}\boldsymbol{e}_1+\frac{1}{h_2}\frac{\partial(A_1h_2h_3)}{\partial v}\boldsymbol{e}_2+\frac{1}{h_3}\frac{\partial(A_1h_2h_3)}{\partial w}\boldsymbol{e}_3\right]$$
$$=\frac{1}{h_1h_2h_3}\frac{\partial}{\partial u}(h_2h_3A_1)$$

を得る。

同様に,

$$\mathrm{div}(A_2\boldsymbol{e}_2)=\frac{1}{h_1h_2h_3}\frac{\partial}{\partial v}(h_3h_1A_2)$$
$$\mathrm{div}(A_3\boldsymbol{e}_3)=\frac{1}{h_1h_2h_3}\frac{\partial}{\partial w}(h_1h_2A_3)$$

となることから,(A2) 式を得る。

(3) $\nabla^2\varphi=\mathrm{div\,grad}\varphi$ より,(A2) 式で,

$$A_1=\frac{1}{h_1}\frac{\partial\varphi}{\partial u},\ A_2=\frac{1}{h_2}\frac{\partial\varphi}{\partial v},\ A_3=\frac{1}{h_3}\frac{\partial\varphi}{\partial w}$$

とおくことより,(A4) 式を得る。 ■

円柱座標における微分式

円柱座標 (r,ϕ,z) において,$h_1=1,\ h_2=r,\ h_3=1$ を (A1) ~ (A4) 式へ代入して,

$$\mathrm{grad}\varphi=\frac{\partial\varphi}{\partial r}\boldsymbol{e}_1+\frac{1}{r}\frac{\partial\varphi}{\partial\phi}\boldsymbol{e}_2+\frac{\partial\varphi}{\partial z}\boldsymbol{e}_3$$
$$\mathrm{div}\boldsymbol{A}=\frac{1}{r}\left[\frac{\partial}{\partial r}(rA_1)+\frac{\partial A_2}{\partial\phi}+r\frac{\partial A_3}{\partial z}\right]$$
$$\mathrm{rot}\boldsymbol{A}=\frac{1}{r}\left[\frac{\partial A_3}{\partial\phi}-r\frac{\partial A_2}{\partial z}\right]\boldsymbol{e}_1+\left[\frac{\partial A_1}{\partial z}-\frac{\partial A_3}{\partial r}\right]\boldsymbol{e}_2+\frac{1}{r}\left[\frac{\partial}{\partial r}(rA_2)-\frac{\partial A_1}{\partial\phi}\right]\boldsymbol{e}_3$$
$$\nabla^2\varphi=\frac{1}{r}\frac{\partial}{\partial r}\left(r\frac{\partial\varphi}{\partial r}\right)+\frac{1}{r^2}\frac{\partial^2\varphi}{\partial\phi^2}+\frac{\partial^2\varphi}{\partial z^2}\qquad\text{(A9)}$$

を得る。

3次元極座標（球座標）における微分式

3次元極座標 (R, θ, ϕ) において，$h_1 = 1$, $h_2 = R$, $h_3 = R\sin\theta$ を (A1) ～ (A4) 式へ代入して，

$$\mathrm{grad}\varphi = \frac{\partial \varphi}{\partial R}\boldsymbol{e}_1 + \frac{1}{R}\frac{\partial \varphi}{\partial \theta}\boldsymbol{e}_2 + \frac{1}{R\sin\theta}\frac{\partial \varphi}{\partial \phi}\boldsymbol{e}_3$$

$$\mathrm{div}\boldsymbol{A} = \frac{1}{R^2\sin\theta}\left[\frac{\partial}{\partial R}(R^2\sin\theta A_1) + \frac{\partial}{\partial \theta}(R\sin\theta A_2) + R\frac{\partial A_3}{\partial \phi}\right]$$

$$\mathrm{rot}\boldsymbol{A} = \frac{1}{R^2\sin\theta}\left[\frac{\partial}{\partial \theta}(R\sin\theta A_3) - R\frac{\partial A_2}{\partial \phi}\right]\boldsymbol{e}_1$$

$$+ \frac{1}{R\sin\theta}\left[\frac{\partial A_1}{\partial \phi} - \frac{\partial}{\partial R}(R\sin\theta A_3)\right]\boldsymbol{e}_2 + \frac{1}{R}\left[\frac{\partial}{\partial R}(RA_2) - \frac{\partial A_1}{\partial \theta}\right]\boldsymbol{e}_3$$

$$\nabla^2\varphi = \frac{1}{R^2}\frac{\partial}{\partial R}\left(R^2\frac{\partial \varphi}{\partial R}\right) + \frac{1}{R^2\sin\theta}\frac{\partial}{\partial \theta}\left(\sin\theta\frac{\partial \varphi}{\partial \theta}\right) + \frac{1}{R^2\sin^2\theta}\frac{\partial^2 \varphi}{\partial \phi^2} \tag{A10}$$

を得る。

数学公式集

1. ベクトル

角 θ をなすベクトル $\boldsymbol{a} = (a_x, a_y, a_z)$ と $\boldsymbol{b} = (b_x, b_y, b_z)$ について，

a)　内積 (スカラー積)：(図 1)

$$\boldsymbol{a}\cdot\boldsymbol{b} = |\boldsymbol{a}||\boldsymbol{b}|\cos\theta = a_x b_x + a_y b_y + a_z b_z$$

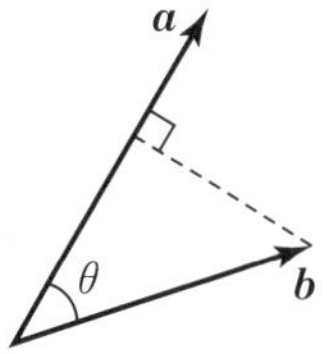

図1

b)　外積 (ベクトル積)：(図 2)

ベクトル $\boldsymbol{a}$ を 180° 以内で回転させてベクトル $\boldsymbol{b}$ に重ねるとき，右ねじの進む向きの単位ベクトルを $\boldsymbol{e}$ とする。

$$\begin{aligned}\boldsymbol{a}\times\boldsymbol{b} &= (|\boldsymbol{a}||\boldsymbol{b}|\sin\theta)\boldsymbol{e}\\ &= (a_y b_z - a_z b_y,\ a_z b_x - a_x b_z,\ a_x b_y - a_y b_x)\\ &= \begin{vmatrix} a_y & a_z \\ b_y & b_z \end{vmatrix}\boldsymbol{i} + \begin{vmatrix} a_z & a_x \\ b_z & b_x \end{vmatrix}\boldsymbol{j} + \begin{vmatrix} a_x & a_y \\ b_x & b_y \end{vmatrix}\boldsymbol{k}\\ &= \begin{vmatrix} \boldsymbol{i} & \boldsymbol{j} & \boldsymbol{k} \\ a_x & a_y & a_z \\ b_x & b_y & b_z \end{vmatrix}\end{aligned}$$

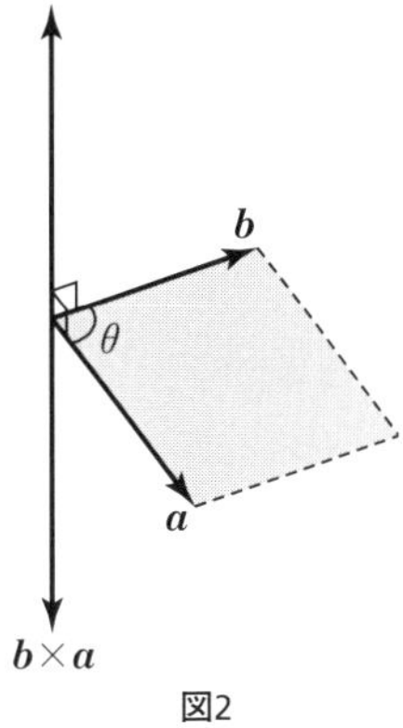

図2

c)　スカラー 3 重積：$\boldsymbol{a}\cdot(\boldsymbol{b}\times\boldsymbol{c}) = \boldsymbol{b}\cdot(\boldsymbol{c}\times\boldsymbol{a}) = \boldsymbol{c}\cdot(\boldsymbol{a}\times\boldsymbol{b})$

d）ベクトル3重積：$\boldsymbol{a} \times (\boldsymbol{b} \times \boldsymbol{c}) = (\boldsymbol{a} \cdot \boldsymbol{c})\boldsymbol{b} - (\boldsymbol{a} \cdot \boldsymbol{b})\boldsymbol{c}$

2. 行列と行列式

a）2次の逆行列：$A = \begin{pmatrix} a & b \\ c & d \end{pmatrix}$ のとき，

$$A^{-1} = \frac{1}{ad - bc}\begin{pmatrix} d & -b \\ -c & a \end{pmatrix}$$

b）3次の行列式（図3）

$$|A| = \begin{vmatrix} a_{11} & a_{12} & a_{13} \\ a_{21} & a_{22} & a_{23} \\ a_{31} & a_{32} & a_{33} \end{vmatrix}$$

$$= a_{11}a_{22}a_{33} + a_{12}a_{23}a_{31} + a_{13}a_{21}a_{32} - a_{11}a_{23}a_{32} - a_{12}a_{21}a_{33} - a_{13}a_{22}a_{31}$$

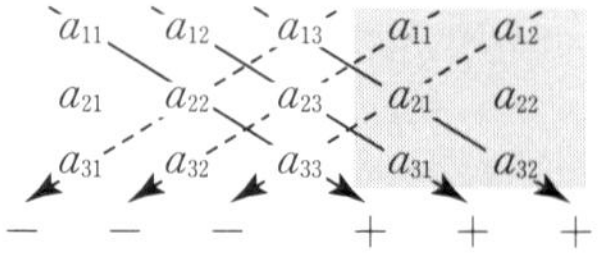

図3

c）クラメルの公式：

n 個の変数 x_1，x_2，…，x_n に関する連立1次方程式

$$\begin{cases} a_{11}x_1 + a_{12}x_2 + \cdots + a_{1n}x_n = b_1 \\ a_{21}x_1 + a_{22}x_2 + \cdots + a_{2n}x_n = b_2 \\ \qquad\vdots \\ a_{n1}x_1 + a_{n2}x_2 + \cdots + a_{nn}x_n = b_n \end{cases}$$

の解は，係数行列を $A = \begin{pmatrix} a_{11} & a_{12} & \cdots & a_{1n} \\ a_{21} & a_{22} & \cdots & a_{2n} \\ \vdots & \vdots & \ddots & \vdots \\ a_{n1} & a_{n2} & \cdots & a_{nn} \end{pmatrix}$ とおくと，$|A| \neq 0$ のとき，

$$x_j = \frac{|B_j|}{|A|} \quad (j = 1, 2, \cdots, n)$$

ここで，行列 B_j は，行列 A の第 j 列を列ベクトル $\boldsymbol{b} = \begin{pmatrix} b_1 \\ b_2 \\ \vdots \\ b_n \end{pmatrix}$ で置き換えた行列

$$\text{第 } j \text{ 列}$$
$$B_j = \begin{pmatrix} a_{11} & \cdots & b_1 & \cdots & a_{1n} \\ a_{21} & \cdots & b_2 & \cdots & a_{2n} \\ \vdots & & \vdots & & \vdots \\ a_{n1} & \cdots & b_n & \cdots & a_{nn} \end{pmatrix}$$

3. **三角関数**（以下，複号同順とする）
   a) 一般角：$\sin(-\theta) = -\sin\theta,\ \cos(-\theta) = \cos\theta$
   $$\sin\left(\frac{\pi}{2} \pm \theta\right) = \cos\theta,\ \cos\left(\frac{\pi}{2} \pm \theta\right) = \mp\sin\theta,$$
   $$\sin(\pi \pm \theta) = \mp\sin\theta,\ \cos(\pi \pm \theta) = -\cos\theta$$
   b) 加法定理：
   $$\sin(\alpha \pm \beta) = \sin\alpha\cos\beta \pm \cos\alpha\sin\beta$$
   $$\cos(\alpha \pm \beta) = \cos\alpha\cos\beta \mp \sin\alpha\sin\beta$$
   $$\tan(\alpha \pm \beta) = \frac{\tan\alpha \pm \tan\beta}{1 \mp \tan\alpha\tan\beta}$$
   c) 2 倍角の公式：
   $$\sin 2\alpha = 2\sin\alpha\cos\alpha$$
   $$\cos 2\alpha = \cos^2\alpha - \sin^2\alpha = 2\cos^2\alpha - 1 = 1 - 2\sin^2\alpha$$
   d) 合成公式：
   $$a\cos\theta \pm b\sin\theta = \sqrt{a^2 + b^2}\cos(\theta \mp \phi),\ \tan\phi = \frac{b}{a}$$
   e) 和積公式：
   $$\sin\alpha \pm \sin\beta = 2\sin\frac{\alpha \pm \beta}{2}\cos\frac{\alpha \mp \beta}{2}$$
   $$\cos\alpha + \cos\beta = 2\cos\frac{\alpha + \beta}{2}\cos\frac{\alpha - \beta}{2}$$
   $$\cos\alpha - \cos\beta = -2\sin\frac{\alpha + \beta}{2}\sin\frac{\alpha - \beta}{2}$$
   $$\sin\alpha\cos\beta = \frac{1}{2}\left[\sin(\alpha + \beta) + \sin(\alpha - \beta)\right]$$
   $$\cos\alpha\cos\beta = \frac{1}{2}\left[\cos(\alpha + \beta) + \cos(\alpha - \beta)\right]$$

$$\sin\alpha\,\sin\beta = -\frac{1}{2}\left[\cos(\alpha+\beta) - \cos(\alpha-\beta)\right]$$

f）　三角関数と図形（図 4）：

正弦定理：$\dfrac{a}{\sin A} = \dfrac{b}{\sin B} = \dfrac{c}{\sin C}$

余弦定理：$a^2 = b^2 + c^2 - 2bc\cos A$

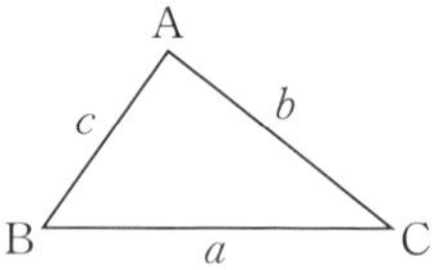

図4

4.　双曲線関数

a）　定　　義：$\sinh x = \dfrac{1}{2}(e^x - e^{-x})$

$$\cosh x = \frac{1}{2}(e^x + e^{-x}),\ \tanh x = \frac{\sinh x}{\cosh x} = \frac{e^x - e^{-x}}{e^x + e^{-x}}$$

b）　加法定理：$\sinh(x \pm y) = \sinh x\cosh y \pm \cosh x\sinh y$

$$\cosh(x \pm y) = \cosh x\cosh y \pm \sinh x\sinh y$$

5.　微分法

a）　微分公式：u, v を x の関数とし，a, b は定数とする。

ｉ）　$(au + bv)' = au' + bv'$　　　ii）　$(uv)' = u'v + uv'$

iii）　$\left(\dfrac{u}{v}\right)' = \dfrac{u'v - uv'}{v^2}$

iv）　合成関数の導関数

$y = y(x)$，$x = x(t)$ のとき，$\dfrac{\mathrm{d}y}{\mathrm{d}t} = \dfrac{\mathrm{d}y}{\mathrm{d}x}\cdot\dfrac{\mathrm{d}x}{\mathrm{d}t}$

b）　初等関数の導関数：a を定数とする。

ｉ）$(x^a)' = ax^{a-1}$　ii）$(e^x)' = e^x$　iii）$(a^x)' = a^x\log a$

iv）$(\log x)' = \dfrac{1}{x}$　ｖ）$(\sin x)' = \cos x$　vi）$(\cos x)' = -\sin x$

vii）　$(\tan x)' = \dfrac{1}{\cos^2 x}$

c）　べき級数展開：

$$f(x) = f(0) + f'(0)x + \frac{1}{2!}f''(0)x^2 + \cdots = \sum_{n=0}^{\infty}\frac{1}{n!}f^{(n)}(0)x^n$$

ｉ）　$(1+x)^a = 1 + ax + \dfrac{1}{2}a(a-1)x^2 + \cdots \quad (|x| < 1)$

ii） $e^x = 1 + x + \dfrac{x^2}{2!} + \cdots = \sum_{n=0}^{\infty} \dfrac{x^n}{n!}$

iii） $\log(1+x) = x - \dfrac{x^2}{2} + \dfrac{x^3}{3} - \cdots = \sum_{n=1}^{\infty} (-1)^{n-1} \dfrac{x^n}{n} \quad (-1 < x \leqq 1)$

iv） $\sin x = x - \dfrac{x^3}{3!} + \dfrac{x^5}{5!} - \cdots = \sum_{n=0}^{\infty} (-1)^n \dfrac{x^{2n+1}}{(2n+1)!}$

v） $\cos x = 1 - \dfrac{x^2}{2!} + \dfrac{x^4}{4!} - \cdots = \sum_{n=0}^{\infty} (-1)^n \dfrac{x^{2n}}{(2n)!}$

vi） $\tan x = x + \dfrac{1}{3} x^3 + \dfrac{2}{15} x^5 + \cdots \quad \left(|x| < \dfrac{\pi}{2}\right)$

6. 積分法

a） 積分公式：a，b は定数とする。

i） $\int [af(x) + bg(x)]\,\mathrm{d}x = a\int f(x)\,\mathrm{d}x + b\int g(x)\,\mathrm{d}x$

ii） 置換積分　　x が t の関数であるとき，

$$\int f(x)\,\frac{\mathrm{d}x}{\mathrm{d}t}\,\mathrm{d}t = \int f(x)\,\mathrm{d}x$$

iii） 部分積分　$\int f'(x)g(x)\,\mathrm{d}x = f(x)g(x) - \int f(x)g'(x)\,\mathrm{d}x$

b） 不定積分：a は定数とし，積分定数を省く。

i） $\int x^a \mathrm{d}x = \dfrac{1}{a+1} x^{a+1} \quad (a \neq -1)$　ii） $\int \dfrac{1}{x}\,\mathrm{d}x = \log|x|$

iii） $\int \sin x\,\mathrm{d}x = -\cos x$　iv） $\int \cos x\,\mathrm{d}x = \sin x$

v） $\int \tan x\,\mathrm{d}x = -\log|\cos x|$

vi） $\int \dfrac{1}{\sin x}\,\mathrm{d}x = \log\left|\tan\dfrac{x}{2}\right| = \dfrac{1}{2}\log\dfrac{1-\cos x}{1+\cos x}$

vii） $\int \dfrac{1}{\cos x}\,\mathrm{d}x = \log\left|\tan\left(\dfrac{x}{2} + \dfrac{\pi}{4}\right)\right| = \dfrac{1}{2}\log\dfrac{1+\sin x}{1-\sin x}$

[vi), vii) は，$\tan\dfrac{x}{2} = t$ と置換, あるいは，分母·分子にそれぞれ，$\sin x$，$\cos x$ をかけて，$\cos x = u$，$\sin x = u$ と置換]

vi） $\displaystyle\int \frac{1}{x^2+a}\,\mathrm{d}x = \begin{cases} \dfrac{1}{\sqrt{a}}\tan^{-1}\dfrac{x}{\sqrt{a}} & (a>0) \\ \dfrac{1}{2\sqrt{|a|}}\log\left|\dfrac{x-\sqrt{|a|}}{x+\sqrt{|a|}}\right| & (a<0) \end{cases}$

[$a>0$ のとき，$x=\sqrt{a}\tan\theta$ と置換，$a<0$ のとき，部分分数に展開]

vii） $\displaystyle\int \frac{1}{\sqrt{a^2-x^2}}\,\mathrm{d}x = \sin^{-1}\frac{x}{a}$

viii） $\displaystyle\int \sqrt{a^2-x^2}\,\mathrm{d}x = \frac{1}{2}\left[x\sqrt{a^2-x^2}+a^2\sin^{-1}\frac{x}{a}\right]$

[vii)，viii) では，$x=a\sin\theta$ と置換]

ix） $\displaystyle\int \frac{1}{\sqrt{x^2+a}}\,\mathrm{d}x = \log\left|x+\sqrt{x^2+a}\right|$

x） $\displaystyle\int \sqrt{x^2+a}\,\mathrm{d}x = \frac{1}{2}\left[x\sqrt{x^2+a}+a\log\left|x+\sqrt{x^2+a}\right|\right]$

[ix)， x) では，$\sqrt{x^2+a}=u-x$ と置換]

c） 定積分：a, b は定数，n は自然数とする。

i） $\displaystyle\int_0^\infty e^{-ax^2}\mathrm{d}x = \frac{1}{2}\sqrt{\frac{\pi}{a}} \quad (a>0)$

ii） $\displaystyle\int_0^\infty x^{2n}e^{-ax^2}\mathrm{d}x = \frac{(2n-1)(2n-3)\cdots 3\cdot 1}{2^{n+1}}\sqrt{\frac{\pi}{a^{2n+1}}} \quad (a>0)$

iii） $\displaystyle\int_0^\infty e^{-ax^2}\cos bx\,\mathrm{d}x = \frac{1}{2}\sqrt{\frac{\pi}{a}}\exp\left(-\frac{b^2}{4a}\right) \quad (a>0)$

iv） $\displaystyle\int_0^\infty \frac{\sin ax}{x}\,\mathrm{d}x = \frac{\pi}{2} \quad (a>0)$

7. ベクトルの微分・積分

a） 合成関数の微分，偏微分：

関数 $\varphi(x, y, z)$ において，x, y, z が変数 t に依存している場合，

$$\frac{\mathrm{d}\varphi}{\mathrm{d}t} = \frac{\partial\varphi}{\partial x}\frac{\mathrm{d}x}{\mathrm{d}t} + \frac{\partial\varphi}{\partial y}\frac{\mathrm{d}y}{\mathrm{d}t} + \frac{\partial\varphi}{\partial z}\frac{\mathrm{d}z}{\mathrm{d}t}$$

関数 $\varphi(x, y, z)$ において，x, y, z が 2 変数 u, v に依存して変化する場合，

$$\frac{\partial\varphi}{\partial u}=\frac{\partial\varphi}{\partial x}\frac{\partial x}{\partial u}+\frac{\partial\varphi}{\partial y}\frac{\partial y}{\partial u}+\frac{\partial\varphi}{\partial z}\frac{\partial z}{\partial u}$$

$$\frac{\partial\varphi}{\partial v}=\frac{\partial\varphi}{\partial x}\frac{\partial x}{\partial v}+\frac{\partial\varphi}{\partial y}\frac{\partial y}{\partial v}+\frac{\partial\varphi}{\partial z}\frac{\partial z}{\partial v}$$

b）ベクトルの微分：

$\varphi(x, y, z)$，$\boldsymbol{A}=A_x\boldsymbol{i}+A_y\boldsymbol{j}+A_z\boldsymbol{k}$　（$\boldsymbol{i}$，$\boldsymbol{j}$，$\boldsymbol{k}$ は，それぞれ x, y, z 軸方向の基本ベクトル）として，

i ）$\mathrm{grad}\varphi=\nabla\varphi=\frac{\partial\varphi}{\partial x}\boldsymbol{i}+\frac{\partial\varphi}{\partial y}\boldsymbol{j}+\frac{\partial\varphi}{\partial z}\boldsymbol{k}$

ii ）$\mathrm{div}\boldsymbol{A}=\nabla\cdot\boldsymbol{A}=\frac{\partial A_x}{\partial x}+\frac{\partial A_y}{\partial y}+\frac{\partial A_z}{\partial z}$

iii ）$\mathrm{rot}\boldsymbol{A}=\nabla\times\boldsymbol{A}$

$$=\left(\frac{\partial A_z}{\partial y}-\frac{\partial A_y}{\partial z}\right)\boldsymbol{i}+\left(\frac{\partial A_x}{\partial z}-\frac{\partial A_z}{\partial x}\right)\boldsymbol{j}+\left(\frac{\partial A_y}{\partial x}-\frac{\partial A_x}{\partial y}\right)\boldsymbol{k}$$

$$=\begin{vmatrix}\boldsymbol{i} & \boldsymbol{j} & \boldsymbol{k}\\ \frac{\partial}{\partial x} & \frac{\partial}{\partial y} & \frac{\partial}{\partial z}\\ A_x & A_y & A_z\end{vmatrix}$$

8. 曲線座標での微分演算と積分変数の変換

$u(x, y, z)$ とする。

a）2 次元極座標 $(r,\ \phi)$：

$x=r\cos\phi$，$y=r\sin\phi$　$(r\geqq 0,\ 0\leqq\phi<2\pi)$

$$\frac{\partial u}{\partial x}=\cos\phi\frac{\partial u}{\partial r}-\frac{\sin\phi}{r}\frac{\partial u}{\partial\phi}$$

$$\frac{\partial u}{\partial y}=\sin\phi\frac{\partial u}{\partial r}+\frac{\cos\phi}{r}\frac{\partial u}{\partial\phi}$$

$$\frac{\partial^2 u}{\partial x^2}+\frac{\partial^2 u}{\partial y^2}=\frac{1}{r}\frac{\partial}{\partial r}\left(r\frac{\partial u}{\partial r}\right)+\frac{1}{r^2}\frac{\partial^2 u}{\partial\phi^2}$$

$$=\frac{\partial^2 u}{\partial r^2}+\frac{1}{r}\frac{\partial u}{\partial r}+\frac{1}{r^2}\frac{\partial^2 u}{\partial\phi^2}$$

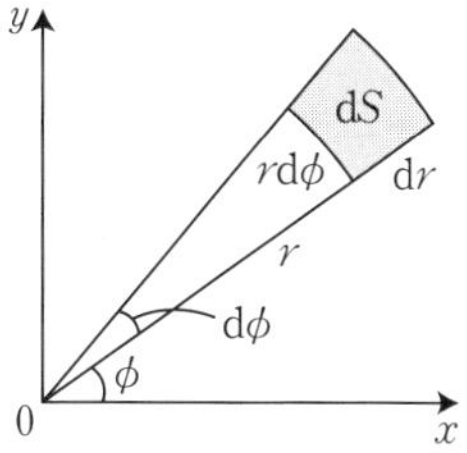

図5

面積素　$\mathrm{d}S=\frac{\partial(x,\ y)}{\partial(r,\ \phi)}\mathrm{d}r\mathrm{d}\phi=r\mathrm{d}r\mathrm{d}\phi$　（図 5）

b） 円柱座標 (r, ϕ, z)：$x = r\cos\phi,\ \ y = r\sin\phi,\ \ z = z$

$(r \geqq 0,\ \ 0 \leqq \phi < 2\pi)$

r, ϕ, z 方向の基本ベクトル $\boldsymbol{e}_1, \boldsymbol{e}_2, \boldsymbol{e}_3$ は,

$\boldsymbol{e}_i \cdot \boldsymbol{e}_j = \delta_{ij} = \begin{cases} 1 & (i = j) \\ 0 & (i \neq j) \end{cases}$ を満たし,

$\boldsymbol{e}_1 = \cos\phi\,\boldsymbol{i} + \sin\phi\,\boldsymbol{j},\ \ \boldsymbol{e}_2 = -\sin\phi\,\boldsymbol{i} + \cos\phi\,\boldsymbol{j},\ \ \boldsymbol{e}_3 = \boldsymbol{k}$

と表される。

$$\mathrm{grad}\varphi = \frac{\partial\varphi}{\partial r}\boldsymbol{e}_1 + \frac{1}{r}\frac{\partial\varphi}{\partial\phi}\boldsymbol{e}_2 + \frac{\partial\varphi}{\partial z}\boldsymbol{e}_3$$

$$\mathrm{div}\boldsymbol{A} = \frac{1}{r}\left[\frac{\partial}{\partial r}(rA_1) + \frac{\partial A_2}{\partial\phi} + r\frac{\partial A_3}{\partial z}\right]$$

$$\mathrm{rot}\boldsymbol{A} = \frac{1}{r}\left[\frac{\partial A_3}{\partial\phi} - r\frac{\partial A_2}{\partial z}\right]\boldsymbol{e}_1 + \left[\frac{\partial A_1}{\partial z} - \frac{\partial A_3}{\partial r}\right]\boldsymbol{e}_2 + \frac{1}{r}\left[\frac{\partial}{\partial r}(rA_2) - \frac{\partial A_1}{\partial\phi}\right]\boldsymbol{e}_3$$

$$\nabla^2\varphi = \frac{1}{r}\frac{\partial}{\partial r}\left(r\frac{\partial\varphi}{\partial r}\right) + \frac{1}{r^2}\frac{\partial^2\varphi}{\partial\phi^2} + \frac{\partial^2\varphi}{\partial z^2}$$

体積要素　$\mathrm{d}V = \dfrac{\partial(x, y, z)}{\partial(r, \phi, z)}\mathrm{d}r\mathrm{d}\phi\mathrm{d}z = r\mathrm{d}r\mathrm{d}\phi\mathrm{d}z$

c） 3次元極座標（球座標）　(R, θ, ϕ)：

$x = R\sin\theta\cos\phi,\ \ y = R\sin\theta\sin\phi,\ \ z = R\cos\theta$

R, θ, ϕ 方向の単位ベクトルは,

$$\boldsymbol{e}_1 = \sin\theta\cos\phi\,\boldsymbol{i} + \sin\theta\sin\phi\,\boldsymbol{j} + \cos\theta\,\boldsymbol{k}$$
$$\boldsymbol{e}_2 = \cos\theta\cos\phi\,\boldsymbol{i} + \cos\theta\sin\phi\,\boldsymbol{j} - \sin\theta\,\boldsymbol{k}$$
$$\boldsymbol{e}_3 = -\sin\phi\,\boldsymbol{i} + \cos\phi\,\boldsymbol{j}$$

と表される。

$$\mathrm{grad}\,\varphi = \frac{\partial\varphi}{\partial R}\boldsymbol{e}_1 + \frac{1}{R}\frac{\partial\varphi}{\partial\theta}\boldsymbol{e}_2 + \frac{1}{R\sin\theta}\frac{\partial\varphi}{\partial\phi}\boldsymbol{e}_3$$

$$\mathrm{div}\boldsymbol{A} = \frac{1}{R^2\sin\theta}\left[\frac{\partial}{\partial R}(R^2\sin\theta\,A_1) + \frac{\partial}{\partial\theta}(R\sin\theta\,A_2) + R\frac{\partial A_3}{\partial\phi}\right]$$

$$\mathrm{rot}\boldsymbol{A} = \frac{1}{R^2\sin\theta}\left[\frac{\partial}{\partial\theta}(R\sin\theta\,A_3) - R\frac{\partial A_2}{\partial\phi}\right]\boldsymbol{e}_1 + \frac{1}{R\sin\theta}\left[\frac{\partial A_1}{\partial\phi} - \frac{\partial}{\partial R}(R\sin\theta\,A_3)\right]\boldsymbol{e}_2 + \frac{1}{R}\left[\frac{\partial}{\partial R}(RA_2) - \frac{\partial A_1}{\partial\theta}\right]\boldsymbol{e}_3$$

$$\nabla^2\varphi = \frac{1}{R^2}\frac{\partial}{\partial R}\left(R^2\frac{\partial\varphi}{\partial R}\right) + \frac{1}{R^2\sin\theta}\frac{\partial}{\partial\theta}\left(\sin\theta\frac{\partial\varphi}{\partial\theta}\right) + \frac{1}{R^2\sin^2\theta}\frac{\partial^2\varphi}{\partial\phi^2}$$

体積要素　$\mathrm{d}V = \dfrac{\partial(x,\,y,\,z)}{\partial(R,\,\theta,\,\phi)}\mathrm{d}R\mathrm{d}\theta\mathrm{d}\phi = R^2\sin\theta\,\mathrm{d}R\mathrm{d}\theta\mathrm{d}\phi$　（図 6）

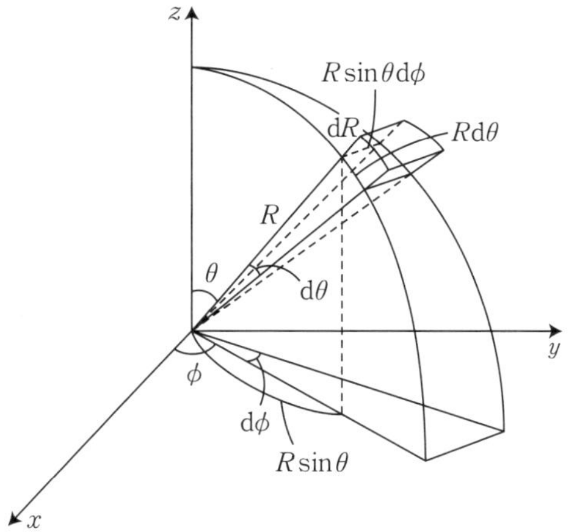

図6

章末問題解答

第 1 章

1.1 (1) ベクトル $\boldsymbol{b}$ と $\boldsymbol{c}$ の外積の大きさ $|\boldsymbol{b} \times \boldsymbol{c}|$ は，$\boldsymbol{b}$ と $\boldsymbol{c}$ を隣り合う 2 辺とする平行四辺形の面積に等しい。図 1a に示すように，ベクトル $\boldsymbol{a}$ と $\boldsymbol{b} \times \boldsymbol{c}$ のなす角を θ とすると，$|\boldsymbol{a}|\cos\theta$ の大きさは，ベクトル $\boldsymbol{a}$ の先端から，$\boldsymbol{b}$ と $\boldsymbol{c}$ を隣り合う 2 辺とする平行四辺形で表される底面へ引いた垂線の長さに等しいから，スカラー 3 重積 $\boldsymbol{a} \cdot (\boldsymbol{b} \times \boldsymbol{c})$ の大きさは，$\boldsymbol{a}, \boldsymbol{b}, \boldsymbol{c}$ を 3 つの稜とする平行六面体の体積に等しい。

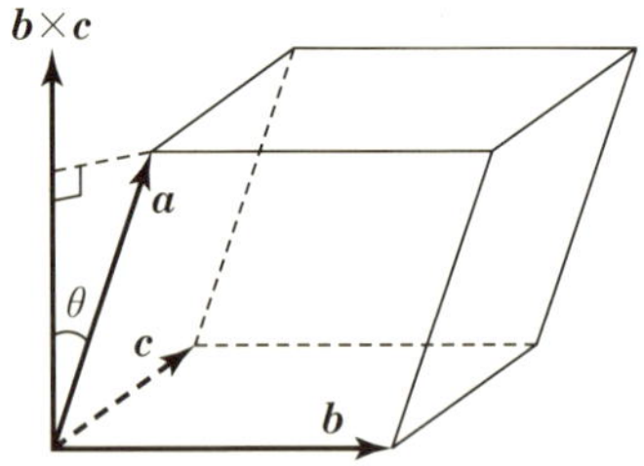

図1a

(2) $|\boldsymbol{b}\ \boldsymbol{c}\ \boldsymbol{a}| = \boldsymbol{b} \cdot (\boldsymbol{c} \times \boldsymbol{a})$ と $|\boldsymbol{c}\ \boldsymbol{a}\ \boldsymbol{b}| = \boldsymbol{c} \cdot (\boldsymbol{a} \times \boldsymbol{b})$ の大きさは，それぞれ $\boldsymbol{c}$ と $\boldsymbol{a}$，$\boldsymbol{a}$ と $\boldsymbol{b}$ を隣り合う 2 辺とする平行四辺形を底面とする平行六面体の体積に等しく，その符号は $|\boldsymbol{a}\ \boldsymbol{b}\ \boldsymbol{c}| = \boldsymbol{a} \cdot (\boldsymbol{b} \times \boldsymbol{c})$ に等しい。

一方，$\boldsymbol{c} \times \boldsymbol{b} = -\boldsymbol{b} \times \boldsymbol{c}$ であるから，$|\boldsymbol{a}\ \boldsymbol{c}\ \boldsymbol{b}| = \boldsymbol{a} \cdot (\boldsymbol{c} \times \boldsymbol{b})$ は，$|\boldsymbol{a}\ \boldsymbol{b}\ \boldsymbol{c}| = \boldsymbol{a} \cdot (\boldsymbol{b} \times \boldsymbol{c})$ と同じ大きさで逆符号となる。同様に，$|\boldsymbol{b}\ \boldsymbol{a}\ \boldsymbol{c}|$ は $|\boldsymbol{b}\ \boldsymbol{c}\ \boldsymbol{a}|$ と同じ大きさで逆符号となり，$|\boldsymbol{c}\ \boldsymbol{b}\ \boldsymbol{a}|$ は $|\boldsymbol{c}\ \boldsymbol{a}\ \boldsymbol{b}|$ と同じ大きさで逆符号となる。

(3) x 軸，y 軸，z 軸方向の基本ベクトルを $\boldsymbol{i}, \boldsymbol{j}, \boldsymbol{k}$ とし，(1.24) 式を用いると，

$$\boldsymbol{b}\times\boldsymbol{c} = \begin{vmatrix} b_y & b_z \\ c_y & c_z \end{vmatrix}\boldsymbol{i} + \begin{vmatrix} b_z & b_x \\ c_z & c_x \end{vmatrix}\boldsymbol{j} + \begin{vmatrix} b_x & b_y \\ c_x & c_y \end{vmatrix}\boldsymbol{k}$$

と書けるから，

$$\begin{aligned}\boldsymbol{a}\cdot(\boldsymbol{b}\times\boldsymbol{c}) &= a_x\begin{vmatrix} b_y & b_z \\ c_y & c_z \end{vmatrix} + a_y\begin{vmatrix} b_z & b_x \\ c_z & c_x \end{vmatrix} + a_z\begin{vmatrix} b_x & b_y \\ c_x & c_y \end{vmatrix} \\ &= a_x\begin{vmatrix} b_y & b_z \\ c_y & c_z \end{vmatrix} - a_y\begin{vmatrix} b_x & b_z \\ c_x & c_z \end{vmatrix} + a_z\begin{vmatrix} b_x & b_y \\ c_x & c_y \end{vmatrix} \\ &= \begin{vmatrix} a_x & a_y & a_z \\ b_x & b_y & b_z \\ c_x & c_y & c_z \end{vmatrix}\end{aligned}$$

ここで，3次の行列式の展開式を用いた。

1.2 $\boldsymbol{a} = (a_x, a_y, a_z)$，$\boldsymbol{b} = (b_x, b_y, b_z)$，$\boldsymbol{c} = (c_x, c_y, c_z)$ とすると，$\boldsymbol{a}\times(\boldsymbol{b}\times\boldsymbol{c})$ の x 成分は，

$$\begin{aligned}[\boldsymbol{a}\times(\boldsymbol{b}\times\boldsymbol{c})]_x &= a_y(\boldsymbol{b}\times\boldsymbol{c})_z - a_z(\boldsymbol{b}\times\boldsymbol{c})_y \\ &= a_y\begin{vmatrix} b_x & b_y \\ c_x & c_y \end{vmatrix} - a_z\begin{vmatrix} b_z & b_x \\ c_z & c_x \end{vmatrix} \\ &= (a_yc_y + a_zc_z)b_x - (a_yb_y + a_zb_z)c_x \\ &= (a_xc_x + a_yc_y + a_zc_z)b_x - (a_xb_x + a_yb_y + a_zb_z)c_x \\ &= (\boldsymbol{a}\cdot\boldsymbol{c})b_x - (\boldsymbol{a}\cdot\boldsymbol{b})c_x\end{aligned}$$

同様に，

$$[\boldsymbol{a}\times(\boldsymbol{b}\times\boldsymbol{c})]_y = (\boldsymbol{a}\cdot\boldsymbol{c})b_y - (\boldsymbol{a}\cdot\boldsymbol{b})c_y$$
$$[\boldsymbol{a}\times(\boldsymbol{b}\times\boldsymbol{c})]_z = (\boldsymbol{a}\cdot\boldsymbol{c})b_z - (\boldsymbol{a}\cdot\boldsymbol{b})c_z$$

となるから，与式が成り立つ。

同様にして，

$$(\boldsymbol{a}\times\boldsymbol{b})\times\boldsymbol{c} = (\boldsymbol{a}\cdot\boldsymbol{c})\boldsymbol{b} - (\boldsymbol{b}\cdot\boldsymbol{c})\boldsymbol{a}$$

が成り立つことがわかる。

1.3
$$A^2 = \begin{pmatrix} 1 & a \\ 0 & b \end{pmatrix}\begin{pmatrix} 1 & a \\ 0 & b \end{pmatrix} = \begin{pmatrix} 1 & a(1+b) \\ 0 & b^2 \end{pmatrix}$$
$$A^3 = \begin{pmatrix} 1 & a(1+b) \\ 0 & b^2 \end{pmatrix}\begin{pmatrix} 1 & a \\ 0 & b \end{pmatrix} = \begin{pmatrix} 1 & a(1+b+b^2) \\ 0 & b^3 \end{pmatrix}$$

$A^3 = \begin{pmatrix} 1 & 0 \\ 0 & 1 \end{pmatrix}$ より，$b^3 = 1$，$1 + b + b^2 = 0$ を満たす b は，$\omega = \dfrac{-1+\sqrt{3}i}{2}$，$\omega^2 = \dfrac{-1-\sqrt{3}i}{2}$ として，$b = \underline{\omega, \omega^2}$ となる。

これより，$A = \begin{pmatrix} 1 & a \\ 0 & \omega \end{pmatrix}, \begin{pmatrix} 1 & a \\ 0 & \omega^2 \end{pmatrix}$ と表される。

1.4 ${\sigma_x}^2 = \begin{pmatrix} 0 & 1 \\ 1 & 0 \end{pmatrix}\begin{pmatrix} 0 & 1 \\ 1 & 0 \end{pmatrix} = \begin{pmatrix} 1 & 0 \\ 0 & 1 \end{pmatrix} = I$，以下同様に，${\sigma_y}^2 = {\sigma_z}^2 = I$ を得る。

$$\sigma_x\sigma_y = \begin{pmatrix} 0 & 1 \\ 1 & 0 \end{pmatrix}\begin{pmatrix} 0 & -i \\ i & 0 \end{pmatrix} = \begin{pmatrix} i & 0 \\ 0 & -i \end{pmatrix} = i\begin{pmatrix} 1 & 0 \\ 0 & -1 \end{pmatrix} = i\sigma_z$$

$$\sigma_y\sigma_x = \begin{pmatrix} 0 & -i \\ i & 0 \end{pmatrix}\begin{pmatrix} 0 & 1 \\ 1 & 0 \end{pmatrix} = \begin{pmatrix} -i & 0 \\ 0 & i \end{pmatrix} = -i\begin{pmatrix} 1 & 0 \\ 0 & -1 \end{pmatrix} = -i\sigma_z$$

以下同様に，$\sigma_y\sigma_z = i\sigma_x$，$\sigma_z\sigma_y = -i\sigma_x$，$\sigma_z\sigma_x = i\sigma_y$，$\sigma_x\sigma_z = -i\sigma_y$ を得る。

1.5 固有方程式は，

$$|A - \lambda I| = \begin{vmatrix} 1-\lambda & 0 & 0 \\ 1 & 1-\lambda & 0 \\ 0 & 0 & 2-\lambda \end{vmatrix} = (1-\lambda)^2(2-\lambda) = 0$$

よって，固有値は，$\underline{\lambda = 2, 1}$

$\lambda = 2$ のとき，$\begin{pmatrix} 1 & 0 & 0 \\ 1 & 1 & 0 \\ 0 & 0 & 2 \end{pmatrix}\begin{pmatrix} x_1 \\ x_2 \\ x_3 \end{pmatrix} = 2\begin{pmatrix} x_1 \\ x_2 \\ x_3 \end{pmatrix}$

よって，

$$\begin{cases} x_1 = 2x_1 \\ x_1 + x_2 = 2x_2 \\ 2x_3 = 2x_3 \end{cases} \quad \therefore \quad \begin{cases} x_1 = 0 \\ x_2 = 0 \\ x_3 = c_1 \end{cases} \quad (c_1 \text{は任意定数})$$

これより，固有ベクトルは，$\underline{c_1\begin{pmatrix} 0 \\ 0 \\ 1 \end{pmatrix}}$

$\lambda = 1$ のとき，$\begin{cases} x_1 = x_1 \\ x_1 + x_2 = x_2 \\ 2x_3 = x_3 \end{cases} \quad \therefore \quad \begin{cases} x_1 = 0 \\ x_2 = c_2 \\ x_3 = 0 \end{cases} \quad (c_2 \text{は任意定数})$

これより，固有ベクトルは，$\underline{c_2\begin{pmatrix} 0 \\ 1 \\ 0 \end{pmatrix}}$

1.6 (1.46) 式より，

$$\boldsymbol{e}_1 = \frac{\boldsymbol{x}_1}{|\boldsymbol{x}_1|},\quad \boldsymbol{e}_2 = \frac{\boldsymbol{x}_2 - (\boldsymbol{x}_2\cdot\boldsymbol{e}_1)\boldsymbol{e}_1}{|\boldsymbol{x}_2 - (\boldsymbol{x}_2\cdot\boldsymbol{e}_1)\boldsymbol{e}_1|},\quad \boldsymbol{e}_3 = \frac{\boldsymbol{x}_3 - (\boldsymbol{x}_3\cdot\boldsymbol{e}_1)\boldsymbol{e}_1 - (\boldsymbol{x}_3\cdot\boldsymbol{e}_2)\boldsymbol{e}_2}{|\boldsymbol{x}_3 - (\boldsymbol{x}_3\cdot\boldsymbol{e}_1)\boldsymbol{e}_1 - (\boldsymbol{x}_3\cdot\boldsymbol{e}_2)\boldsymbol{e}_2|}$$

と書ける。$|\boldsymbol{e}_i| = 1$ すなわち $\boldsymbol{e}_i\cdot\boldsymbol{e}_i = 1$ $(i = 1, 2, 3)$ は明らかである。

これより，

$$\boldsymbol{e}_1\cdot\boldsymbol{e}_2 = \boldsymbol{e}_1\cdot\frac{\boldsymbol{x}_2 - (\boldsymbol{x}_2\cdot\boldsymbol{e}_1)\boldsymbol{e}_1}{|\boldsymbol{x}_2 - (\boldsymbol{x}_2\cdot\boldsymbol{e}_1)\boldsymbol{e}_1|} = \frac{\boldsymbol{e}_1\cdot\boldsymbol{x}_2 - (\boldsymbol{x}_2\cdot\boldsymbol{e}_1)(\boldsymbol{e}_1\cdot\boldsymbol{e}_1)}{|\boldsymbol{x}_2 - (\boldsymbol{x}_2\cdot\boldsymbol{e}_1)\boldsymbol{e}_1|} = 0$$

$$\begin{aligned}\boldsymbol{e}_1\cdot\boldsymbol{e}_3 &= \boldsymbol{e}_1\cdot\frac{\boldsymbol{x}_3 - (\boldsymbol{x}_3\cdot\boldsymbol{e}_1)\boldsymbol{e}_1 - (\boldsymbol{x}_3\cdot\boldsymbol{e}_2)\boldsymbol{e}_2}{|\boldsymbol{x}_3 - (\boldsymbol{x}_3\cdot\boldsymbol{e}_1)\boldsymbol{e}_1 - (\boldsymbol{x}_3\cdot\boldsymbol{e}_2)\boldsymbol{e}_2|} \\ &= \frac{\boldsymbol{e}_1\cdot\boldsymbol{x}_3 - (\boldsymbol{x}_3\cdot\boldsymbol{e}_1)(\boldsymbol{e}_1\cdot\boldsymbol{e}_1) - (\boldsymbol{x}_3\cdot\boldsymbol{e}_2)(\boldsymbol{e}_1\cdot\boldsymbol{e}_2)}{|\boldsymbol{x}_3 - (\boldsymbol{x}_3\cdot\boldsymbol{e}_1)\boldsymbol{e}_1 - (\boldsymbol{x}_3\cdot\boldsymbol{e}_2)\boldsymbol{e}_2|} = 0\end{aligned}$$

$$\begin{aligned}\boldsymbol{e}_2\cdot\boldsymbol{e}_3 &= \boldsymbol{e}_2\cdot\frac{\boldsymbol{x}_3 - (\boldsymbol{x}_3\cdot\boldsymbol{e}_1)\boldsymbol{e}_1 - (\boldsymbol{x}_3\cdot\boldsymbol{e}_2)\boldsymbol{e}_2}{|\boldsymbol{x}_3 - (\boldsymbol{x}_3\cdot\boldsymbol{e}_1)\boldsymbol{e}_1 - (\boldsymbol{x}_3\cdot\boldsymbol{e}_2)\boldsymbol{e}_2|} \\ &= \frac{\boldsymbol{e}_2\cdot\boldsymbol{x}_3 - (\boldsymbol{x}_3\cdot\boldsymbol{e}_1)(\boldsymbol{e}_2\cdot\boldsymbol{e}_1) - (\boldsymbol{x}_3\cdot\boldsymbol{e}_2)(\boldsymbol{e}_2\cdot\boldsymbol{e}_2)}{|\boldsymbol{x}_3 - (\boldsymbol{x}_3\cdot\boldsymbol{e}_1)\boldsymbol{e}_1 - (\boldsymbol{x}_3\cdot\boldsymbol{e}_2)\boldsymbol{e}_2|} = 0\end{aligned}$$

1.7(1)固有値を λ として，

$$|A - \lambda I| = \begin{vmatrix} 1-\lambda & -i \\ i & 1-\lambda \end{vmatrix} = (1-\lambda)^2 - 1 = \lambda(\lambda - 2) = 0$$

$$\therefore \quad \lambda = 2, 0$$

これより，正規直交系をなすベクトルを用いてユニタリー行列をつくり，対角化すると，例題 1.12 と同様に，固有値を対角成分とする対角行列 $\underline{\begin{pmatrix} 2 & 0 \\ 0 & 0 \end{pmatrix}}$ を得ることができる。

(2) 固有値を λ として，

$$|B-\lambda I| = \begin{vmatrix} 1-\lambda & 0 & 1 \\ 0 & 1-\lambda & 0 \\ 1 & 0 & 1-\lambda \end{vmatrix} = (1-\lambda)^3 - (1-\lambda) = -(\lambda-2)(\lambda-1)\lambda = 0$$

$$\therefore \quad \lambda = 2, 1, 0$$

これより，求める対角行列は，$\underline{\begin{pmatrix} 2 & 0 & 0 \\ 0 & 1 & 0 \\ 0 & 0 & 0 \end{pmatrix}}$ となる。

第 2 章

2.1 (1) 光が点 P と鏡 M_1 の間を往復する時間は，エーテル風の速度 v を考慮して，

$$t_1 = \frac{l}{c-v} + \frac{l}{c+v} = \frac{2c}{c^2-v^2}\,l$$

となる。光が点 P から鏡 M_2 に向かうときの速さは，図 2a より，$\sqrt{c^2-v^2}$ となるから，往復する時間は，

$$t_2 = \frac{2l}{\sqrt{c^2-v^2}}$$

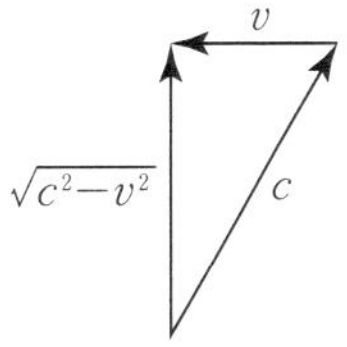

図2a

となる。これより求める時間差は，

$$\begin{aligned}\Delta t &= t_1 - t_2 = \frac{2c}{c^2-v^2}\,l - \frac{2l}{\sqrt{c^2-v^2}} \\ &= \frac{2l}{c}\cdot\frac{1}{1-\dfrac{v^2}{c^2}} - \frac{2l}{c}\cdot\frac{1}{\sqrt{1-\dfrac{v^2}{c^2}}} \approx \frac{2l}{c}\left(1+\frac{v^2}{c^2}\right) - \frac{2l}{c}\left(1+\frac{v^2}{2c^2}\right) \\ &= \underline{\frac{l}{c}\cdot\frac{v^2}{c^2}}\end{aligned}$$

(2) 装置を 90° 回転させる間の時間差の変化は $2\Delta t$ であり，時間差が光の周期 $T = \dfrac{\lambda}{c}$ だけ変化すると，明暗が 1 回変化する。よって，期待される明暗の変化の回数は，

$$N = \frac{2\Delta t}{T} = 2\,\frac{lv^2/c^3}{\lambda/c} = \frac{2lv^2}{\lambda c^2}$$

ここで，$\lambda = 6\times10^{-7}$ m，$l = 1.2$ m，$v = 3\times10^4$ m/s，$c = 3\times10^8$ m/s を代入して，

$$N = \underline{0.04}$$

を得る。

実際には，鏡 M_1，M_2 がわずかに傾いているために，スクリーン上には明暗の干渉縞が見える。マイケルソンはこの干渉縞を望遠鏡で観測し，ある 1 点を通過する縞

の移動数 N を数えようとした。しかし，上の結果からもわかるように，この装置では N は小さくかつ実験が粗かったため，エーテル風の速度を定めることはできなかった。そこで，1887 年になって，マイケルソンはモーリーとともに，$l = 11\mathrm{m}$ の大きな装置をつくり，精密な実験を行った。その結果，スクリーン上での明暗の変化は全く観測されなかった。このことは，エーテル風の速度は $v = 0$ であることを示している。

この結果は，物理学の根底に大きな疑問を投げかけるものであり，この問題の完全な解決は，相対論によってなされることになった。

2.2 質点 P にはたらく抵抗力を $\boldsymbol{f} = (f_x, f_y)$，その大きさを $f = |\boldsymbol{f}| = mkv$，速度 $\boldsymbol{v}$ が x 軸となす角を ϕ とすると，図 2.11 より，

$$f_x = -f\cos\phi = -mkv\cos\phi = -mkv_x$$
$$f_y = -f\sin\phi = -mkv\sin\phi = -mkv_y$$

と書けるから，P の運動方程式の x, y 成分は，それぞれ，

$$m\frac{\mathrm{d}v_x}{\mathrm{d}t} = -mkv_x \qquad (2a)$$

$$m\frac{\mathrm{d}v_y}{\mathrm{d}t} = -mkv_y - mg \qquad (2b)$$

となる。(2a)，(2b) 式は，それぞれ v_x，v_y に関する独立な変数分離型微分方程式である。

(2a) 式，(2b) 式はともに，例題 2.8 と同様に，左辺を右辺でわり t で積分すると，

$$v_x = C_1e^{-kt} \quad (C_1\text{：積分定数})$$

$$v_y = C_2e^{-kt} - \frac{g}{k} \quad (C_2\text{：積分定数})$$

となる。ここで，初期条件「$t = 0$ のとき，$v_x = v_0\cos\phi_0$，$v_y = v_0\sin\phi_0$」より積分定数 C_1，C_2 を決めて，

$$v_x = \underline{v_0\cos\phi_0\cdot e^{-kt}} \qquad (2c)$$

$$v_y = \underline{\left(v_0\sin\phi_0 + \frac{g}{k}\right)e^{-kt} - \frac{g}{k}} \qquad (2d)$$

を得る。これより，$t\to\infty$ のとき $v_x\to 0$，$v_y\to -\dfrac{g}{k}$ となることがわかる。このとき $-\dfrac{g}{k}$ は終端速度である。(2c) 式，(2d) 式のグラフは，図 2b，2c となる。

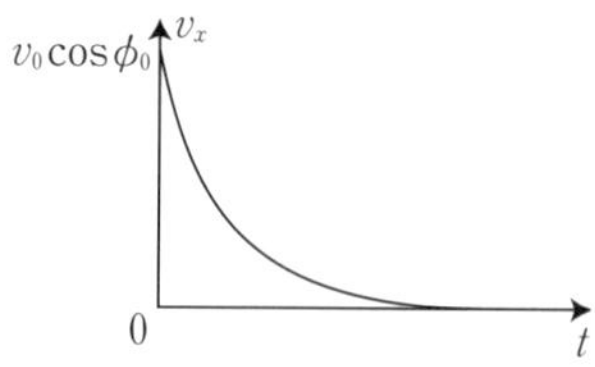

図2b

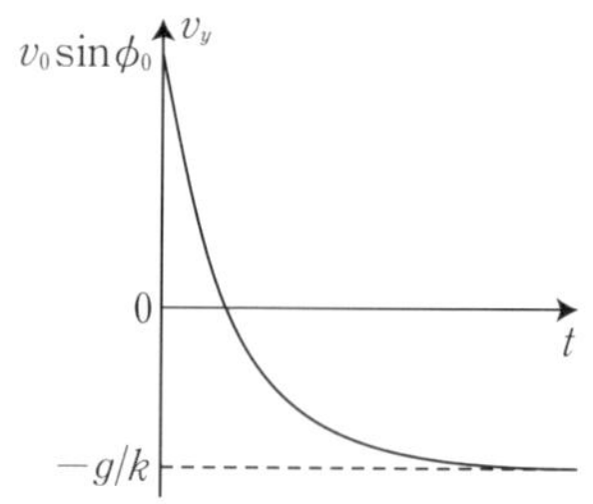

図2c

次に，$v_x = \dfrac{\mathrm{d}x}{\mathrm{d}t}$，$v_y = \dfrac{\mathrm{d}y}{\mathrm{d}t}$ より，初期条件「$t = 0$ のとき，$x = y = 0$」を用いて積分して，

$$x = \int_0^t v_x \mathrm{d}t = \int_0^t v_0 \cos\phi_0 \cdot e^{-kt} \mathrm{d}t = \underline{\frac{v_0}{k}\cos\theta_0 (1 - e^{-kt})} \qquad \text{(2e)}$$

$$y = \int_0^t v_y \mathrm{d}t = \int_0^t \left\{ \left(v_0 \sin\phi_0 + \frac{g}{k} \right) e^{-kt} - \frac{g}{k} \right\} \mathrm{d}t$$

$$= \underline{\frac{1}{k}\left(v_0 \sin\phi_0 + \frac{g}{k} \right)(1 - e^{-kt}) - \frac{g}{k} t}$$

を得る。質点 P の軌道の漸近線は，(2e) 式より，$x = \dfrac{v_0}{k}\cos\phi_0$ であることがわかる。

2.3 投げ上げる位置を原点に，鉛直上向きに y 軸をとる。

$v = \dfrac{\mathrm{d}y}{\mathrm{d}t}$ より，$\dfrac{\mathrm{d}v}{\mathrm{d}t} = \dfrac{\mathrm{d}v}{\mathrm{d}y}\dfrac{\mathrm{d}y}{\mathrm{d}t} = v\dfrac{\mathrm{d}v}{\mathrm{d}y}$ となるから，最高点に達するまでの質点の運動方程式は，

$$m\frac{\mathrm{d}v}{\mathrm{d}t} = -mg - mkv^2 \quad \Rightarrow \quad v\frac{\mathrm{d}v}{\mathrm{d}y} = -(g + kv^2)$$

となる。これより，

$$\int \frac{v}{g + kv^2}\mathrm{d}v = -\int \mathrm{d}y$$

$$\therefore \quad \frac{1}{2k}\log(g + kv^2) = -y + C \quad (C\text{：積分定数})$$

初期条件「$y = 0$ のとき，$v = v_0$」より，$C = \dfrac{1}{2k}\log(g + kv_0^2)$ となる。

最高点の高さを H とすると，「$y = H$ のとき，$v = 0$」となるから，

$$H = \underline{\frac{1}{2k}\log\left(1 + \frac{kv_0^2}{g}\right)}$$

第 3 章

3.1 (1) 部分積分法を用いて，

$$I(\alpha) = \int_0^\infty e^{-\alpha x}\sin x\,\mathrm{d}x$$

$$= -\frac{1}{\alpha}\left[e^{-\alpha x}\sin x\right]_0^\infty + \frac{1}{\alpha}\int_0^\infty e^{-\alpha x}\cos x\,\mathrm{d}x$$

$$= -\frac{1}{\alpha^2}\left[e^{-\alpha x}\cos x\right]_0^\infty - \frac{1}{\alpha^2}I(\alpha)$$

となるから，

$$\left(1 + \frac{1}{\alpha^2}\right)I(\alpha) = \frac{1}{\alpha^2} \quad \therefore \quad I(\alpha) = \underline{\frac{1}{1 + \alpha^2}}$$

(2) (1) の積分で，$\alpha = y^2$ とおいて，

$$\int_0^\infty e^{-xy^2}\sin x\,\mathrm{d}x = \frac{1}{1 + y^4}$$

となる。この式の両辺を y に関して 0 から ∞ まで積分して，ガウス積分 (3.33) を用いると，

$$左辺=\int_0^\infty \mathrm{d}x \sin x\int_0^\infty \mathrm{d}y\, e^{-xy^2}=\int_0^\infty \sin x\cdot\frac{1}{2}\sqrt{\frac{\pi}{x}}\,\mathrm{d}x=\frac{\sqrt{\pi}}{2}\int_0^\infty\frac{\sin x}{\sqrt{x}}\,\mathrm{d}x$$

となる。さらに，$x=X^2$ とおくと，$\mathrm{d}x=2X\mathrm{d}X$ より，

$$左辺=\sqrt{\pi}\int_0^\infty \sin X^2\,\mathrm{d}X$$

となる。一方，右辺は，

$$\frac{1}{y^4+1}=\frac{ay+b}{y^2+\sqrt{2}\,y+1}-\frac{cy+d}{y^2-\sqrt{2}\,y+1}$$

とおいて定数 a, b, c, d を決めて，

$$\frac{1}{y^4+1}=\frac{1}{2\sqrt{2}}\left(\frac{y+\sqrt{2}}{y^2+\sqrt{2}\,y+1}-\frac{y-\sqrt{2}}{y^2-\sqrt{2}\,y+1}\right)$$

となる。ここで，

$$\frac{1}{2\sqrt{2}}\,\frac{y+\sqrt{2}}{y^2+\sqrt{2}\,y+1}=\frac{1}{2\sqrt{2}}\,\frac{y+\dfrac{1}{\sqrt{2}}}{\left(y+\dfrac{1}{\sqrt{2}}\right)^2+\dfrac{1}{2}}+\frac{1}{4}\,\frac{1}{\left(y+\dfrac{1}{\sqrt{2}}\right)^2+\dfrac{1}{2}}$$

より，

$$\int\frac{1}{2\sqrt{2}}\,\frac{y+\sqrt{2}}{y^2+\sqrt{2}\,y+1}\,\mathrm{d}y=\frac{1}{4\sqrt{2}}\log(y^2+\sqrt{2}\,y+1)+\frac{1}{2\sqrt{2}}\tan^{-1}(\sqrt{2}\,y+1)$$

となる。$z=\tan^{-1}x$ は，逆三角関数であり，$x=\tan z$ を満たす。

同様に，

$$\int\frac{1}{2\sqrt{2}}\,\frac{y-\sqrt{2}}{y^2-\sqrt{2}\,y+1}\,\mathrm{d}y=\frac{1}{4\sqrt{2}}\log(y^2-\sqrt{2}\,y+1)-\frac{1}{2\sqrt{2}}\tan^{-1}(\sqrt{2}\,y-1)$$

となるから，

$$\int_0^\infty\frac{\mathrm{d}y}{1+y^4}$$

$$=\left[\frac{1}{4\sqrt{2}}\log\frac{y^2+\sqrt{2}\,y+1}{y^2-\sqrt{2}\,y+1}+\frac{1}{2\sqrt{2}}\left\{\tan^{-1}(\sqrt{2}\,y+1)+\tan^{-1}(\sqrt{2}\,y-1)\right\}\right]_0^\infty$$

$$=\frac{\pi}{2\sqrt{2}}$$

こうして，

$$\int_0^\infty \sin x^2\,\mathrm{d}x=\underline{\frac{1}{2}\sqrt{\frac{\pi}{2}}}$$

を得る。

次に，(1) と同様に，$\displaystyle\int_0^\infty e^{-\alpha x}\cos x\,\mathrm{d}x=\frac{\alpha}{1+\alpha^2}$ より，

$$\int_0^\infty e^{-xy^2}\cos x\,\mathrm{d}x=\frac{y^2}{1+y^4}$$

となる。この式の両辺を y に関して 0 から ∞ まで積分する。

$$左辺=\frac{\sqrt{\pi}}{2}\int_0^\infty\frac{\cos x}{\sqrt{x}}\,\mathrm{d}x=\sqrt{\pi}\int_0^\infty \cos X^2\,\mathrm{d}X$$

また，$\dfrac{y^2}{y^4+1}=\dfrac{1}{2\sqrt{2}}\left(\dfrac{y}{y^2-\sqrt{2}\,y+1}-\dfrac{y}{y^2+\sqrt{2}\,y+1}\right)$ より，

$$右辺=\left[\frac{1}{4\sqrt{2}}\log\frac{y^2-\sqrt{2}\,y+1}{y^2+\sqrt{2}\,y+1}+\frac{1}{2\sqrt{2}}\left\{\tan^{-1}(\sqrt{2}\,y+1)+\tan^{-1}(\sqrt{2}\,y-1)\right\}\right]_0^\infty$$

$$=\frac{\pi}{2\sqrt{2}}$$

こうして，

$$\int_0^\infty \cos x^2\,\mathrm{d}x=\underline{\frac{1}{2}\sqrt{\frac{\pi}{2}}}$$

を得る。

3.2 質点 P の位置を，極座標を用いて (r, ϕ) とおき，時刻 $t=0$ で $\phi=0$ とすると，

$$(r, \phi)=(vt, \omega t)$$

と書ける。このとき，速度は，(3.15)，(3.16) 式より，

$$\boldsymbol{v}=(v_r, v_\phi)=(\dot{r}, r\dot{\phi})=\underline{(v, v\omega t)}$$

となる。ここで，質点の速度 $\boldsymbol{v}$ と棒 OA のなす角を α とすると (図 3a)，

$$\tan\alpha=\frac{v_\phi}{v_r}=\omega t\to\infty\quad(t\to\infty)$$

$$\therefore\quad \alpha\to\frac{\pi}{2}$$

となる。したがって，速度は棒に垂直に，棒の回転の向きを向く。

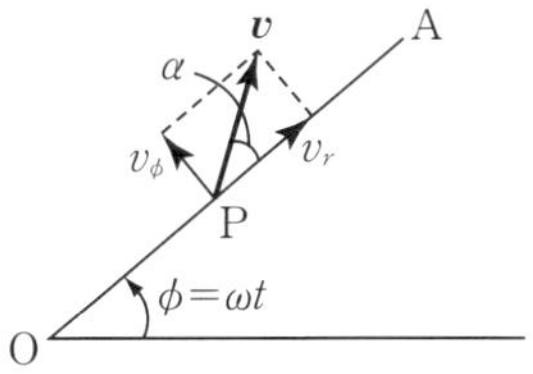

図3a

加速度は，(3.20)，(3.21) 式より，

$$\boldsymbol{a}=(a_r, a_\phi)=\underline{(-v\omega^2 t, 2v\omega)}$$

となる。ここで，加速度 $\boldsymbol{a}$ と棒 OA のなす角を β とすると (図 3b)，

$$\tan\beta=\frac{a_\phi}{a_r}=-\frac{2}{\omega t}\to 0\quad(t\to\infty)$$

$$\therefore\quad \beta\to\pi$$

となる。したがって，加速度は棒に沿って中心 O の向きを向く。

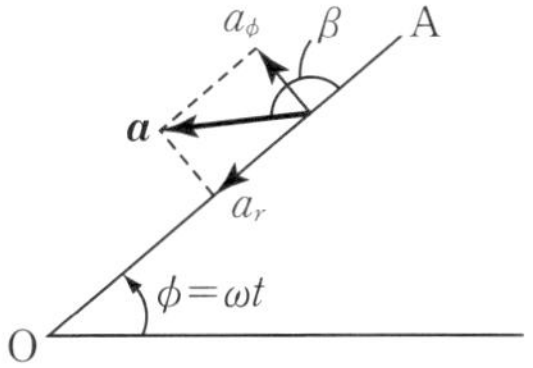

図3b

3.3 (1) 円柱の断面の円を C とすると，z 軸のまわりの慣性モーメントは，

$$I_z=\rho\int_{-h/2}^{h/2}\mathrm{d}z\iint_{\mathrm{C}}(x^2+y^2)\,\mathrm{d}x\mathrm{d}y$$

と書ける。

ヤコビアン $\dfrac{\partial(x, y)}{\partial(r, \phi)}=r$ を用いて，2 次元極座標 (r, ϕ) で計算する。

$r^2=x^2+y^2$ より，

$$\int_{-h/2}^{h/2}\mathrm{d}z=h,\ \iint_{\mathrm{C}}(x^2+y^2)\,\mathrm{d}x\mathrm{d}y=\int_0^{2\pi}\mathrm{d}\phi\int_0^a r^2\cdot r\,\mathrm{d}r=2\pi\frac{a^4}{4}$$

となるから，$M=\rho\cdot\pi a^2 h$ を用いて，

$$I_z=\underline{\frac{1}{2}Ma^2}$$

$x=r\cos\phi,\ y=r\sin\phi,\ z=z$ の円柱座標をとると，x 軸のまわりの慣性モ

ーメントは，ヤコビアン $\dfrac{\partial(x, y, z)}{\partial(r, \phi, z)} = r$ を用いて，

$$I_x = \rho\iiint(y^2 + z^2)\,\mathrm{d}x\mathrm{d}y\mathrm{d}z = \rho\int_{-h/2}^{h/2}\mathrm{d}z\int_0^{2\pi}\mathrm{d}\phi\int_0^a(r^2\sin^2\phi + z^2)\,r\,\mathrm{d}r$$
$$= \rho\int_{-h/2}^{h/2}\mathrm{d}z\int_0^{2\pi}\left(\frac{a^4}{4}\sin^2\phi + \frac{a^2}{2}z^2\right)\mathrm{d}\phi$$

ここで，$\displaystyle\int_0^{2\pi}\sin^2\phi\,\mathrm{d}\phi = \int_0^{2\pi}\frac{1-\cos 2\phi}{2}\mathrm{d}\phi = \pi$ であるから，

$$I_x = \rho\int_{-h/2}^{h/2}\left(\pi\frac{a^4}{4} + \frac{a^2}{2}z^2\cdot 2\pi\right)\mathrm{d}z = \rho\pi a^2 h\left(\frac{a^2}{4} + \frac{h^2}{12}\right) = \underline{\frac{M}{12}(3a^2 + h^2)}$$

(2) 回転軸を z 軸として，2通りの方法で計算してみよう。

（i） 3次元極座標 (R, θ, ϕ) を用いる。

$x = R\sin\theta\cos\phi$，$y = R\sin\theta\sin\phi$，$z = R\cos\theta$，および，ヤコビアン $\dfrac{\partial(x, y, z)}{\partial(R, \theta, \phi)} = R^2\sin\theta$ を用いて，

$$I = \rho\iiint(x^2 + y^2)\,\mathrm{d}x\mathrm{d}y\mathrm{d}z$$
$$= \rho\int_0^{2\pi}\mathrm{d}\phi\int_0^{\pi}\mathrm{d}\theta\int_0^a(R\sin\theta)^2R^2\sin\theta\,\mathrm{d}R$$
$$= \rho\frac{a^5}{5}\int_0^{2\pi}\mathrm{d}\phi\int_0^{\pi}\sin^3\theta\,\mathrm{d}\theta$$

となる。ここで，

$$\int_0^{\pi}\sin^3\theta\,\mathrm{d}\theta = \int_0^{\pi}\sin\theta(1-\cos^2\theta)\mathrm{d}\theta = 2 - \frac{2}{3} = \frac{4}{3}$$

を用いて，$M = \rho\cdot\dfrac{4}{3}\pi a^3$ より，

$$I = 2\pi\rho\frac{a^5}{5}\cdot\frac{4}{3} = \underline{\frac{2}{5}Ma^2}$$

を得る。

（ii） 円柱座標 (r, ϕ, z) を用いる。積分領域は，

$$r^2 = x^2 + y^2 \leqq a^2 - z^2,\ 0 \leqq \phi < 2\pi,\ -a \leqq z \leqq a$$

であることに注意し，ヤコビアン $\dfrac{\partial(x, y, z)}{\partial(r, \phi, z)} = r$ を用いて，

$$I = \rho\iiint(x^2 + y^2)\,\mathrm{d}x\mathrm{d}y\mathrm{d}z$$
$$= \rho\int_{-a}^{a}\mathrm{d}z\int_0^{2\pi}\mathrm{d}\phi\int_0^{\sqrt{a^2-z^2}}r^2\cdot r\,\mathrm{d}r$$
$$= \rho\cdot\frac{\pi}{2}\int_{-a}^{a}(a^2 - z^2)^2\mathrm{d}z = \frac{8}{15}\rho\pi a^5 = \underline{\frac{2}{5}Ma^2}$$

を得る。

第 4 章

4.1 (1) 運動方程式 (4.18) は，$\gamma = \dfrac{\lambda}{m}$，$f_0 = \dfrac{F_0}{m}$ とおくと，非斉次方程式

$$\dot{v} + \gamma v = f_0 \sin \omega t \tag{4a}$$

と表される。斉次方程式 $\dot{v} + \gamma v = 0$ の一般解は，

$$v = v_0 e^{-\gamma t} \quad (v_0 : \text{任意定数})$$

となるから，非斉次方程式 (4a) の一般解を，$v = a(t) e^{-\gamma t}$ とおくと，

$$\dot{v} = \dot{a} e^{-\gamma t} - \gamma a e^{-\gamma t} \qquad \therefore \quad \dot{v} + \gamma v = \dot{a} e^{-\gamma t}$$

となる。ここで，(4a) 式へ代入して，

$$\frac{\mathrm{d}a}{\mathrm{d}t} = f_0 e^{\gamma t} \sin \omega t$$

を得る。

$$\begin{aligned} I &= \int e^{\gamma t} \sin \omega t \mathrm{d}t = \frac{1}{\gamma} e^{\gamma t} \sin \omega t - \frac{\omega}{\gamma} \int e^{\gamma t} \cos \omega t \mathrm{d}t \\ &= \frac{1}{\gamma} e^{\gamma t} \sin \omega t - \frac{\omega}{\gamma} \left(\frac{1}{\gamma} e^{\gamma t} \cos \omega t + \frac{\omega}{\gamma} \int e^{\gamma t} \sin \omega t \mathrm{d}t \right) \\ &= \frac{1}{\gamma} e^{\gamma t} \sin \omega t - \frac{\omega}{\gamma^2} e^{\gamma t} \cos \omega t - \frac{\omega^2}{\gamma^2} I \end{aligned}$$

$$\therefore \quad I = \frac{\gamma}{\gamma^2 + \omega^2} e^{\gamma t} \left(\sin \omega t - \frac{\omega}{\gamma} \cos \omega t \right)$$

を用いて，

$$a(t) = \frac{\gamma}{\gamma^2 + \omega^2} f_0 e^{\gamma t} \left(\sin \omega t - \frac{\omega}{\gamma} \cos \omega t \right) + C \quad (C : \text{任意定数})$$

となるから，

$$v(t) = \underline{\frac{F_0}{\lambda^2 + (m\omega)^2} (\lambda \sin \omega t - m\omega \cos \omega t) + C e^{-\gamma t}}$$

を得る。

(2) 初期条件「$t = 0$ のとき $v = 0$」より，

$$0 = -\frac{F_0}{\lambda^2 + (m\omega)^2} m\omega + C \qquad \therefore \quad C = \frac{F_0}{\lambda^2 + (m\omega)^2} m\omega$$

となるから，特解

$$\begin{aligned} v(t) &= \frac{F_0}{\lambda^2 + (m\omega)^2} \{ \lambda \sin \omega t - m\omega (\cos \omega t - e^{-\gamma t}) \} \\ &= \underline{\frac{F_0}{\sqrt{\lambda^2 + (m\omega)^2}} \left\{ \sin(\omega t - \phi) + \frac{m\omega}{\sqrt{\lambda^2 + (m\omega)^2}} e^{-\gamma t} \right\}} \end{aligned}$$

$$\underline{\tan \phi = \frac{m\omega}{\lambda}}$$

を得る。

この結果より，十分に時間がたつと，$e^{-\gamma t} \to 0$ となるから，

$$v(t) = \frac{F_0}{\sqrt{\lambda^2 + (m\omega)^2}} \sin(\omega t - \phi)$$

となり，<u>質点の速度は，外力と同じ角振動数 ω の正弦関数にしたがって変化する</u>

単振動となる。しかし，速度の位相は，外力の位相より ϕ だけ遅れる。

（注）一般に，力学系の運動は，回路系の振る舞いと関係付けられる。実際，自己インダクタンス L のコイル，抵抗値 R の抵抗と直列に，振幅 V_0，角振動数 ω の交流電源を図 4a のように接続する。

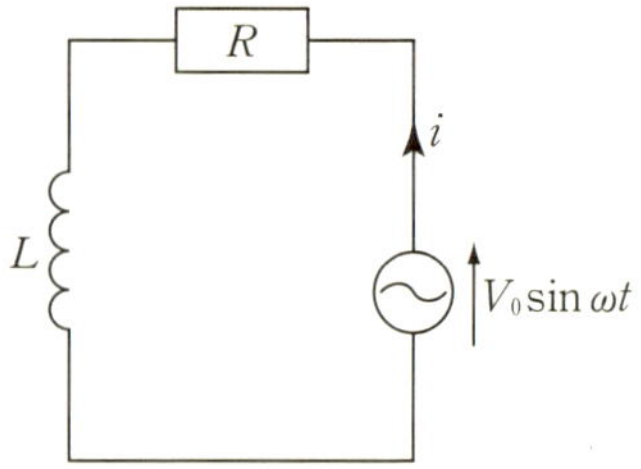

図4a

回路に流れる電流を i とすると，キルヒホッフの第 2 法則の式は，

$$L\frac{\mathrm{d}i}{\mathrm{d}t} + Ri = V_0 \sin \omega t \tag{4b}$$

となる。ここで，$i \leftrightarrow v$, $L \leftrightarrow m$, $R \leftrightarrow \lambda$, $V_0 \leftrightarrow F_0$ と対応させると，(4b) 式は (4.18) 式と同等である。

4.2 (1) (4.15) 式より，$\cos(\phi + \phi_0) = 1$ のとき $r = r_1 = \dfrac{l}{1+e}$，$\cos(\phi + \phi_0) = -1$ のとき $r = r_2 = \dfrac{l}{1-e}$ となるから，

$$2a = r_1 + r_2 = \frac{2l}{1-e^2} \qquad \therefore \quad a = \frac{l}{1-e^2}$$

これより，

$$r_1 = \frac{a(1-e^2)}{1+e} = a(1-e), \quad r_2 = \frac{a(1-e^2)}{1-e} = a(1+e)$$

を得る。

(2) 焦点 F の座標を $(c_0, 0)$ とすると，$c_0 = a - r_1 = ae$ と表される。また，楕円の y 軸上 $(y > 0)$ の点を $\mathrm{B}(0, b)$ とし，$\mathrm{BF} = a$ であることを用いると，三平方の定理より，

$$b = \sqrt{a^2 - c_0{}^2} = a\sqrt{1-e^2}$$

と書ける。これより，

$$r = \sqrt{(x-c_0)^2 + y^2} = \sqrt{(a\cos u - ae)^2 + b^2 \sin^2 u} = a(1 - e\cos u)$$

を得る。

(3) (4.13) 式より，$\dot{r} > 0$ の場合を考えて，

$$\dot{r} = \frac{\mathrm{d}r}{\mathrm{d}t} = \frac{\sqrt{2Er^2 + 2GMr - h^2}}{r}$$

を得る。$r = r_1$ および $r = r_2$ のとき，$\dot{r} = 0$ であるから，

$$2Er^2 + 2GMr - h^2 = 0$$

の 2 解が r_1, r_2 である。そこで，$E < 0$ であることに注意して，

$$2Er^2 + 2GMr - h^2 = -2E(r - r_1)(r_2 - r)$$

とおくと，

$$\frac{\mathrm{d}t}{\mathrm{d}r} = \sqrt{\frac{1}{2|E|}}\frac{r}{\sqrt{(r-r_1)(r_2-r)}}$$

となる。

(4.20) 式を代入して両辺を r で積分すると，

$$\int \frac{\mathrm{d}t}{\mathrm{d}r}\,\mathrm{d}r = \sqrt{\frac{1}{2|E|}} \int \frac{r\mathrm{d}r}{\sqrt{(r-r_1)(r_2-r)}}$$

$$= \sqrt{\frac{1}{2|E|}} \int \frac{a(1-e\cos u)ae\sin u\mathrm{d}u}{\sqrt{ae(1-\cos u)ae(1+\cos u)}}$$

$$\therefore \quad t = a\sqrt{\frac{1}{2|E|}} \int (1-e\cos u)\mathrm{d}u$$

ここで，与えられた初期条件「$t=0$ のとき $u=0$」を用いて，

$$t = a\sqrt{\frac{1}{2|E|}}\,(u - e\sin u)$$

となる。質点Pが $u=0 \rightarrow 2\pi$ となる時間が楕円運動の 1 周期 T であるから，

$$T = 2\pi a\sqrt{\frac{1}{2|E|}}$$

よって，平均の角速度

$$\omega = \frac{2\pi}{T} = \frac{1}{a}\sqrt{2|E|}$$

を用いて，ケプラー方程式

$$\omega t = u - e\sin u$$

を得る。

第 5 章

5.1 指数関数，正弦関数，余弦関数それぞれの関数のべき級数展開は，$0! = 1$ として，

$$e^x = 1 + x + \frac{1}{2!}x^2 + \cdots + \frac{1}{n!}x^n + \cdots = \sum_{n=0}^{\infty} \frac{1}{n!}x^n \tag{5a}$$

$$\sin x = x - \frac{1}{3!}x^3 + \cdots + (-1)^n \frac{1}{(2n+1)!}x^{2n+1} + \cdots = \sum_{n=0}^{\infty} (-1)^n \frac{1}{(2n+1)!}x^{2n+1}$$

$$\cos x = 1 - \frac{1}{2!}x^2 + \frac{1}{4!}x^4 + \cdots + (-1)^n \frac{1}{(2n)!}x^{2n} + \cdots = \sum_{n=0}^{\infty} (-1)^n \frac{1}{(2n)!}x^{2n}$$

と書ける。ここで，(5a) 式の x を $x \rightarrow \pm ix$ と置き換えると，

$$e^{\pm ix} = 1 \pm ix - \frac{1}{2!}x^2 \mp i\frac{1}{3!}x^3 + \cdots$$

$$+ (-1)^n \frac{1}{(2n)!}x^{2n} \pm i(-1)^n \frac{1}{(2n+1)!}x^{2n+1} + \cdots$$

$$= \left(1 - \frac{1}{2!}x^2 + \frac{1}{4!}x^4 + \cdots + (-1)^n \frac{1}{(2n)!}x^{2n} + \cdots\right)$$

$$\pm i\left(x - \frac{1}{3!}x^3 + \cdots + (-1)^n \frac{1}{(2n+1)!}x^{2n+1} + \cdots\right)$$

$$= \cos x \pm i\sin x$$

となり，オイラーの公式の成り立つことがわかる。

5.2(1) 特性方程式は，

$$\alpha^2 - 2\alpha + 2 = 0 \qquad \therefore \quad \alpha = 1 \pm i$$

これより求める一般解は，C_1，C_2 を任意定数として，

$$y(x) = e^x(C_1e^{ix} + C_2e^{-ix}) = e^x(A\cos x + B\sin x)$$

となる。ここで，$A = C_1 + C_2$，$B = i(C_1 - C_2)$ である。

$y' = e^x\{(A+B)\cos x - (A-B)\sin x\}$ となるから，初期条件より，

$$1 = A,\ 3 = A + B \qquad \therefore\ A = 1,\ B = 2$$

よって，求める特解は，

$$y(x) = \underline{e^x(\cos x + 2\sin x)}$$

(2) 特性方程式は，

$$\alpha^2 - 4\alpha + 4 = 0 \qquad \therefore\ (\alpha - 2)^2 = 0$$

となり，重解 $\alpha = 2$ をもつ。そこで，一般解は，C_1，C_2 を任意定数として，

$$y(x) = (C_1 + C_2x)e^{2x}$$

となる。

$y' = \{(2C_1 + C_2) + 2C_2x\}e^{2x}$ を用いて，初期条件より，

$$1 = C_1,\ -1 = 2C_1 + C_2 \qquad \therefore\ C_1 = 1,\ C_2 = -3$$

よって，求める特解は，

$$y(x) = \underline{(1-3x)e^{2x}}$$

5.3 (5.26) 式に対する斉次方程式 $y'' - 3y' - 4y = 0$ の特性方程式は，

$$\alpha^2 - 3\alpha - 4 = 0 \qquad \therefore\ (\alpha - 4)(\alpha + 1) = 0$$

となるから，$\alpha_1 = 4, \alpha_2 = -1$ を得る。(5.17) 式，(5.18) 式に，$2p = -3$，$\sqrt{p^2 - q} = \dfrac{5}{2}$ および $R(x) = x$ を代入して，

$$C_1(x) = \frac{1}{5}\int xe^{-4x}\mathrm{d}x + A = -\frac{1}{80}(4x+1)e^{-4x} + A$$

$$C_2(x) = -\frac{1}{5}\int xe^{x}\mathrm{d}x + B = -\frac{1}{5}(x-1)e^{x} + B$$

となるから，一般解は，

$$\begin{aligned} y(x) &= Ae^{4x} + Be^{-x} - \frac{1}{80}(4x+1) - \frac{1}{5}(x-1) \\ &= \underline{Ae^{4x} + Be^{-x} - \frac{1}{4}x + \frac{3}{16}} \end{aligned}$$

5.4 (1) 斉次方程式の一般解が $C_1e^x + C_2e^{2x}$ であるから，e^x や e^{2x} は非斉次方程式の特解にはならない。そこで，求める特解を $y = axe^x$ (a：任意定数) とおいて与式の左辺へ代入すると，

$$y'' - 3y' + 2y = -ae^x \qquad \therefore\ a = -1$$

よって特解は，　　$y = \underline{-xe^x}$

(2) 求める特解を $y = ax + b + c\sin x + d\cos x$ とおいて与式の左辺へ代入すると，

$$y'' - 3y' + 2y = 2ax + (-3a + 2b) + (c + 3d)\sin x + (-3c + d)\cos x$$

となり，$a = \dfrac{1}{2}$，$b = \dfrac{3}{4}$，$c = \dfrac{1}{10}$，$d = \dfrac{3}{10}$ を得る。よって，特解は，

$$y = \underline{\frac{1}{2}x + \frac{3}{4} + \frac{1}{10}\sin x + \frac{3}{10}\cos x}$$

となる。

5.5 (1) r と ϕ は t の関数であるが，質点の軌道が定まる限り，r は ϕ によって定まる。したがって，r は ϕ の関数であり，ϕ を通して t の関数になっているとみなすこと

ができる。よって，合成関数の微分を用いて，

$$\dot{r}=\frac{\mathrm{d}r}{\mathrm{d}t}=\frac{\mathrm{d}\phi}{\mathrm{d}t}\frac{\mathrm{d}r}{\mathrm{d}\phi}=\dot{\phi}\frac{\mathrm{d}r}{\mathrm{d}\phi}=\frac{h}{r^2}\frac{\mathrm{d}r}{\mathrm{d}\phi}$$

となる。ここで，$r^2\dot{\phi}=h$ を用いた。

$\dot{r}$ は ϕ の関数である r の時間微分であるから，$\dot{r}$ は ϕ と $\dot{\phi}$ の関数である。

$\dot{\phi}=h/r^2$ より，$\dot{r}$ は ϕ と r で表されるが，r は ϕ の関数であるから，$\dot{r}$ も ϕ の関数となる。こうして，再び合成関数の微分を用いて，

$$\ddot{r}=\frac{\mathrm{d}\dot{r}}{\mathrm{d}t}=\frac{h}{r^2}\frac{\mathrm{d}\dot{r}}{\mathrm{d}\phi}=\frac{h}{r^2}\frac{\mathrm{d}}{\mathrm{d}\phi}\left(\frac{h}{r^2}\frac{\mathrm{d}r}{\mathrm{d}\phi}\right)$$

となる。

さらに，$u=\dfrac{1}{r}$ とおくと，$\dfrac{\mathrm{d}u}{\mathrm{d}\phi}=-\dfrac{1}{r^2}\dfrac{\mathrm{d}r}{\mathrm{d}\phi}$ となるから，$\ddot{r}=-\dfrac{h^2}{r^2}\dfrac{\mathrm{d}^2u}{\mathrm{d}\phi^2}$ となり，(4.12) 式は，u の ϕ に関する非斉次2階線形定数係数微分方程式

$$\underline{\frac{\mathrm{d}^2u}{\mathrm{d}\phi^2}+u=\frac{GM}{h^2}} \tag{5b}$$

に書き換えられる。

(2) (5b) 式の斉次方程式

$$\frac{\mathrm{d}^2u}{\mathrm{d}\phi^2}+u=0$$

の一般解は，例題2.6で説明したように，A，B を任意定数として，

$$u=A\sin\phi+B\cos\phi$$

と表すことができる。(5b) 式の特解は $u=\dfrac{GM}{h^2}$ と書けるから，非斉次方程式 (5b) 式の一般解は，

$$u=\frac{GM}{h^2}+A\sin\phi+B\cos\phi$$

と表される。

r が最小のとき u は最大となるから，$\phi=0$ のとき r が最小 (極小) になる条件は，

$$\left.\frac{\mathrm{d}u}{\mathrm{d}\phi}\right|_{\phi=0}=A=0,\quad \left.\frac{\mathrm{d}^2u}{\mathrm{d}\phi^2}\right|_{\phi=0}=-B<0 \quad \Leftrightarrow \quad B>0$$

となる。よって上の条件を満たす解は，

$$u=\frac{GM}{h^2}+B\cos\phi \quad \therefore \quad r=\frac{1}{\dfrac{GM}{h^2}+B\cos\phi}$$

となる。ここで，$\dfrac{h^2}{GM}=l$，$\dfrac{h^2B}{GM}=e\ (>0)$ とおいて，軌道の極座標表示

$$\underline{r=\frac{l}{1+e\cos\phi}} \tag{5c}$$

を得る。(5c) 式は，例題4.4で求めた (4.15) 式で $\phi_0=0$ とおいた式である。

第 6 章

6.1 (d) $\mathscr{L}[f'(x)] = \int_0^\infty e^{-sx} f'(x)\,\mathrm{d}x$

$$= \Big[e^{-sx} f(x)\Big]_0^\infty + s\int_0^\infty e^{-sx} f(x)\,\mathrm{d}x = -f(0) + sF(s)$$

$$\mathscr{L}[f''(x)] = \int_0^\infty e^{-sx} f''(x)\,\mathrm{d}x = \Big[e^{-sx} f'(x)\Big]_0^\infty + s\int e^{-sx} f'(x)\,\mathrm{d}x$$

$$= -f'(0) + s(-f(0) + sF(s)) = s^2F(s) - (sf(0) + f'(0))$$

ここで，$x \to \infty$ のとき，$e^{-sx} f(x) \to 0$ および $e^{-sx} f'(x) \to 0$ となることを仮定した。

(e) $\mathscr{L}\left[\int_0^x f(t)\,\mathrm{d}t\right] = \int_0^\infty e^{-sx}\left(\int_0^x f(t)\,\mathrm{d}t\right)\mathrm{d}x$

$$= -\frac{1}{s}\left[e^{-sx}\int_0^x f(t)\,\mathrm{d}t\right]_0^\infty + \frac{1}{s}\int_0^\infty e^{-sx} f(x)\,\mathrm{d}x$$

$$= \frac{F(s)}{s}$$

ここで，$x \to \infty$ のとき，$e^{-sx}\int_0^x f(t)\,\mathrm{d}t \to 0$ となることを仮定した。

(f) $\mathscr{L}[xf(x)] = \int_0^\infty e^{-sx} x f(x)\,\mathrm{d}x$

$$= -\int_0^\infty \frac{\partial}{\partial s}\left(e^{-sx} f(x)\right)\mathrm{d}x = -\frac{\mathrm{d}}{\mathrm{d}s}\int_0^\infty e^{-sx} f(x)\,\mathrm{d}x$$

$$= -\frac{\mathrm{d}}{\mathrm{d}s}F(s)$$

(g) $\mathscr{L}\left[\frac{f(x)}{x}\right] = \int_0^\infty e^{-sx}\frac{f(x)}{x}\,\mathrm{d}x = \int_0^\infty \mathrm{d}x\int_s^\infty e^{-sx} f(x)\,\mathrm{d}s$

$$= \int_s^\infty \mathrm{d}s\int_0^\infty e^{-sx} f(x)\,\mathrm{d}x = \int_s^\infty F(s)\,\mathrm{d}s$$

(h) $\mathscr{L}[\theta(x-a)] = \int_0^\infty e^{-sx}\theta(x-a)\,\mathrm{d}x = \int_a^\infty e^{-sx}\,\mathrm{d}x = \frac{e^{-sa}}{s}$

$\mathscr{L}[f(x-a)\theta(x-a)]$

$$= \int_0^\infty e^{-sx} f(x-a)\theta(x-a)\,\mathrm{d}x$$

$$= \int_a^\infty e^{-sx} f(x-a)\,\mathrm{d}x = \int_0^\infty e^{-s(t+a)} f(t)\,\mathrm{d}t \quad (t = x-a)$$

$$= e^{-sa}\int_0^\infty e^{-st} f(t)\,\mathrm{d}t = e^{-sa}F(s)$$

(i) $\mathscr{L}[f*g(x)] = \int_0^\infty e^{-sx}\left(\int_0^x f(t)g(x-t)\,\mathrm{d}t\right)\mathrm{d}x$

ここで，$t = u$，$x = u + v$ とおくと，ヤコビアンは，

$$\begin{vmatrix} \frac{\partial t}{\partial u} & \frac{\partial t}{\partial v} \\ \frac{\partial x}{\partial u} & \frac{\partial x}{\partial v} \end{vmatrix} = \begin{vmatrix} 1 & 0 \\ 1 & 1 \end{vmatrix} = 1$$ となる。また，$(t,\ x)$ の積分領域（図 6a の網部分）が

$(u,\ v)$ の積分領域（図 6b の網部分）へ変換される。したがって，

$$\mathscr{L}[f*g(x)] = \int_0^\infty \int_0^\infty e^{-s(u+v)} f(u) g(v) \mathrm{d}u \mathrm{d}v$$
$$= \left(\int_0^\infty e^{-su} f(u) \mathrm{d}u\right)\left(\int_0^\infty e^{-sv} g(v) \mathrm{d}v\right) = (\mathscr{L}[f])(\mathscr{L}[g])$$

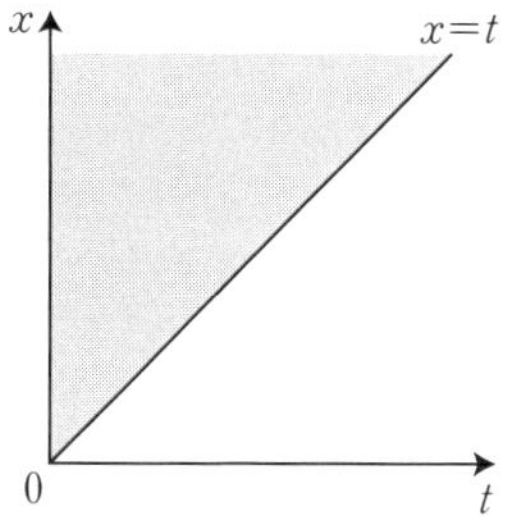

図6a

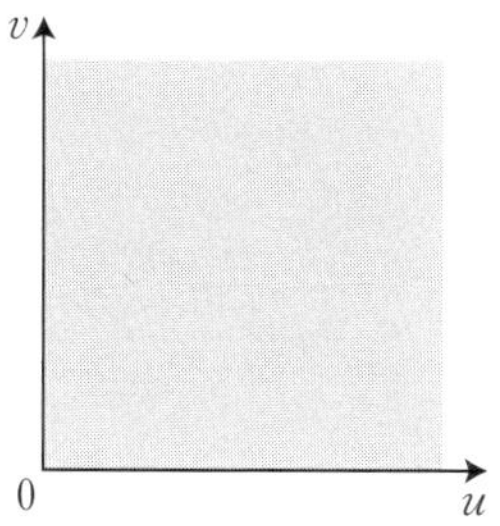

図6b

6.2（1）両辺を初期条件を用いてラプラス変換すると，

$$s^2 Y + \omega^2 Y = \frac{1}{s-a}$$

$$\therefore \quad Y = \frac{1}{(s-a)(s^2+\omega^2)} = \frac{1}{a^2+\omega^2}\left(\frac{1}{s-a} - \frac{s}{s^2+\omega^2} - \frac{a}{\omega}\cdot\frac{\omega}{s^2+\omega^2}\right)$$

よって，

$$y = \mathscr{L}^{-1}[Y] = \underline{\frac{1}{a^2+\omega^2}\left(e^{ax} - \cos\omega x - \frac{a}{\omega}\sin\omega x\right)}$$

（2）両辺を初期条件を用いてラプラス変換すると，

$$(s^2 Y - s - 1) - 2(sY - 1) - 3Y = \frac{1}{s-1}$$

$$\therefore \quad Y = \frac{s^2 - 2s + 2}{(s-3)(s+1)(s-1)} = \frac{1}{8}\left(\frac{5}{s-3} + \frac{5}{s+1} - \frac{2}{s-1}\right)$$

よって，

$$y = \mathscr{L}^{-1}[Y] = \underline{\frac{1}{8}(5e^{3x} + 5e^{-x} - 2e^{x})}$$

6.3（1）右側と左側の閉回路の回路方程式はそれぞれ，

$$\frac{Q_1}{C} - L\frac{\mathrm{d}I_1}{\mathrm{d}t} - \frac{Q_2}{C} = 0,\ \ \frac{Q_2}{C} - L\frac{\mathrm{d}I_2}{\mathrm{d}t} - \frac{Q_3}{C} = 0 \qquad (6a)$$

と書ける。電流と電荷の関係 $I_1 = -\frac{\mathrm{d}Q_1}{\mathrm{d}t}$，$I_1 - I_2 = \frac{\mathrm{d}Q_2}{\mathrm{d}t}$，$I_2 = \frac{\mathrm{d}Q_3}{\mathrm{d}t}$ を用いると，

$$\frac{\mathrm{d}^2 I_1}{\mathrm{d}t^2} = \frac{1}{LC}(-2I_1 + I_2)$$
$$\frac{\mathrm{d}^2 I_2}{\mathrm{d}t^2} = \frac{1}{LC}(I_1 - 2I_2)$$

となる。

(6.12) 式で，$\kappa \to \dfrac{2}{LC}$，$\kappa' \to \dfrac{1}{LC}$ と置き換えて，

$$\omega_+ \to \underline{\omega_1 = \frac{1}{\sqrt{LC}}},\quad \omega_- \to \underline{\omega_2 = \sqrt{\frac{3}{LC}}}$$

を得る。

(2) 例題 6.5 と同様にして，任意定数 D_1，D_2，D_1'，D_2' を用いて，

$$\begin{cases} I_1 = D_1 \sin\omega_1 t + D_2 \sin\omega_2 t + D_1' \cos\omega_1 t + D_2' \cos\omega_2 t \\ I_2 = D_1 \sin\omega_1 t - D_2 \sin\omega_2 t + D_1' \cos\omega_1 t - D_2' \cos\omega_2 t \end{cases}$$

$$\begin{cases} \dot{I}_1 = \omega_1 D_1 \cos\omega_1 t + \omega_2 D_2 \cos\omega_2 t - \omega_1 D_1' \sin\omega_1 t - \omega_2 D_2' \sin\omega_2 t \\ \dot{I}_2 = \omega_1 D_1 \cos\omega_1 t - \omega_2 D_2 \cos\omega_2 t - \omega_1 D_1' \sin\omega_1 t + \omega_2 D_2' \sin\omega_2 t \end{cases}$$

となる。また，回路方程式 (6a) より初期条件は，「$t = 0$ のとき，$I_1 = I_2 = 0$，$\dfrac{\mathrm{d}I_1}{\mathrm{d}t} = \dfrac{Q_0}{LC}$，$\dfrac{\mathrm{d}I_2}{\mathrm{d}t} = 0$」となるので，

$$0 = D_1' + D_2',\quad 0 = D_1' - D_2',\quad \frac{Q_0}{LC} = \omega_1 D_1 + \omega_2 D_2,\quad 0 = \omega_1 D_1 - \omega_2 D_2$$

となる。よって，

$$D_1' = D_2' = 0,\quad D_1 = \frac{Q_0}{2\omega_1 LC},\quad D_2 = \frac{Q_0}{2\omega_2 LC}$$

と定まる。したがって，

$$\underline{I_1 = \frac{Q_0}{2LC}\left(\frac{1}{\omega_1}\sin\omega_1 t + \frac{1}{\omega_2}\sin\omega_2 t\right)}$$

$$\underline{I_2 = \frac{Q_0}{2LC}\left(\frac{1}{\omega_1}\sin\omega_1 t - \frac{1}{\omega_2}\sin\omega_2 t\right)}$$

6.4　3 粒子の運動方程式はそれぞれ，

$$\begin{aligned} m\ddot{x}_1 &= -kx_1 + k(x_2 - x_1) = -2kx_1 + kx_2 \\ m\ddot{x}_2 &= -k(x_2 - x_1) + k(x_3 - x_2) = kx_1 - 2kx_2 + kx_3 \\ m\ddot{x}_3 &= -k(x_3 - x_2) - kx_3 = kx_2 - 2kx_3 \end{aligned}$$

と書けるから，$\kappa = \dfrac{k}{m}$ とおいて，

$$\begin{cases} \ddot{x}_1 = -2\kappa x_1 + \kappa x_2 \\ \ddot{x}_2 = \kappa x_1 - 2\kappa x_2 + \kappa x_3 \\ \ddot{x}_3 = \kappa x_2 - 2\kappa x_3 \end{cases}$$

となる。右辺の係数行列 $\kappa A = \kappa\begin{pmatrix} -2 & 1 & 0 \\ 1 & -2 & 1 \\ 0 & 1 & -2 \end{pmatrix}$ の固有値を $\kappa\lambda$ とすると，

$|A - \lambda I| = -(\lambda + 2)(\lambda^2 + 4\lambda + 2) = 0$ より，$\lambda = -2,\ -(2 \pm \sqrt{2}\,)$ となるから，直交行列 U により，係数行列は，

$$U^{-1}(\kappa A)U = -\kappa\begin{pmatrix} 2+\sqrt{2} & 0 & 0 \\ 0 & 2 & 0 \\ 0 & 0 & 2-\sqrt{2} \end{pmatrix}$$

と対角化される。したがって，$\begin{pmatrix} x_1 \\ x_2 \\ x_3 \end{pmatrix} = U \begin{pmatrix} z_1 \\ z_2 \\ z_3 \end{pmatrix}$ で与えられる $\begin{pmatrix} z_1 \\ z_2 \\ z_3 \end{pmatrix}$ は，

$$\begin{pmatrix} \ddot{z}_1 \\ \ddot{z}_2 \\ \ddot{z}_3 \end{pmatrix} = -\kappa \begin{pmatrix} 2+\sqrt{2} & 0 & 0 \\ 0 & 2 & 0 \\ 0 & 0 & 2-\sqrt{2} \end{pmatrix} \begin{pmatrix} z_1 \\ z_2 \\ z_3 \end{pmatrix}$$

を満たすから，その固有角振動数は，

$$\omega_1 = \sqrt{(2+\sqrt{2})\kappa} = \underline{\sqrt{(2+\sqrt{2})\frac{k}{m}}},\quad \omega_2 = \sqrt{2\kappa} = \underline{\sqrt{2\frac{k}{m}}}$$

$$\omega_3 = \sqrt{(2-\sqrt{2})\kappa} = \underline{\sqrt{(2-\sqrt{2})\frac{k}{m}}}$$

と求められる。

第 7 章

7.1 温度 T と体積 V を独立変数とする場合，$U(T, V)$ の全微分は，

$$\mathrm{d}U = \left(\frac{\partial U}{\partial T}\right)_V \mathrm{d}T + \left(\frac{\partial U}{\partial V}\right)_T \mathrm{d}V \tag{7a}$$

温度 T と圧力 p を独立変数とする場合，$U(T, p)$ と $V(T, p)$ の全微分はそれぞれ，

$$\mathrm{d}U = \left(\frac{\partial U}{\partial T}\right)_p \mathrm{d}T + \left(\frac{\partial U}{\partial p}\right)_T \mathrm{d}p \tag{7b}$$

$$\mathrm{d}V = \left(\frac{\partial V}{\partial T}\right)_p \mathrm{d}T + \left(\frac{\partial V}{\partial p}\right)_T \mathrm{d}p \tag{7c}$$

となる。(7c) 式を (7a) 式へ代入すると，

$$\mathrm{d}U = \left\{\left(\frac{\partial U}{\partial T}\right)_V + \left(\frac{\partial U}{\partial V}\right)_T \left(\frac{\partial V}{\partial T}\right)_p\right\} \mathrm{d}T + \left(\frac{\partial U}{\partial V}\right)_T \left(\frac{\partial V}{\partial p}\right)_T \mathrm{d}p$$

となり，これと (7b) 式より，問題に与えられた２つの関係式を得る。

7.2(1) 位置ベクトル $\boldsymbol{r}$ の長さ $r = |\boldsymbol{r}|$ は一定であるから，$\boldsymbol{r}\cdot\boldsymbol{r} = |\boldsymbol{r}|^2$ は一定である。よって，

$$0 = \frac{\mathrm{d}}{\mathrm{d}t}(\boldsymbol{r}\cdot\boldsymbol{r}) = 2\boldsymbol{r}\cdot\dot{\boldsymbol{r}} = 2\boldsymbol{r}\cdot\boldsymbol{v}$$

よって，速度ベクトル $\boldsymbol{v}$ は位置ベクトル $\boldsymbol{r}$ と垂直である。

(2) 点 P の速度ベクトル $\boldsymbol{v}$ の向きは，$\boldsymbol{\omega}\times\boldsymbol{r}$ の向きと一致している。図 7.8 において，点 P の回転中心 O′ から点 P へ至るベクトルを $\boldsymbol{R}$，$\overrightarrow{\mathrm{OO'}} = \boldsymbol{d}$，$\boldsymbol{r}$ と回転軸とのなす角を θ とすると，$|\boldsymbol{R}| = |\boldsymbol{r}|\sin\theta$ と表される。図 7a のように，ベクトル $\boldsymbol{R}$ から $\boldsymbol{R}+\Delta\boldsymbol{R}$ への回転角を $\Delta\theta$ とすると，

$|\Delta\boldsymbol{R}| = 2|\boldsymbol{R}|\sin\dfrac{\Delta\theta}{2}$ であるから，

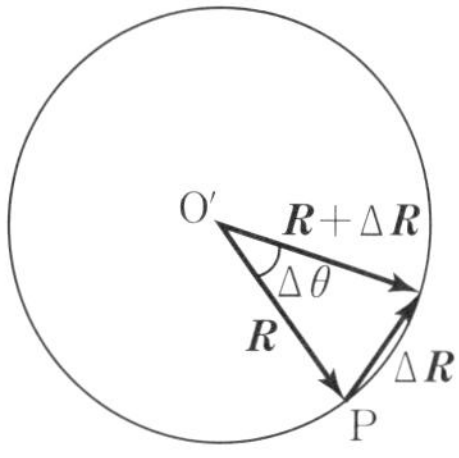

図7a

$$\left|\frac{\Delta \boldsymbol{R}}{\Delta t}\right| = 2|\boldsymbol{R}|\frac{\sin\dfrac{\Delta\theta}{2}}{\Delta t} = |\boldsymbol{R}|\frac{\sin\dfrac{\Delta\theta}{2}}{\dfrac{\Delta\theta}{2}}\cdot\frac{\Delta\theta}{\Delta t}$$

となる。ここで，$\boldsymbol{v} = \dfrac{\mathrm{d}\boldsymbol{r}}{\mathrm{d}t} = \dfrac{\mathrm{d}}{\mathrm{d}t}(\boldsymbol{R}+\boldsymbol{d}) = \dfrac{\mathrm{d}\boldsymbol{R}}{\mathrm{d}t}$ であるから，$\Delta t \to 0$ とすると，

$\left|\dfrac{\Delta \boldsymbol{R}}{\Delta t}\right| \to \left|\dfrac{\mathrm{d}\boldsymbol{R}}{\mathrm{d}t}\right| = |\boldsymbol{v}| = v$，$\Delta\theta \to 0$ より，$\dfrac{\sin\dfrac{\Delta\theta}{2}}{\dfrac{\Delta\theta}{2}} \to 1$，$\dfrac{\Delta\theta}{\Delta t} \to \dfrac{\mathrm{d}\theta}{\mathrm{d}t} = \omega$ と

なり，$v = |\boldsymbol{R}|\omega = |\boldsymbol{r}||\boldsymbol{\omega}|\sin\theta$ を得る。こうして，

$$\boldsymbol{v} = \boldsymbol{\omega}\times\boldsymbol{r}$$

と書けることがわかる。

(3) 回転軸を z 軸とし，$\boldsymbol{\omega}$ の向きに z 軸正方向をとる。点Pの位置ベクトルを $\boldsymbol{r} = x\boldsymbol{i}+y\boldsymbol{j}+z\boldsymbol{k}$ とすると，$\boldsymbol{\omega} = \omega\,\boldsymbol{k}$ であるから $\boldsymbol{v}$ は，

$$\begin{aligned}\boldsymbol{v} = \boldsymbol{\omega}\times\boldsymbol{r} &= \omega\,\boldsymbol{k}\times(x\boldsymbol{i}+y\boldsymbol{j}+z\boldsymbol{k})\\ &= -\omega y\,\boldsymbol{i}+\omega x\,\boldsymbol{j}\end{aligned}$$

と書ける。これより，

$$\begin{aligned}\mathrm{rot}\,\boldsymbol{v} &= -\frac{\partial}{\partial z}(\omega x)\boldsymbol{i}+\frac{\partial}{\partial z}(-\omega y)\boldsymbol{j}+\left(\frac{\partial}{\partial x}(\omega x)-\frac{\partial}{\partial y}(-\omega y)\right)\boldsymbol{k}\\ &= 2\omega\,\boldsymbol{k} = \underline{2\boldsymbol{\omega}}\end{aligned}$$

これより，点Pの速度 $\boldsymbol{v}$ の rot は，回転軸の向きとなり，その大きさは，角速度 ω の2倍になることがわかる。

7.3 (1) $\nabla^2\varphi = \dfrac{\partial^2\varphi}{\partial x^2}+\dfrac{\partial^2\varphi}{\partial y^2}+\dfrac{\partial^2\varphi}{\partial z^2} = 4yz+0-2y = \underline{2y(2z-1)}$

(2) $\mathrm{div}\boldsymbol{A} = \dfrac{\partial}{\partial x}(xz)+\dfrac{\partial}{\partial y}(yz^2)+\dfrac{\partial}{\partial z}(x^2y) = z+z^2+0 = \underline{z(1+z)}$

(3) $\mathrm{grad}(\mathrm{div}\boldsymbol{A}) = \nabla(\mathrm{div}\boldsymbol{A})$

$$= \boldsymbol{i}\frac{\partial}{\partial x}(z+z^2)+\boldsymbol{j}\frac{\partial}{\partial y}(z+z^2)+\boldsymbol{k}\frac{\partial}{\partial z}(z+z^2) = \underline{(1+2z)\boldsymbol{k}}$$

7.4 $\boldsymbol{A} = A_x\boldsymbol{i}+A_y\boldsymbol{j}+A_z\boldsymbol{k}$ とおくとき，

$$\begin{aligned}\mathrm{div\,rot}\boldsymbol{A} &= \frac{\partial}{\partial x}\left(\frac{\partial A_z}{\partial y}-\frac{\partial A_y}{\partial z}\right)+\frac{\partial}{\partial y}\left(\frac{\partial A_x}{\partial z}-\frac{\partial A_z}{\partial x}\right)+\frac{\partial}{\partial z}\left(\frac{\partial A_y}{\partial x}-\frac{\partial A_x}{\partial y}\right)\\ &= 0\end{aligned}$$

また，任意のスカラー場 $\varphi(x, y, z)$ に対して $\mathrm{rot\,grad}\,\varphi = 0$ が成り立つから，$\boldsymbol{B} = \mathrm{rot}\boldsymbol{A}$ を満たす $\boldsymbol{A}$ を用いて，

$$\boldsymbol{A}' = \boldsymbol{A}+\mathrm{grad}\varphi$$

をつくると，$\boldsymbol{B} = \mathrm{rot}\boldsymbol{A}'$ となる。したがって，ベクトルポテンシャル $\boldsymbol{A}$ は一義的に決まらず，$\boldsymbol{A}$ には $\mathrm{grad}\varphi$ だけの自由度が残る。

7.5 (d) x 成分は，

$$\begin{aligned}(\mathrm{rot\,rot}\boldsymbol{A})_x &= \frac{\partial}{\partial y}\left(\frac{\partial A_y}{\partial x}-\frac{\partial A_x}{\partial y}\right)-\frac{\partial}{\partial z}\left(\frac{\partial A_x}{\partial z}-\frac{\partial A_z}{\partial x}\right)\\ &= \frac{\partial}{\partial x}\left(\frac{\partial A_x}{\partial x}+\frac{\partial A_y}{\partial y}+\frac{\partial A_z}{\partial z}\right)-\left(\frac{\partial^2}{\partial x^2}+\frac{\partial^2}{\partial y^2}+\frac{\partial^2}{\partial z^2}\right)A_x\end{aligned}$$

$$= \frac{\partial}{\partial x}(\nabla\cdot\boldsymbol{A}) - \nabla^2 A_x = (\nabla(\nabla\cdot\boldsymbol{A}))_x - (\nabla^2\boldsymbol{A})_x$$

となる。y 成分，z 成分も同様である。

(e) $\mathrm{div}(\varphi\boldsymbol{A}) = \frac{\partial}{\partial x}(\varphi A_x) + \frac{\partial}{\partial y}(\varphi A_y) + \frac{\partial}{\partial z}(\varphi A_z)$

$$= \left(\frac{\partial\varphi}{\partial x}A_x + \frac{\partial\varphi}{\partial y}A_y + \frac{\partial\varphi}{\partial z}A_z\right) + \varphi\left(\frac{\partial A_x}{\partial x} + \frac{\partial A_y}{\partial y} + \frac{\partial A_z}{\partial z}\right)$$

$$= (\nabla\varphi)\cdot\boldsymbol{A} + \varphi(\nabla\cdot\boldsymbol{A})$$

(f) x 成分は，

$$(\mathrm{rot}(\varphi\boldsymbol{A}))_x = \frac{\partial}{\partial y}(\varphi A_z) - \frac{\partial}{\partial z}(\varphi A_y)$$

$$= \left(\frac{\partial\varphi}{\partial y}A_z - \frac{\partial\varphi}{\partial z}A_y\right) + \varphi\left(\frac{\partial A_z}{\partial y} - \frac{\partial A_y}{\partial z}\right)$$

$$= ((\nabla\varphi)\times\boldsymbol{A})_x + \varphi(\nabla\times\boldsymbol{A})_x$$

となる。y 成分，z 成分も同様である。

(g) $\mathrm{div}(\boldsymbol{A}\times\boldsymbol{B})$

$$= \frac{\partial}{\partial x}(A_yB_z - A_zB_y) + \frac{\partial}{\partial y}(A_zB_x - A_xB_z) + \frac{\partial}{\partial z}(A_xB_y - A_yB_x)$$

$$= \left(\frac{\partial A_y}{\partial x}B_z + A_y\frac{\partial B_z}{\partial x} - \frac{\partial A_z}{\partial x}B_y - A_z\frac{\partial B_y}{\partial x}\right)$$

$$+ \left(\frac{\partial A_z}{\partial y}B_x + A_z\frac{\partial B_x}{\partial y} - \frac{\partial A_x}{\partial y}B_z - A_x\frac{\partial B_z}{\partial y}\right)$$

$$+ \left(\frac{\partial A_x}{\partial z}B_y + A_x\frac{\partial B_y}{\partial z} - \frac{\partial A_y}{\partial z}B_x - A_y\frac{\partial B_x}{\partial z}\right)$$

$$= \left(\frac{\partial A_z}{\partial y} - \frac{\partial A_y}{\partial z}\right)B_x + \left(\frac{\partial A_x}{\partial z} - \frac{\partial A_z}{\partial x}\right)B_y + \left(\frac{\partial A_y}{\partial x} - \frac{\partial A_x}{\partial y}\right)B_z$$

$$- \left\{A_x\left(\frac{\partial B_z}{\partial y} - \frac{\partial B_y}{\partial z}\right) + A_y\left(\frac{\partial B_x}{\partial z} - \frac{\partial B_z}{\partial x}\right) + A_z\left(\frac{\partial B_y}{\partial x} - \frac{\partial B_x}{\partial y}\right)\right\}$$

$$= (\nabla\times\boldsymbol{A})\cdot\boldsymbol{B} - \boldsymbol{A}\cdot(\nabla\times\boldsymbol{B})$$

(h) x 成分は，

$(\mathrm{grad}(\boldsymbol{A}\cdot\boldsymbol{B}))_x$

$$= \frac{\partial}{\partial x}(A_xB_x + A_yB_y + A_zB_z)$$

$$= B_x\frac{\partial A_x}{\partial x} + A_x\frac{\partial B_x}{\partial x} + B_y\frac{\partial A_y}{\partial x} + A_y\frac{\partial B_y}{\partial x} + B_z\frac{\partial A_z}{\partial x} + A_z\frac{\partial B_z}{\partial x}$$

$$= \left(B_x\frac{\partial}{\partial x} + B_y\frac{\partial}{\partial y} + B_z\frac{\partial}{\partial z}\right)A_x + \left(A_x\frac{\partial}{\partial x} + A_y\frac{\partial}{\partial y} + A_z\frac{\partial}{\partial z}\right)B_x$$

$$+ B_y\left(\frac{\partial A_y}{\partial x} - \frac{\partial A_x}{\partial y}\right) - B_z\left(\frac{\partial A_x}{\partial z} - \frac{\partial A_z}{\partial x}\right)$$

$$+ A_y\left(\frac{\partial B_y}{\partial x} - \frac{\partial B_x}{\partial y}\right) - A_z\left(\frac{\partial B_x}{\partial z} - \frac{\partial B_z}{\partial x}\right)$$

$$= ((\boldsymbol{B}\cdot\nabla)\boldsymbol{A})_x + ((\boldsymbol{A}\cdot\nabla)\boldsymbol{B})_x + (\boldsymbol{B}\times(\nabla\times\boldsymbol{A}))_x + (\boldsymbol{A}\times(\nabla\times\boldsymbol{B}))_x$$

y，z 成分も同様である。

(i) x 成分は，

$(\mathrm{rot}(\boldsymbol{A}\times\boldsymbol{B}))_x$

$$= \frac{\partial}{\partial y}(A_x B_y - A_y B_x) - \frac{\partial}{\partial z}(A_z B_x - A_x B_z)$$

$$= B_y \frac{\partial A_x}{\partial y} + A_x \frac{\partial B_y}{\partial y} - B_x \frac{\partial A_y}{\partial y} - A_y \frac{\partial B_x}{\partial y}$$

$$- B_x \frac{\partial A_z}{\partial z} - A_z \frac{\partial B_x}{\partial z} + B_z \frac{\partial A_x}{\partial z} + A_x \frac{\partial B_z}{\partial z}$$

$$= \left(B_x \frac{\partial}{\partial x} + B_y \frac{\partial}{\partial y} + B_z \frac{\partial}{\partial z}\right)A_x - \left(A_x \frac{\partial}{\partial x} + A_y \frac{\partial}{\partial y} + A_z \frac{\partial}{\partial z}\right)B_x$$

$$+ A_x\left(\frac{\partial B_x}{\partial x} + \frac{\partial B_y}{\partial y} + \frac{\partial B_z}{\partial z}\right) - B_x\left(\frac{\partial A_x}{\partial x} + \frac{\partial A_y}{\partial y} + \frac{\partial A_z}{\partial z}\right)$$

$$= ((\boldsymbol{B}\cdot\nabla)\boldsymbol{A})_x - ((\boldsymbol{A}\cdot\nabla)\boldsymbol{B})_x + (\boldsymbol{A}(\nabla\cdot\boldsymbol{B}))_x - (\boldsymbol{B}(\nabla\cdot\boldsymbol{A}))_x$$

y，z 成分も同様である。

7.6 (7.38) 式の両辺の div をとると，7.4 節の (c) の関係式より，$\mathrm{div\,rot}\boldsymbol{H} = 0$ となる。また，(7.35) 式を用いると，

$$\mathrm{div}\left(\frac{\partial \boldsymbol{D}}{\partial t}\right) = \frac{\partial}{\partial t}(\mathrm{div}\boldsymbol{D}) = \frac{\partial \rho}{\partial t}$$

となることから与式を得る。

第 8 章

8.1 磁性体の磁化が $\mathrm{d}M$ だけ変化するとき，磁性体のされる仕事が $\mu_0 H \mathrm{d}M$ であるから，熱力学第 1 法則は，

$$T\mathrm{d}S = C_m \mathrm{d}T - \mu_0 H \mathrm{d}M$$

と表され，

$$\mathrm{d}S = \frac{C_m}{T}\mathrm{d}T - \frac{\mu_0}{C}M\mathrm{d}M$$

となる。はじめの磁性体のエントロピーを S_0，磁化を M_0，変化後のエントロピーを S_1，磁化を M_1，温度を T_1 として，この式の両辺を積分すると，

$$S_1 - S_0 = C_m \log\frac{T_1}{T_0} - \frac{\mu_0}{2C}(M_1{}^2 - M_0{}^2)$$

となる。ここで，この変化は断熱であるから，$\mathrm{d}'Q = 0$ より $S_1 = S_0$ となる。また，$M_1 = C\dfrac{H_1}{T_1} = 0 \quad (H_1 = 0)$，$M_0 = C\dfrac{H_0}{T_0}$ を代入して，

$$\log\frac{T_1}{T_0} = -\mu_0 \frac{C}{2C_m}\frac{H_0{}^2}{T_0{}^2} \quad \therefore \quad T_1 = \underline{T_0 \exp\left[-\mu_0 \frac{C}{2C_m}\frac{H_0{}^2}{T_0{}^2}\right]}$$

を得る。

8.2 (1) $\displaystyle\int_1^2 \boldsymbol{a}(t)\mathrm{d}t = \int_1^2 t^2\,\mathrm{d}t\,\boldsymbol{i} + \int_1^2 2t\,\mathrm{d}t\,\boldsymbol{j} + \int_1^2 (t^2 - 3t)\mathrm{d}t\,\boldsymbol{k}$

$$= \left[\frac{t^3}{3}\right]_1^2 \boldsymbol{i} + [t^2]_1^2 \boldsymbol{j} + \left[\frac{t^3}{3} - \frac{3}{2}t^2\right]_1^2 \boldsymbol{k} = \underline{\frac{7}{3}\boldsymbol{i} + 3\boldsymbol{j} - \frac{13}{6}\boldsymbol{k}}$$

(2) $\boldsymbol{C}_1$，$\boldsymbol{C}_2$ を定ベクトルとして，

$$\boldsymbol{v}(t) = 3\int \cos t\,\mathrm{d}t\,\boldsymbol{i} + 4\int \sin 2t\,\mathrm{d}t\,\boldsymbol{j} + 12\int t\mathrm{d}t\,\boldsymbol{k}$$
$$= 3\sin t\,\boldsymbol{i} - 2\cos 2t\,\boldsymbol{j} + 6t^2\boldsymbol{k} + \boldsymbol{C}_1$$

ここで，$\boldsymbol{v}(0) = 0$ より，$\boldsymbol{C}_1 = 2\,\boldsymbol{j}$ となるから，

$$\boldsymbol{v}(t) = 3\sin t\,\boldsymbol{i} + 2(1 - \cos 2t)\boldsymbol{j} + 6t^2\boldsymbol{k}$$

を得る。さらに，

$$\boldsymbol{r}(t) = 3\int \sin t\,\mathrm{d}t\,\boldsymbol{i} + 2\int (1 - \cos 2t)\mathrm{d}t\,\boldsymbol{j} + 6\int t^2\,\mathrm{d}t\,\boldsymbol{k}$$
$$= -3\cos t\,\boldsymbol{i} + (2t - \sin 2t)\boldsymbol{j} + 2t^3\boldsymbol{k} + \boldsymbol{C}_2$$

ここで，$\boldsymbol{r}(0) = 0$ より，$\boldsymbol{C}_2 = 3\,\boldsymbol{i}$ となるから，

$$\boldsymbol{r}(t) = \underline{3(1 - \cos t)\boldsymbol{i} + (2t - \sin 2t)\boldsymbol{j} + 2t^3\boldsymbol{k}}$$

を得る。

8.3 $\mathrm{d}x = \mathrm{d}t$，$\mathrm{d}y = 2t\,\mathrm{d}t$，$\mathrm{d}z = 3t^2\,\mathrm{d}t$ より，

$$\int_{\mathrm{A}\to\mathrm{B}} \boldsymbol{F}\cdot\mathrm{d}\boldsymbol{r} = \int_{\mathrm{A}\to\mathrm{B}} F_x\mathrm{d}x + \int_{\mathrm{A}\to\mathrm{B}} F_y\mathrm{d}y + \int_{\mathrm{A}\to\mathrm{B}} F_z\mathrm{d}z$$
$$= \int_0^1 t^3\,\mathrm{d}t + \int_0^1 (t + t^2)\cdot 2t\,\mathrm{d}t + \int_0^1 (t^2 + t^3)\cdot 3t^2\,\mathrm{d}t = \underline{\frac{151}{60}}$$

となる。

8.4 曲線座標として (x, y) を選ぶと，$\boldsymbol{n}$ の向きは原点から平面 π へ引いた垂線の向かう向きと一致する。$\dfrac{\partial z}{\partial x} = -1$，$\dfrac{\partial z}{\partial y} = -1$ より，

$$\mathrm{d}y\mathrm{d}z = \frac{\partial(y, z)}{\partial(x, y)}\,\mathrm{d}x\mathrm{d}y = \begin{vmatrix} 0 & 1 \\ -1 & -1 \end{vmatrix}\mathrm{d}x\mathrm{d}y = \mathrm{d}x\mathrm{d}y$$
$$\mathrm{d}z\mathrm{d}x = \frac{\partial(z, x)}{\partial(x, y)}\,\mathrm{d}x\mathrm{d}y = \begin{vmatrix} -1 & -1 \\ 1 & 0 \end{vmatrix}\mathrm{d}x\mathrm{d}y = \mathrm{d}x\mathrm{d}y$$

また，$z = 1 - x - y$ より，

$$0 \leqq x \leqq 1,\ 0 \leqq y \leqq 1,\ 0 \leqq z = 1 - x - y \leqq 1$$

すなわち，

$$0 \leqq x \leqq 1,\ 0 \leqq y \leqq 1 - x$$

となるから，

$$\iint_{\mathrm{S}} \boldsymbol{A}\cdot\boldsymbol{n}\,\mathrm{d}S = \iint_{\mathrm{S}} (2x\mathrm{d}y\mathrm{d}z + y\mathrm{d}z\mathrm{d}x + 2z\mathrm{d}x\mathrm{d}y)$$
$$= \int_0^1 \mathrm{d}x \int_0^{1-x} (2 - y)\,\mathrm{d}y = \int_0^1 \left(\frac{3}{2} - x - \frac{x^2}{2}\right)\mathrm{d}x = \underline{\frac{5}{6}}$$

となる。

8.5(1) 点 P でのスカラー場を φ，与式の右辺のベクトル場を $\boldsymbol{B}$，任意の単位ベクトルを $\boldsymbol{u}$，スカラー場 φ の $\boldsymbol{u}$ 方向の方向微分係数を $\dfrac{\mathrm{d}\varphi}{\mathrm{d}u}$ とするとき，

$$\boldsymbol{u}\cdot\mathrm{grad}\,\varphi = \frac{\mathrm{d}\varphi}{\mathrm{d}u}$$

となるので，

$$\boldsymbol{u}\cdot\boldsymbol{B} = \frac{\mathrm{d}\varphi}{\mathrm{d}u}$$

を示すことができれば，与式が成り立つことがわかる。

図 8a のように，点 P を含む微小円を底面 S_1 とし，$\boldsymbol{u}$ に平行な微小な長さ Δu の側面をもつ円柱を考える。円柱の表面が閉曲面 S であり，底面積を ΔA とすると，円柱の体積は $V = \Delta A \cdot \Delta u$ である。

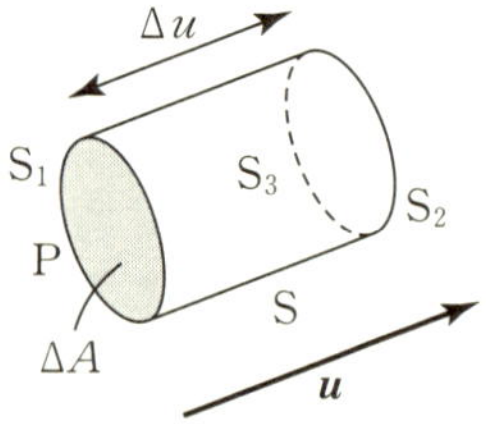

図8a

$$\boldsymbol{u}\cdot\boldsymbol{B} = \lim_{V\to 0}\frac{\iint_S \varphi\boldsymbol{u}\cdot\boldsymbol{n}\,\mathrm{d}S}{V}$$

において，底面 S_1 では $\boldsymbol{n} = -\boldsymbol{u}$ であり，上面 S_2 では $\boldsymbol{n} = \boldsymbol{u}$ であるから，

$$\iint_{S_1}\varphi\boldsymbol{u}\cdot\boldsymbol{n}\,\mathrm{d}S = -\iint_{S_1}\varphi\mathrm{d}S = -\varphi\Delta A$$

$$\iint_{S_2}\varphi\boldsymbol{u}\cdot\boldsymbol{n}\,\mathrm{d}S = \iint_{S_2}\varphi\mathrm{d}S = \left(\varphi + \frac{\mathrm{d}\varphi}{\mathrm{d}u}\Delta u\right)\Delta A$$

となる。一方，側面 S_3 では，$\boldsymbol{n}\perp\boldsymbol{u}$ であるから，

$$\iint_{S_3}\varphi\boldsymbol{u}\cdot\boldsymbol{n}\,\mathrm{d}S = 0$$

である。したがって，

$$\boldsymbol{u}\cdot\boldsymbol{B} = \lim_{\substack{\Delta u\to 0\\ \Delta A\to 0}}\frac{\iint_{S_1}\varphi\boldsymbol{u}\cdot\boldsymbol{n}\,\mathrm{d}S + \iint_{S_2}\varphi\boldsymbol{u}\cdot\boldsymbol{n}\,\mathrm{d}S}{\Delta u\Delta A} = \lim_{\substack{\Delta u\to 0\\ \Delta A\to 0}}\frac{\frac{\mathrm{d}\varphi}{\mathrm{d}u}\Delta u\Delta A}{\Delta u\Delta A} = \frac{\mathrm{d}\varphi}{\mathrm{d}u}$$

となる。

(2) ベクトル場を $\boldsymbol{A} = A_x\boldsymbol{i} + A_y\boldsymbol{j} + A_z\boldsymbol{k}$ とすると，

$$\lim_{V\to 0}\frac{\iint_S \boldsymbol{A}\cdot\boldsymbol{n}\,\mathrm{d}S}{V} = \lim_{V\to 0}\frac{\boldsymbol{i}\cdot\iint_S A_x\boldsymbol{n}\,\mathrm{d}S + \boldsymbol{j}\cdot\iint_S A_y\boldsymbol{n}\,\mathrm{d}S + \boldsymbol{k}\cdot\iint_S A_z\boldsymbol{n}\,\mathrm{d}S}{V}$$

となる。ここで，(1) で考えた $\boldsymbol{u}$ を $\boldsymbol{i}$ とおくと，$\boldsymbol{i}\cdot\lim_{V\to 0}\frac{\iint_S A_x\boldsymbol{n}\,\mathrm{d}S}{V}$ は，A_x の $\boldsymbol{i}$ 方向の方向微分係数であるから，$\frac{\partial A_x}{\partial x}$ に等しい。同様に，$\frac{\partial A_y}{\partial y}$，$\frac{\partial A_z}{\partial z}$ が与えられ，

$$\lim_{V\to 0}\frac{\iint_S \boldsymbol{A}\cdot\boldsymbol{n}\,\mathrm{d}S}{V} = \frac{\partial A_x}{\partial x} + \frac{\partial A_y}{\partial y} + \frac{\partial A_z}{\partial z} = \mathrm{div}\,\boldsymbol{A}$$

を得る。ここで，A_x はスカラー関数 φ と同様に扱えることに注意しよう。

(3) ベクトル場を $\boldsymbol{A} = A_x\boldsymbol{i} + A_y\boldsymbol{j} + A_z\boldsymbol{k}$ として，前問 (2) と同様にして，

$$-\lim_{V\to 0}\frac{\iint_S \boldsymbol{A}\times\boldsymbol{n}\,\mathrm{d}S}{V}$$

$$= -\lim_{V\to 0}\frac{\boldsymbol{i}\times\iint_S A_x\boldsymbol{n}\,\mathrm{d}S + \boldsymbol{j}\times\iint_S A_y\boldsymbol{n}\,\mathrm{d}S + \boldsymbol{k}\times\iint_S A_z\boldsymbol{n}\,\mathrm{d}S}{V}$$

(1) より，$\lim_{V\to 0}\frac{\iint_S A_x\boldsymbol{n}\,\mathrm{d}S}{V} = \mathrm{grad}\,A_x$ であり，y，z 成分も同様であるから，

$$-\lim_{V\to 0}\frac{\iint_S \boldsymbol{A}\times\boldsymbol{n}\,\mathrm{d}S}{V}=\mathrm{grad}\,A_x\times\boldsymbol{i}+\mathrm{grad}\,A_y\times\boldsymbol{j}+\mathrm{grad}\,A_z\times\boldsymbol{k}$$
$$=\left(\frac{\partial A_x}{\partial x}\boldsymbol{i}+\frac{\partial A_x}{\partial y}\boldsymbol{j}+\frac{\partial A_x}{\partial z}\boldsymbol{k}\right)\times\boldsymbol{i}+\left(\frac{\partial A_y}{\partial x}\boldsymbol{i}+\frac{\partial A_y}{\partial y}\boldsymbol{j}+\frac{\partial A_y}{\partial z}\boldsymbol{k}\right)\times\boldsymbol{j}$$
$$+\left(\frac{\partial A_z}{\partial x}\boldsymbol{i}+\frac{\partial A_z}{\partial y}\boldsymbol{j}+\frac{\partial A_z}{\partial z}\boldsymbol{k}\right)\times\boldsymbol{k}$$
$$=\left(\frac{\partial A_z}{\partial y}-\frac{\partial A_y}{\partial z}\right)\boldsymbol{i}+\left(\frac{\partial A_x}{\partial z}-\frac{\partial A_z}{\partial x}\right)\boldsymbol{j}+\left(\frac{\partial A_y}{\partial x}-\frac{\partial A_x}{\partial y}\right)\boldsymbol{k}$$
$$=\mathrm{rot}\,\boldsymbol{A}$$

を得る。

第 9 章

9.1 (1) 面積分に関して成り立つ (8.17) 式を用いて,

$$\iint_S(\mathrm{rot}\boldsymbol{A})\cdot\mathrm{d}\boldsymbol{S}$$
$$=\iint_S(\mathrm{rot}\boldsymbol{A})\cdot\boldsymbol{n}\,\mathrm{d}S$$
$$=\iint_S\left[\left(\frac{\partial A_z}{\partial y}-\frac{\partial A_y}{\partial z}\right)\mathrm{d}y\mathrm{d}z+\left(\frac{\partial A_x}{\partial z}-\frac{\partial A_z}{\partial x}\right)\mathrm{d}z\mathrm{d}x+\left(\frac{\partial A_y}{\partial x}-\frac{\partial A_x}{\partial y}\right)\mathrm{d}x\mathrm{d}y\right]$$

上式の第 1 項は,

$$\iint_S\left(\frac{\partial A_z}{\partial y}-\frac{\partial A_y}{\partial z}\right)\mathrm{d}y\mathrm{d}z=\iint_D\left(\frac{\partial A_z}{\partial y}-\frac{\partial A_y}{\partial z}\right)\frac{\partial(y,z)}{\partial(u,v)}\mathrm{d}u\mathrm{d}v$$
$$=\iint_D\left(\frac{\partial A_z}{\partial y}-\frac{\partial A_y}{\partial z}\right)\begin{vmatrix}\dfrac{\partial y}{\partial u} & \dfrac{\partial y}{\partial v}\\ \dfrac{\partial z}{\partial u} & \dfrac{\partial z}{\partial v}\end{vmatrix}\mathrm{d}u\mathrm{d}v$$

となり, 第 2 項, 第 3 項も同様に書ける。これらの被積分関数は, $\frac{\partial x}{\partial v}$, $\frac{\partial x}{\partial u}$, $\frac{\partial y}{\partial v}$, $\frac{\partial y}{\partial u}$, $\frac{\partial z}{\partial v}$, $\frac{\partial z}{\partial u}$ に関して次のようにまとめることができる。

$$\left(\frac{\partial A_x}{\partial x}\frac{\partial x}{\partial u}+\frac{\partial A_x}{\partial y}\frac{\partial y}{\partial u}+\frac{\partial A_x}{\partial z}\frac{\partial z}{\partial u}\right)\frac{\partial x}{\partial v}=\frac{\partial A_x}{\partial u}\frac{\partial x}{\partial v}$$
$$-\left(\frac{\partial A_x}{\partial x}\frac{\partial x}{\partial v}+\frac{\partial A_x}{\partial y}\frac{\partial y}{\partial v}+\frac{\partial A_x}{\partial z}\frac{\partial z}{\partial v}\right)\frac{\partial x}{\partial u}=-\frac{\partial A_x}{\partial v}\frac{\partial x}{\partial u}$$
$$\left(\frac{\partial A_y}{\partial x}\frac{\partial x}{\partial u}+\frac{\partial A_y}{\partial y}\frac{\partial y}{\partial u}+\frac{\partial A_y}{\partial z}\frac{\partial z}{\partial u}\right)\frac{\partial y}{\partial v}=\frac{\partial A_y}{\partial u}\frac{\partial y}{\partial v}$$
$$-\left(\frac{\partial A_y}{\partial x}\frac{\partial x}{\partial v}+\frac{\partial A_y}{\partial y}\frac{\partial y}{\partial v}+\frac{\partial A_y}{\partial z}\frac{\partial z}{\partial v}\right)\frac{\partial y}{\partial u}=-\frac{\partial A_y}{\partial v}\frac{\partial y}{\partial u}$$
$$\left(\frac{\partial A_z}{\partial x}\frac{\partial x}{\partial u}+\frac{\partial A_z}{\partial y}\frac{\partial y}{\partial u}+\frac{\partial A_z}{\partial z}\frac{\partial z}{\partial u}\right)\frac{\partial z}{\partial v}=\frac{\partial A_z}{\partial u}\frac{\partial z}{\partial v}$$
$$-\left(\frac{\partial A_z}{\partial x}\frac{\partial x}{\partial v}+\frac{\partial A_z}{\partial y}\frac{\partial y}{\partial v}+\frac{\partial A_z}{\partial z}\frac{\partial z}{\partial v}\right)\frac{\partial z}{\partial u}=-\frac{\partial A_z}{\partial v}\frac{\partial z}{\partial u}$$

ここで，合成関数の偏微分の公式 (7.3)，(7.4) を用いた。

こうして被積分関数は，

$$\left(\frac{\partial A_x}{\partial u}\frac{\partial x}{\partial v}+\frac{\partial A_y}{\partial u}\frac{\partial y}{\partial v}+\frac{\partial A_z}{\partial u}\frac{\partial z}{\partial v}\right)-\left(\frac{\partial A_x}{\partial v}\frac{\partial x}{\partial u}+\frac{\partial A_y}{\partial v}\frac{\partial y}{\partial u}+\frac{\partial A_z}{\partial v}\frac{\partial z}{\partial u}\right)$$

となり (9.10) 式を得る。

(2) u 曲線，v 曲線の接線ベクトル

$$\boldsymbol{r}_u=\frac{\partial \boldsymbol{r}}{\partial u}=\frac{\partial x}{\partial u}\boldsymbol{i}+\frac{\partial y}{\partial u}\boldsymbol{j}+\frac{\partial z}{\partial u}\boldsymbol{k},\quad \boldsymbol{r}_v=\frac{\partial \boldsymbol{r}}{\partial v}=\frac{\partial x}{\partial v}\boldsymbol{i}+\frac{\partial y}{\partial v}\boldsymbol{j}+\frac{\partial z}{\partial v}\boldsymbol{k}$$

および，曲面 S に対して平面のグリーンの定理を用いると，

$$\begin{aligned}\text{(9.10) 式の右辺}&=\iint_{\mathrm{D}}\left[\frac{\partial \boldsymbol{A}}{\partial u}\cdot\boldsymbol{r}_v-\frac{\partial \boldsymbol{A}}{\partial v}\cdot\boldsymbol{r}_u\right]\mathrm{d}u\mathrm{d}v\\&=\iint_{\mathrm{D}}\left[\frac{\partial}{\partial u}(\boldsymbol{A}\cdot\boldsymbol{r}_v)-\frac{\partial}{\partial v}(\boldsymbol{A}\cdot\boldsymbol{r}_u)\right]\mathrm{d}u\mathrm{d}v\\&=\int_{\mathrm{C}}(\boldsymbol{A}\cdot\boldsymbol{r}_u\mathrm{d}u+\boldsymbol{A}\cdot\boldsymbol{r}_v\mathrm{d}v)=\int_{\mathrm{C}}\boldsymbol{A}\cdot\mathrm{d}\boldsymbol{r}\end{aligned}$$

となり，ストークスの定理の成り立つことが示された。

9.2 領域 D において，$\int \boldsymbol{F}\cdot\mathrm{d}\boldsymbol{r}$ が経路によらないとする。図 9a のように，D 内の任意の閉曲線 C 上に 2 点 A，B をとり，A → P → B の曲線を C_1，B → Q → A の曲線を C_2，A → Q → B の曲線を $-\mathrm{C}_2$ とする。そうすると，

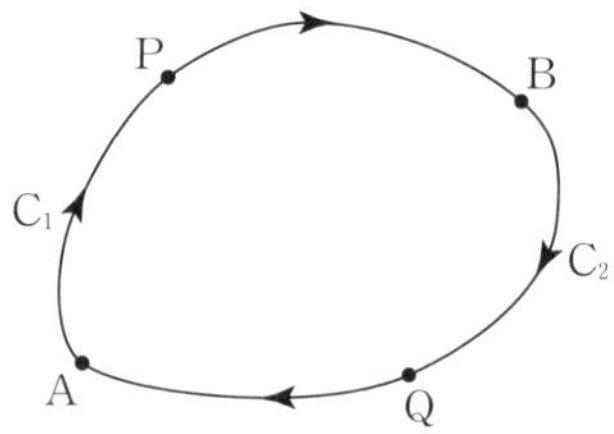

図9a

$$\begin{aligned}\int_{\mathrm{C}}\boldsymbol{F}\cdot\mathrm{d}\boldsymbol{r}&=\int_{\mathrm{C}_1}\boldsymbol{F}\cdot\mathrm{d}\boldsymbol{r}+\int_{\mathrm{C}_2}\boldsymbol{F}\cdot\mathrm{d}\boldsymbol{r}\\&=\int_{\mathrm{C}_1}\boldsymbol{F}\cdot\mathrm{d}\boldsymbol{r}-\int_{-\mathrm{C}_2}\boldsymbol{F}\cdot\mathrm{d}\boldsymbol{r}\end{aligned}$$

ここで，A → B の積分は経路によらないから，$\int_{\mathrm{C}_1}\boldsymbol{F}\cdot\mathrm{d}\boldsymbol{r}=\int_{-\mathrm{C}_2}\boldsymbol{F}\cdot\mathrm{d}\boldsymbol{r}$ となり，

$$\int_{\mathrm{C}}\boldsymbol{F}\cdot\mathrm{d}\boldsymbol{r}=0$$

を得る。

逆に，$\int_{\mathrm{C}}\boldsymbol{F}\cdot\mathrm{d}\boldsymbol{r}=0$ のとき，

$$\int_{\mathrm{C}}\boldsymbol{F}\cdot\mathrm{d}\boldsymbol{r}=\int_{\mathrm{C}_1}\boldsymbol{F}\cdot\mathrm{d}\boldsymbol{r}+\int_{\mathrm{C}_2}\boldsymbol{F}\cdot\mathrm{d}\boldsymbol{r}=\int_{\mathrm{C}_1}\boldsymbol{F}\cdot\mathrm{d}\boldsymbol{r}-\int_{-\mathrm{C}_2}\boldsymbol{F}\cdot\mathrm{d}\boldsymbol{r}=0$$

より，$\int_{\mathrm{C}_1}\boldsymbol{F}\cdot\mathrm{d}\boldsymbol{r}=\int_{-\mathrm{C}_2}\boldsymbol{F}\cdot\mathrm{d}\boldsymbol{r}$ となり，線積分 $\int_{\mathrm{A}\to\mathrm{B}}\boldsymbol{F}\cdot\mathrm{d}\boldsymbol{r}$ は途中の経路によらないことがわかる。

第 10 章

10.1 (1) $\psi=\dfrac{1}{r}$ とおくと，$r=0$ の点 P_0 は V 内にない。V 内では $r\neq 0$ より ψ は微分

可能である。したがって，例題 7.7 と同様に，$\boldsymbol{E}=-\mathrm{grad}\,\psi=\dfrac{\boldsymbol{r}}{r^3}$となる。例題 7.9 より div $\boldsymbol{E}=0$ であり，ラプラス方程式 $\nabla^2\psi=0$ を満たす。$\psi=\dfrac{1}{r}$ を (10.7) 式へ代入すると，

$$\iiint_{\mathrm{V}}\frac{1}{r}\nabla^2\varphi \mathrm{d}V$$
$$=\iint_{\mathrm{S}}\left\{\frac{1}{r}\frac{\partial\varphi}{\partial n}-\varphi\frac{\partial}{\partial n}\left(\frac{1}{r}\right)\right\}\mathrm{d}S$$

となり，(10.14) 式を得る。

(2) 図 10a のように，点 P_0 を中心に半径 a の球面 S_1 をとり，球面 S_1 と閉曲面 S で囲まれた領域を V_1 とする。領域 V_1 では (10.14) 式が成り立つ。すなわち，(10.14) 式の S は図 10a の S と S_1 の和であるから，

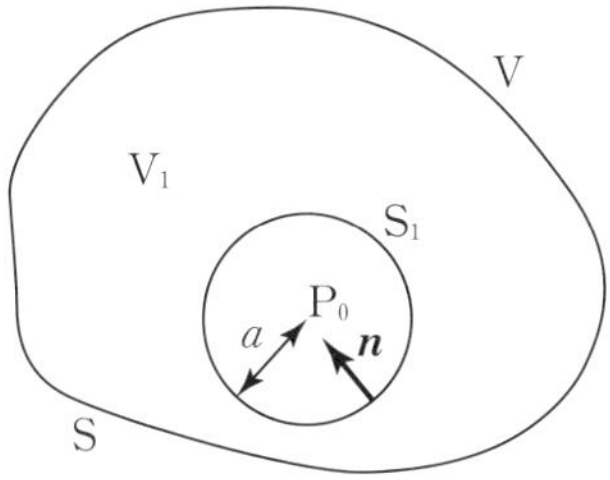

図10a

$$\iiint_{\mathrm{V}}\frac{1}{r}\nabla^2\varphi \mathrm{d}V$$
$$=\iint_{\mathrm{S}}\left\{\frac{1}{r}\frac{\partial\varphi}{\partial n}-\varphi\frac{\partial}{\partial n}\left(\frac{1}{r}\right)\right\}\mathrm{d}S$$
$$+\iint_{\mathrm{S}_1}\left\{\frac{1}{r}\frac{\partial\varphi}{\partial n}-\varphi\frac{\partial}{\partial n}\left(\frac{1}{r}\right)\right\}\mathrm{d}S$$

となる。球面 S_1 の単位法線ベクトル $\boldsymbol{n}$ は点 P_0 に向かう向きであり，$\boldsymbol{r}$ は P_0 から離れる向きであるから，$\dfrac{\partial}{\partial n}\left(\dfrac{1}{r}\right)=-\dfrac{\mathrm{d}}{\mathrm{d}r}\left(\dfrac{1}{r}\right)$ となり，上式右辺第 2 項は，

$$\iint_{\mathrm{S}_1}\left\{\frac{1}{r}\frac{\partial\varphi}{\partial n}+\varphi\frac{\mathrm{d}}{\mathrm{d}r}\left(\frac{1}{r}\right)\right\}\mathrm{d}S$$

となる。ここで，$\left|\dfrac{\partial\varphi}{\partial n}\right|\leqq M$ とおいて，球面 S_1 の面積 $4\pi a^2$ を用いて $a\to 0$ とすると，

$$\left|\iint_{\mathrm{S}_1}\frac{1}{r}\frac{\partial\varphi}{\partial n}\mathrm{d}S\right|\leqq\frac{1}{a}M\cdot 4\pi a^2\to 0$$
$$\iint_{\mathrm{S}_1}\varphi\frac{\mathrm{d}}{\mathrm{d}r}\left(\frac{1}{r}\right)\mathrm{d}S=-\iint_{\mathrm{S}_1}\frac{\varphi}{r^2}\mathrm{d}S=-\frac{\bar{\varphi}}{a^2}4\pi a^2\to -4\pi\varphi(\mathrm{P}_0)$$

となる。ただし，$\bar{\varphi}$ は，球面 S_1 上での φ の平均値である。

こうして，

$$\iiint_{\mathrm{V}}\frac{1}{r}\nabla^2\varphi \mathrm{d}V=\iint_{\mathrm{S}}\left\{\frac{1}{r}\frac{\partial\varphi}{\partial n}-\varphi\frac{\partial}{\partial n}\left(\frac{1}{r}\right)\right\}\mathrm{d}S-4\pi\varphi(\mathrm{P}_0)$$

となり，(10.13) 式を得る。

10.2 (1) 静電ポテンシャルの対称性より，電場は原点のまわりに球対称に生じることは明らかであるから，その強さは，

$$E(r)=-\frac{\mathrm{d}\phi}{\mathrm{d}r}=K(1+\kappa r)\frac{e^{-\kappa r}}{r^2}$$

となる。ここで，半径 R の球内の全電荷を Q として，ガウスの法則 (10.4) を用いると，

$$\frac{Q}{\varepsilon_0} = 4\pi R^2 \cdot E(R) = 4\pi K(1+\kappa R)e^{-\kappa R} \tag{10a}$$

となる。ここで，$R \to 0$ として，原点での点電荷

$$Q \to Q_0 = \underline{4\pi\varepsilon_0 K}$$

を得る。

一方，原点以外に存在する電荷を求めるために，(10a) 式で $R \to \infty$ とすると，原点を含めた全電荷 Q は $Q \to Q_\infty = 0$ となる。よって，原点以外の電荷 Q_1 は，$Q_0 + Q_1 = 0$ より，

$$Q_1 = -Q_0 = \underline{-4\pi\varepsilon_0 K}$$

を得る。

(2)　図 10b のように，半径 r と $r + \mathrm{d}r$ の球面で挟まれた球殻内の電荷 $\mathrm{d}Q$ は，(10a) 式より，

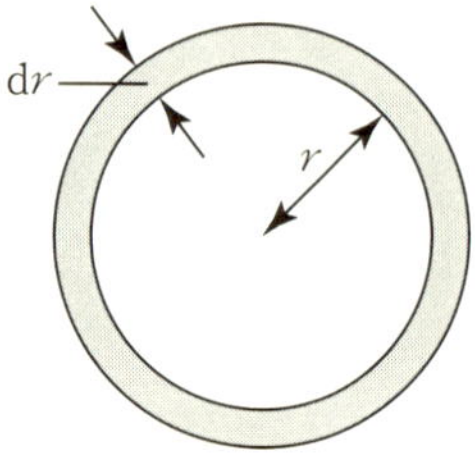

図10b

$$\mathrm{d}Q = \frac{\mathrm{d}Q}{\mathrm{d}r}\mathrm{d}r = -4\pi\varepsilon_0\kappa^2 K r e^{-\kappa r}\mathrm{d}r$$

となり，電荷密度

$$\rho(r) = \frac{\mathrm{d}Q}{4\pi r^2 \mathrm{d}r} = \underline{-\varepsilon_0\kappa^2 K\frac{e^{-\kappa r}}{r}}$$

を得る。

別解

ポアソン方程式 (10.9) を用いる。

例題 7.4(2) で示した $\dfrac{\partial r}{\partial x} = \dfrac{x}{r}$ を用いて，

$$\frac{\partial}{\partial x}e^{-\kappa r} = -\kappa e^{-\kappa r}\frac{\partial r}{\partial x} = -\kappa x\frac{e^{-\kappa r}}{r}$$

となることから，

$$\frac{\partial\phi}{\partial x} = -Kx\frac{1+\kappa r}{r^3}e^{-\kappa r}$$

$$\frac{\partial^2\phi}{\partial x^2} = -K\left\{\kappa\frac{x^2}{r^3} + \frac{1+\kappa r}{r^2}\left(1 - \frac{3x^2}{r^2} - \frac{\kappa x^2}{r}\right)\right\}\frac{e^{-\kappa r}}{r}$$

同様に，

$$\frac{\partial^2\phi}{\partial y^2} = -K\left\{\kappa\frac{y^2}{r^3} + \frac{1+\kappa r}{r^2}\left(1 - \frac{3y^2}{r^2} - \frac{\kappa y^2}{r}\right)\right\}\frac{e^{-\kappa r}}{r}$$

$$\frac{\partial^2\phi}{\partial z^2} = -K\left\{\kappa\frac{z^2}{r^3} + \frac{1+\kappa r}{r^2}\left(1 - \frac{3z^2}{r^2} - \frac{\kappa z^2}{r}\right)\right\}\frac{e^{-\kappa r}}{r}$$

となるから，

$$\begin{aligned}\nabla^2\phi &= \frac{\partial^2\phi}{\partial x^2} + \frac{\partial^2\phi}{\partial y^2} + \frac{\partial^2\phi}{\partial z^2} \\ &= -K\left\{\kappa\frac{r^2}{r^3} + \frac{1+\kappa r}{r^2}\left(3 - \frac{3r^2}{r^2} - \frac{\kappa r^2}{r}\right)\right\}\frac{e^{-\kappa r}}{r} \\ &= K\kappa^2\frac{e^{-\kappa r}}{r}\end{aligned}$$

となるから，(10.9) 式より，

$$\rho(r) = \underline{-\varepsilon_0\kappa^2 K\frac{e^{-\kappa r}}{r}}$$

― 第 11 章 ―

11.1 まず，次の複素指数関数の積分を考えよう。n, m を任意の正の整数として，(5.5) 式を用いると，

$$\int_{-\pi}^{\pi} e^{i(n+m)x}\mathrm{d}x = \frac{1}{i(n+m)}\Big[e^{i(n+m)x} \Big]_{-\pi}^{\pi}$$

$$= \frac{1}{i(n+m)}\left[\cos(n+m)\pi - \cos\{-(n+m)\pi\}\right] = 0 \quad \text{(11a)}$$

$n = m$ のとき，

$$\int_{-\pi}^{\pi} e^{i(n-m)x}\mathrm{d}x = \int_{-\pi}^{\pi}\mathrm{d}x = 2\pi \quad \text{(11b)}$$

$n \neq m$ のとき，

$$\int_{-\pi}^{\pi} e^{i(n-m)x}\mathrm{d}x = \frac{1}{i(n-m)}\Big[e^{i(n-m)x} \Big]_{-\pi}^{\pi}$$

$$= \frac{1}{i(n-m)}\left[\cos(n-m)\pi - \cos\{-(n-m)\pi\}\right] = 0 \quad \text{(11c)}$$

となる。

一方，オイラーの公式を用いると，被積分関数を次のように書くことができる。

$$e^{i(n+m)x} = e^{inx}\cdot e^{imx} = (\cos nx + i\sin nx)(\cos mx + i\sin mx)$$

$$= (\cos nx\cos mx - \sin nx\sin mx) + i(\cos nx\sin mx + \sin nx\cos mx) \quad \text{(11d)}$$

$$e^{i(n-m)x} = (\cos nx + i\sin nx)(\cos mx - i\sin mx)$$

$$= (\cos nx\cos mx + \sin nx\sin mx) + i(-\cos nx\sin mx + \sin nx\cos mx) \quad \text{(11e)}$$

(11d)，(11e) 式を (11a) ～ (11c) 式へ代入すると，$n = m$，$n \neq m$ にかかわらず，

$$\int_{-\pi}^{\pi}\cos nx\cos mx\mathrm{d}x - \int_{-\pi}^{\pi}\sin nx\sin mx\mathrm{d}x = 0 \quad \text{(11f)}$$

$$\int_{-\pi}^{\pi}\cos nx\sin mx\mathrm{d}x + \int_{-\pi}^{\pi}\sin nx\cos mx\mathrm{d}x = 0 \quad \text{(11g)}$$

$$-\int_{-\pi}^{\pi}\cos nx\sin mx\mathrm{d}x + \int_{-\pi}^{\pi}\sin nx\cos mx\mathrm{d}x = 0 \quad \text{(11h)}$$

$n = m$ のとき，

$$\int_{-\pi}^{\pi}\cos nx\cos mx\mathrm{d}x + \int_{-\pi}^{\pi}\sin nx\sin mx\mathrm{d}x = 2\pi \quad \text{(11i)}$$

$n \neq m$ のとき，

$$\int_{-\pi}^{\pi}\cos nx\cos mx\mathrm{d}x + \int_{-\pi}^{\pi}\sin nx\sin mx\mathrm{d}x = 0 \quad \text{(11j)}$$

となる。(11g)，(11h) 式より，$n = m$，$n \neq m$ にかかわらず，

$$\int_{-\pi}^{\pi}\cos nx\sin mx\mathrm{d}x = \int_{-\pi}^{\pi}\sin nx\cos mx\mathrm{d}x = 0$$

$n = m$ のとき，(11f)，(11i) 式より，

$$\int_{-\pi}^{\pi}\cos nx\cos mx\mathrm{d}x=\int_{-\pi}^{\pi}\sin nx\sin mx\mathrm{d}x=\pi$$

$n\neq m$ のとき，(11f)，(11j) 式より，

$$\int_{-\pi}^{\pi}\cos nx\cos mx\mathrm{d}x=\int_{-\pi}^{\pi}\sin nx\sin mx\mathrm{d}x=0$$

となり，(11.2) ～ (11.4) 式を得る。

別解

オイラーの公式より，

$$\cos nx=\frac{1}{2}\left(e^{inx}+e^{-inx}\right),\ \ \sin nx=\frac{1}{2i}\left(e^{inx}-e^{-inx}\right)$$

$$\cos mx=\frac{1}{2}\left(e^{imx}+e^{-imx}\right),\ \ \sin mx=\frac{1}{2i}\left(e^{imx}-e^{-imx}\right)$$

と書けるから，これらを (11.2) ～ (11.4) 式の左辺へ代入して (11a) ～ (11c) 式を用いれば，(11.2) ～ (11.4) 式の右辺を得ることができる。

11.2　オイラーの公式より，

$$\cos\omega x=\frac{1}{2}\left(e^{i\omega x}+e^{-i\omega x}\right),\ \ \sin\omega x=\frac{1}{2i}\left(e^{i\omega x}-e^{-i\omega x}\right)$$

と書けるから，これを (11.30) 式へ代入すると，

$$f(x)=\int_0^{\infty}\frac{1}{2}\{A(\omega)-iB(\omega)\}e^{i\omega x}\mathrm{d}\omega+\int_0^{\infty}\frac{1}{2}\{A(\omega)+iB(\omega)\}e^{-i\omega x}\mathrm{d}\omega$$

となる。ここで，(11.31) 式に，フーリエ変換 (11.34) を用いて，

$$\frac{1}{2}\{A(\omega)-iB(\omega)\}=\frac{1}{2\pi}\int_{-\infty}^{\infty}f(x)e^{-i\omega x}\mathrm{d}x=\frac{1}{\sqrt{2\pi}}F(\omega)$$

$$\frac{1}{2}\{A(\omega)+iB(\omega)\}=\frac{1}{2\pi}\int_{-\infty}^{\infty}f(x)e^{i\omega x}\mathrm{d}x=\frac{1}{\sqrt{2\pi}}F(-\omega)$$

となる。よって，

$$\begin{aligned}f(x)&=\frac{1}{\sqrt{2\pi}}\int_0^{\infty}F(\omega)e^{i\omega x}\mathrm{d}\omega+\frac{1}{\sqrt{2\pi}}\int_0^{\infty}F(-\omega)e^{-i\omega x}\mathrm{d}\omega\\&=\frac{1}{\sqrt{2\pi}}\int_{-\infty}^{\infty}F(\omega)e^{i\omega x}\mathrm{d}\omega\end{aligned}$$

を得る。

11.3(1)　(11.34) 式より，

$$\begin{aligned}F(\omega)&=\frac{1}{\sqrt{2\pi}}\int_{-\infty}^{\infty}f(x)e^{-i\omega x}\,\mathrm{d}x\\&=\frac{1}{\sqrt{2\pi}}\int_{-\infty}^{0}e^{ax}\cdot e^{-i\omega x}\mathrm{d}x+\frac{1}{\sqrt{2\pi}}\int_0^{\infty}e^{-ax}\cdot e^{-i\omega x}\mathrm{d}x\\&=\frac{1}{\sqrt{2\pi}}\int_0^{\infty}\{e^{-(a-i\omega)x}+e^{-(a+i\omega)x}\}\mathrm{d}x\\&=-\frac{1}{\sqrt{2\pi}}\left[\frac{e^{-(a-i\omega)x}}{a-i\omega}+\frac{e^{-(a+i\omega)x}}{a+i\omega}\right]_0^{\infty}\\&=\frac{1}{\sqrt{2\pi}}\left(\frac{1}{a-i\omega}+\frac{1}{a+i\omega}\right)=\underline{\sqrt{\frac{2}{\pi}}\frac{a}{a^2+\omega^2}}\end{aligned}$$

(2)　(11.33) 式より，

$$f(x)=\frac{1}{\sqrt{2\pi}}\int_{-\infty}^{\infty}\sqrt{\frac{2}{\pi}}\frac{a}{a^2+\omega^2}\,e^{i\omega x}\mathrm{d}\omega=\frac{a}{\pi}\int_{-\infty}^{\infty}\frac{\cos\omega x+i\sin\omega x}{a^2+\omega^2}\mathrm{d}\omega$$

ここで，被積分関数の虚数部分は奇関数であるから，その積分値は 0 となる。よって，$f(x) = e^{-a|x|}$ を用いて，

$$\frac{2a}{\pi}\int_0^{\infty}\frac{\cos \omega x}{a^2+\omega^2}\,\mathrm{d}\omega = e^{-a|x|} \quad \therefore \quad \int_0^{\infty}\frac{\cos kx}{a^2+x^2}\,\mathrm{d}x = \underline{\frac{\pi}{2a}\,e^{-a|k|}}$$

11.4 性質 (d)

$$\mathscr{F}[f(ax)] = \frac{1}{\sqrt{2\pi}}\int_{-\infty}^{\infty} f(ax)e^{-i\omega x}\mathrm{d}x$$

ここで，$a < 0$ のとき，

$$\begin{aligned}\frac{1}{\sqrt{2\pi}}\int_{-\infty}^{\infty} f(ax)e^{-i\omega x}\mathrm{d}x &= \frac{1}{\sqrt{2\pi}}\int_{\infty}^{-\infty}\frac{1}{a}f(ax)e^{-i\frac{\omega}{a}(ax)}\mathrm{d}(ax)\\ &= \frac{-1}{\sqrt{2\pi}}\int_{-\infty}^{\infty}\frac{1}{a}f(ax)e^{-i\frac{\omega}{a}(ax)}\mathrm{d}(ax)\\ &= \frac{1}{\sqrt{2\pi}}\int_{-\infty}^{\infty}\frac{1}{|a|}f(ax)e^{-i\frac{\omega}{a}(ax)}\mathrm{d}(ax)\end{aligned}$$

となるから，$a > 0$，$a < 0$ の両方の場合を合わせて，

$$\mathscr{F}[f(ax)] = \frac{1}{\sqrt{2\pi}}\int_{-\infty}^{\infty}\frac{1}{|a|}f(ax)e^{-i\frac{\omega}{a}(ax)}\mathrm{d}(ax) = \frac{1}{|a|}F\left(\frac{\omega}{a}\right) \quad (a \neq 0)$$

性質 (f)

フーリエ変換 (11.34) より，

$$\mathscr{F}[f(x)] = F(\omega) = \frac{1}{\sqrt{2\pi}}\int_{-\infty}^{\infty} f(y)e^{-i\omega y}\mathrm{d}y$$

さらに，(11.33)，(11.34) 式を用いて，

$$\begin{aligned}\mathscr{F}[\mathscr{F}[f(x)]] = \mathscr{F}[F(\omega)] &= \frac{1}{\sqrt{2\pi}}\int_{-\infty}^{\infty} e^{-i\omega x}\mathrm{d}\omega\,\frac{1}{\sqrt{2\pi}}\int_{-\infty}^{\infty} f(y)e^{-i\omega y}\mathrm{d}y\\ &= \frac{1}{\sqrt{2\pi}}\int_{-\infty}^{\infty} e^{i\omega(-x)}\mathrm{d}\omega\,\frac{1}{\sqrt{2\pi}}\int_{-\infty}^{\infty} f(y)e^{-i\omega y}\mathrm{d}y = f(-x)\end{aligned}$$

性質 (g)　$n = 1$ の場合

$$\begin{aligned}\mathscr{F}[f'(x)] &= \frac{1}{\sqrt{2\pi}}\int_{-\infty}^{\infty} f'(x)e^{-i\omega x}\mathrm{d}x\\ &= \frac{1}{\sqrt{2\pi}}\left\{\left[f(x)e^{-i\omega x}\right]_{-\infty}^{\infty} + i\omega\int_{-\infty}^{\infty} f(x)e^{-i\omega x}\mathrm{d}x\right\} = i\omega F(\omega)\end{aligned}$$

ここで，$\displaystyle\lim_{x\to\pm\infty} f(x) = 0$ を用いた。

性質 (h)

$$\begin{aligned}\mathscr{F}[f*g(x)] &= \frac{1}{\sqrt{2\pi}}\int_{-\infty}^{\infty} e^{-i\omega x}\mathrm{d}x\int_{-\infty}^{\infty} f(x-y)g(y)\mathrm{d}y\\ &= \sqrt{2\pi}\,\frac{1}{\sqrt{2\pi}}\int_{-\infty}^{\infty} e^{-i\omega y}g(y)\mathrm{d}y\,\frac{1}{\sqrt{2\pi}}\int_{-\infty}^{\infty} e^{-i\omega(x-y)}f(x-y)\mathrm{d}x\\ &= \sqrt{2\pi}\;\mathscr{F}[f(x)]\cdot\mathscr{F}[g(x)]\end{aligned}$$

第12章

12.1　$\varphi(x)$ は性質のよい関数とする。

(a)
$$\int_{-\infty}^{\infty}\varphi(x)\delta(-x)\,\mathrm{d}x=\int_{-\infty}^{\infty}\varphi(-x)\delta(x)\,\mathrm{d}x=\varphi(0)$$

また，デルタ関数の性質から，

$$\int_{-\infty}^{\infty}\varphi(x)\delta(x)\,\mathrm{d}x=\varphi(0)$$

となるから，同等性の定義 (12.10) より，$\delta(-x)=\delta(x)$ となる。

(b) $\displaystyle\int_{-\infty}^{\infty}\varphi(x)x\delta(x)\,\mathrm{d}x=[\varphi(x)x]_{x=0}=0$，$\displaystyle\int_{-\infty}^{\infty}\varphi(x)\cdot 0\cdot\mathrm{d}x=0$ となるから，

同等性の定義 (12.10) より，$x\delta(x)=0$

(d) $x^2-a^2=t$ とおくと，

$$x=\pm\sqrt{t+a^2},\quad \mathrm{d}x=\frac{1}{2x}\mathrm{d}t=\frac{1}{\pm 2\sqrt{t+a^2}}\mathrm{d}t$$

となるから，

$$\begin{aligned}&\int_{-\infty}^{\infty}\varphi(x)\delta(x^2-a^2)\,\mathrm{d}x\\&=\int_{-\infty}^{0}\varphi(x)\delta(x^2-a^2)\,\mathrm{d}x+\int_{0}^{\infty}\varphi(x)\delta(x^2-a^2)\,\mathrm{d}x\\&=-\int_{\infty}^{-a^2}\frac{\varphi(-\sqrt{t+a^2}\,)}{2\sqrt{t+a^2}}\delta(t)\,\mathrm{d}t+\int_{-a^2}^{\infty}\frac{\varphi(\sqrt{t+a^2}\,)}{2\sqrt{t+a^2}}\delta(t)\,\mathrm{d}t\\&=\frac{1}{2|a|}\{\varphi(-|a|)+\varphi(|a|)\}=\frac{1}{2|a|}\{\varphi(-a)+\varphi(a)\}\end{aligned}$$

一方，

$$\frac{1}{2|a|}\int_{-\infty}^{\infty}\varphi(x)\{\delta(x+a)+\delta(x-a)\}\mathrm{d}x=\frac{1}{2|a|}\{\varphi(-a)+\varphi(a)\}$$

となるから，同等性の定義 (12.10) より，

$$\delta(x^2-a^2)=\frac{1}{2|a|}\{\delta(x+a)+\delta(x-a)\}$$

(g)
$$\begin{aligned}\int_{-\infty}^{\infty}\varphi(x)x\delta'(x)\,\mathrm{d}x&=[\varphi(x)x\delta(x)]_{-\infty}^{\infty}-\int_{-\infty}^{\infty}(\varphi(x)x)'\delta(x)\,\mathrm{d}x\\&=-\int_{-\infty}^{\infty}(\varphi'(x)x+\varphi(x))\delta(x)\,\mathrm{d}x=-\varphi(0)\end{aligned}$$

$$\int_{-\infty}^{\infty}\varphi(x)(-\delta(x))\,\mathrm{d}x=-\varphi(0)$$

となるから，同等性の定義 (12.10) より，

$$x\,\delta'(x)=-\delta(x)$$

となる。

12.2　定常状態 $u_{\mathrm{s}}(x)$ は，$u_{\mathrm{s}}(x)\equiv 0$ であるから，(12.37) 式より，

$$u(x,t)=\sum_{n=1}^{\infty}C_n\exp\left[-\kappa\left(\frac{n\pi}{2}\right)^2 t\right]\sin\frac{n\pi}{2}x$$

ここで，

$$C_n = \int_0^1 \sin\frac{n\pi}{2}x\mathrm{d}x = \underline{\frac{2}{n\pi}\left(1-\cos\frac{n\pi}{2}\right)}$$

である。

これらより，$u(x,\ 0.01)$，$u(x,\ 0.1)$，$u(x,\ 0.3)$，$u(x,\ 1)$ のグラフを描くと，図 12a のようになる。

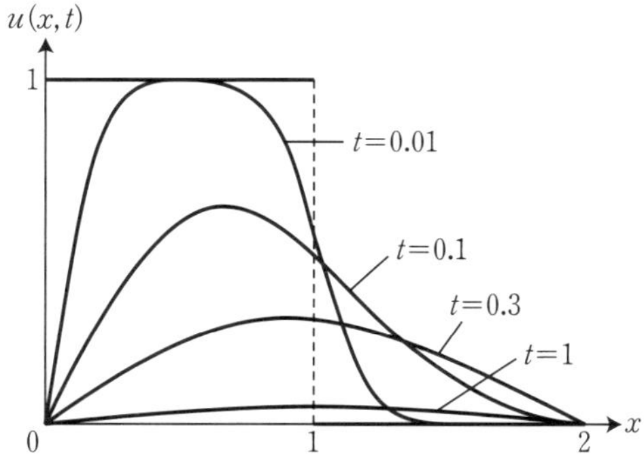

図12a

12.3 (12.41) 式の左辺の積分を I とおき，b で微分する。

$$\frac{\mathrm{d}I}{\mathrm{d}b} = -\int_0^\infty e^{-at^2}t\sin bt\,\mathrm{d}t$$

ここで，不定積分 $\int e^{-at^2}t\,\mathrm{d}t = -\frac{1}{2a}e^{-at^2}$ を用いて部分積分をすると，

$$\frac{\mathrm{d}I}{\mathrm{d}b} = \frac{1}{2a}\left[e^{-at^2}\sin bt\right]_0^\infty - \frac{b}{2a}\int_0^\infty e^{-at^2}\cos bt\,\mathrm{d}t$$

$$\therefore\quad \frac{1}{I}\frac{\mathrm{d}I}{\mathrm{d}b} = -\frac{b}{2a}$$

となるから，両辺を b で積分して，

$$\log I = -\frac{b^2}{4a}+C_1 \quad \therefore\quad I = C\exp\left(-\frac{b^2}{4a}\right) \quad (C_1,\ C：積分定数)$$

$b=0$ のとき，(3.33) 式より，$I=\int_0^\infty e^{-at^2}\mathrm{d}t = \frac{1}{2}\sqrt{\frac{\pi}{a}}$ となることより (12.41) 式を得る。

第 13 章

13.1 (1) 偏微分の公式

$$\frac{\partial u}{\partial x} = \frac{\partial u}{\partial r}\frac{\partial r}{\partial x} + \frac{\partial u}{\partial \phi}\frac{\partial \phi}{\partial x}$$

に $r=\sqrt{x^2+y^2}$，$\cos\phi = \frac{x}{r}$ を用いる。

$$\frac{\partial r}{\partial x} = \frac{2x}{2\sqrt{x^2+y^2}} = \frac{x}{r} = \cos\phi$$

$$\frac{\partial}{\partial x}(\cos\phi) = -\sin\phi\frac{\partial\phi}{\partial x}$$

一方，

$$\frac{\partial}{\partial x}(\cos\phi) = \frac{\partial}{\partial x}\left(\frac{x}{r}\right) = \frac{y^2}{r^3} = \frac{\sin^2\phi}{r}$$

となる。ここで，$\dfrac{y}{r} = \sin\phi$ を用いた。こうして，

$$\frac{\partial\phi}{\partial x} = -\frac{\sin\phi}{r}$$

を得る。これより (13.47) 式を得る。同様に，(13.48) 式を得る。

(2)　(13.47) 式より，

$$\begin{aligned}&\frac{\partial}{\partial x}\left(\frac{\partial u}{\partial x}\right)\\&= \frac{\partial r}{\partial x}\frac{\partial}{\partial r}\left(\frac{\partial u}{\partial x}\right) + \frac{\partial\phi}{\partial x}\frac{\partial}{\partial\phi}\left(\frac{\partial u}{\partial x}\right)\\&= \cos\phi\frac{\partial}{\partial r}\left(\cos\phi\frac{\partial u}{\partial r} - \frac{\sin\phi}{r}\frac{\partial u}{\partial\phi}\right) - \frac{\sin\phi}{r}\frac{\partial}{\partial\phi}\left(\cos\phi\frac{\partial u}{\partial r} - \frac{\sin\phi}{r}\frac{\partial u}{\partial\phi}\right)\end{aligned}$$

(13.48) 式より，

$$\begin{aligned}&\frac{\partial}{\partial y}\left(\frac{\partial u}{\partial y}\right)\\&= \sin\phi\frac{\partial}{\partial r}\left(\sin\phi\frac{\partial u}{\partial r} + \frac{\cos\phi}{r}\frac{\partial u}{\partial\phi}\right) + \frac{\cos\phi}{r}\frac{\partial}{\partial\phi}\left(\sin\phi\frac{\partial u}{\partial r} + \frac{\cos\phi}{r}\frac{\partial u}{\partial\phi}\right)\end{aligned}$$

これらより，

$$\frac{\partial^2 u}{\partial x^2} + \frac{\partial^2 u}{\partial y^2} = \frac{1}{r}\frac{\partial}{\partial r}\left(r\frac{\partial u}{\partial r}\right) + \frac{1}{r^2}\frac{\partial^2 u}{\partial\phi^2}$$

となり，ラプラス方程式の極座標表現 (13.2) を得る。

13.2　例題 13.1 と同様に，境界条件 (13.49) を満たす解は，C_n，D_n を任意定数として，

$$u(x, y) = \sum_{n=1}^{\infty}\left[C_n\exp\left(\frac{n\pi}{a}y\right) + D_n\exp\left(-\frac{n\pi}{a}y\right)\right]\sin\frac{n\pi}{a}x$$

と書ける。ここで，$u(x, \infty) < \infty$ であるから，$C_n = 0$ でなければならない。また，$u(x, 0) = \sin\dfrac{\pi}{a}x$ より，$n \neq 1$ のとき，$D_n = 0$ となる。

こうして，$D_1 = 1$ となり，求める解

$$u(x, y) = \underline{\exp\left(-\frac{\pi}{a}y\right)\sin\frac{\pi}{a}x}$$

を得る。

13.3　$\dfrac{\mathrm{d}\varphi}{\mathrm{d}s} = \varphi'(s)$ とおき，$\dfrac{\partial}{\partial t}\displaystyle\int_0^{x+ct}\psi(y)\mathrm{d}y = c\psi(x+ct)$ などを用いると，(13.27) 式より，

$$\frac{\partial u}{\partial t} = \frac{c}{2}\left[\varphi'(x+ct) - \varphi'(x-ct)\right] + \frac{1}{2}\left[\psi(x+ct) + \psi(x-ct)\right]$$

となる。さらに，$\dfrac{\mathrm{d}^2\varphi}{\mathrm{d}s^2} = \varphi''(s)$ とおくと，

$$\frac{\partial^2 u}{\partial t^2} = \frac{c^2}{2}\left[\varphi''(x+ct)+\varphi''(x-ct)\right]+\frac{c}{2}\left[\psi'(x+ct)-\psi'(x-ct)\right] \quad \text{(13a)}$$

となる。

一方，

$$\frac{\partial u}{\partial x} = \frac{1}{2}\left[\varphi'(x+ct)+\varphi'(x-ct)\right]+\frac{1}{2c}\left[\psi(x+ct)-\psi(x-ct)\right]$$

$$\frac{\partial^2 u}{\partial x^2} = \frac{1}{2}\left[\varphi''(x+ct)+\varphi''(x-ct)\right]+\frac{1}{2c}\left[\psi'(x+ct)-\psi'(x-ct)\right] \quad \text{(13b)}$$

となるから，(13a)，(13b) 式より，(13.20) 式が成り立つことがわかる。

索引

アルファベット

あ

か

さ

た

な

は

ま

や

ら

著者紹介

にのみやまさお
二宮正夫
1944年生まれ。京都大学 理学部物理学科卒業。理学博士。京都大学基礎物理学研究所を退官後、京都大学名誉教授。元日本物理学会会長。

なみき まさとし
並木雅俊
1953年生まれ。東京都立大学 大学院理学研究科 物理学専攻 博士課程中退。高千穂大学 人間科学部 教授。

すぎやまただお
杉山忠男
1949 年生まれ。東京工業大学 理学部 応用物理学科卒業。理学博士。元 河合塾 講師。

NDC420 266p 22cm

講談社基礎物理学シリーズ 10

ぶつり　　すうがくにゅうもん
物理のための数学入門

2009年9月25日　第1刷発行
2022年7月20日　第8刷発行

著者　二宮正夫（にのみやまさお）、並木雅俊（なみき まさとし）、杉山忠男（すぎやまただお）

発行者　髙橋明男

発行所　株式会社 講談社
〒112-8001 東京都文京区音羽 2-12-21
販売 (03)5395-4415
業務 (03)5395-3615

編集　株式会社 講談社サイエンティフィク
代表　堀越俊一
〒 162-0825 東京都新宿区神楽坂 2-14　ノービィビル
編集 (03)3235-3701

ブックデザイン　鈴木成一デザイン室

印刷所　株式会社ＫＰＳプロダクツ

製本所　大口製本印刷株式会社

Printed in Japan

ISBN 978-4-06-157210-2

MEMO

MEMO

MEMO

MEMO

2つの量の関係を表す数学記号

記号	意味	英語	備考
$=$	に等しい	is equal to	
$\neq$	に等しくない	is not equal to	
$\equiv$	に恒等的に等しい	is identically equal to	
$\stackrel{\mathrm{def}}{=}$, $\equiv$	と定義される	is defined as	
$\approx$, $\fallingdotseq$	に近似的に等しい	is approximately equal to	この意味で$\simeq$を使うこともある。$\fallingdotseq$は主に日本で用いられる。
$\propto$	に比例する	is proportional to	この意味で$\sim$を用いることもある。
$\sim$	にオーダーが等しい	has the same order of magnitude as	オーダーは「桁数」あるいは「おおよその大きさ」を意味する。
$<$	より小さい	is less than	
$\leq$, $\leqq$	より小さいかまたは等しい	is less than or equal to	$\leqq$は主に日本で用いられる。
$\ll$	より非常に小さい	is much less than	
$>$	より大きい	is greater than	
$\geq$, $\geqq$	より大きいかまたは等しい	is greater than or equal to	$\geqq$は主に日本で用いられる。
$\gg$	より非常に大きい	is much greater than	
$\to$	に近づく	approaches	

演算を表す数学記号

記号	意味	英語	備考
$a+b$	加算，プラス	a plus b	
$a-b$	減算，マイナス	a minus b	
$a\times b$	乗算，掛ける	a multiplied by b, a times b	$a \cdot b$と書くことと同義。文字式同士の乗算ではabのように省略するのが普通。
$a\div b$	除算，割る	a divided by b, a over b	a/bと書くことと同義。
a^2	aの2乗	a squared	
a^3	aの3乗	a cubed	
a^n	aのn乗	a to the power n	
$\sqrt{a}$	aの平方根	square root of a	
$\sqrt[n]{a}$	aのn乗根	n-th root of a	
a^*	aの複素共役	complex conjugate of a	
$\lvert a\rvert$	aの絶対値	absolute value of a	
$\langle a\rangle$, $\bar{a}$	aの平均値	mean value of a	
$n!$	nの階乗	n factorial	
$\sum_{k=1}^{n} a_k$	a_kの$k=1$からnまでの総和	sum of a_k over $k=1$ to n	
$\prod_{k=1}^{n} a_k$	a_kの$k=1$からnまでの総乗積	product of a_k over $k=1$ to n	